固本正源
铸魂育匠：中职生职业素养

吴大章　主编

吉林科学技术出版社

图书在版编目（CIP）数据

固本正源　铸魂育匠：中职生职业素养 / 吴大章主
编 . — 长春：吉林科学技术出版社，2020.11
ISBN 978-7-5578-7898-6

Ⅰ．①固… Ⅱ．①吴… Ⅲ．①职业道德－中等专业学
校－教材 Ⅳ．① B822.9

中国版本图书馆 CIP 数据核字 (2020) 第 221376 号

固本正源　铸魂育匠：中职生职业素养

主　　编	吴大章
出 版 人	宛　霞
责任编辑	汪雪君
封面设计	薛一婷
制　　版	长春美印图文设计有限公司
幅面尺寸	185mm×260mm
开　　本	16
字　　数	330 千字
印　　张	14.75
版　　次	2020 年 11 月第 1 版
印　　次	2020 年 11 月第 1 次印刷
出　　版	吉林科学技术出版社
发　　行	吉林科学技术出版社
地　　址	长春净月高新区福祉大路 5788 号出版大厦 A 座
邮　　编	130118

发行部电话／传真　0431—81629529　　81629530　　81629531
　　　　　　　　　　　　81629532　　81629533　　81629534

储运部电话　0431—86059116

编辑部电话　0431—81629520

印　　刷	北京宝莲鸿图科技有限公司
书　　号	ISBN 978-7-5578-7898-6
定　　价	65.00 元

前　言

《国家职业教育改革实施方案》中明确指出："指导职业院校上好思想政治理论课，实施好中等职业学校"文明风采"活动，推动职业教育领域"三全育人"综合改革试点工作，使各类课程与思想政治理论课同向同行，努力实现职业技能和职业精神培养高度融合"。中等职业学校的学生正处在身心发展的转折时期，随着学习生活由普通教育向职业教育转变，发展方向由升学为主向就业为主转变，中职学生的思想、心理、学习、生活乃至成长方式都发生了很大的变化。他们在自我意识、人际交往、职业认同、职业生涯规划以及成长、学习和生活等方面难免产生各种各样的焦虑和困惑，出现了诸多亟待解决的新矛盾和新问题。因此，加强中职生综合素养尤其是职业素养的教育就显得极为迫切，让学生"学会做人、学会做事、学会求知、学会合作、学会就业"，提高学生全面素质和综合素养，成为中等职业学校素质教育工作的重要组成部分。

我们关注到，当前一些中职学校已经对上述情况有了深刻地认识，他们结合本校中职学生思想道德水平和身心发展的实际情况，不断地探索与实践，本着边实践、边积累、边整合的原则，从身体素质、心理素质、社会素质三个方面，开展了多种形式的职业素养教育活动，并取得了可喜的成绩、积累了宝贵的经验，为我们编撰本书增添了底气，相信本书能有较强的实用性。本书立足于职业教育，遵循职业教育的规律和特点，力求体现能力本位的现代职业教育理念，着力培养学生的实践能力，探索"教、学、做"一体化的培养途径。内容涵盖职业意识、职业素养、个人素养、自我管理以及培养团队精神、养成终身学习等方面，激励学生不断奋进。

在编写过程中，我们试图体现以下几个特点：

（1）可操作性。本书力求淡化对理论知识的阐述，以够用为度，注重培养学生的职业观和就业观，以及提升学生的实践操作能力。

（2）趣味性。职业院校学生思维活跃、兴趣广泛，不喜欢空洞、抽象的理论说教，因此，本书以贴近职业院校学生的案例作为切入点，帮助学生深入理解教材内容，并开阔视野。

（3）实践性。学习内容的设计贴近企业用人需求,学习任务则侧重于创设接近企业生产的学习情境,激发学生的主动性和能动性,身体力行参与实践,从而使学生在体验、领悟的过程中,潜移默化地达到提升职业素养的目的。

由于作者水平有限,书中不足之处在所难免,望各位读者、专家不吝赐教。

编　者

2020 年 5 月

目录

第三篇　筑梦篇

第一篇 家国篇

第一章　富强　民主　文明　和谐

第一节　作育人才，以图自强

【故事阅读】

　　曾国藩的家训之所以不同于以前的那些很有名的一些家训，有一个特别显著的特点，就是它的内容特别丰富。从家庭教育到社会教育各个层面，无所不包，不仅特别丰富，他的家训内容里头还有一个很鲜明的特点，就是具有很强的前瞻性，也就是超前性。

　　比如说他教育他最心爱的两个儿子，对这两个儿子的教育他花费了无穷的心血，但是当两个儿子提出来不愿意参加科举考试的时候，这个通过科举考试熬出头的老爹，居然对两个儿子的表态，大儿子曾纪泽考了一次科举，二儿子索性没考过，两个儿子的要求在当时知识分子看来绝对是非理性要求，大多数人很难接受，可曾国藩呢，没二话，居然同意了。不仅同意了，而且还在这个家书里头，包括在家训里头，给儿子家训的交谈里头，你不参加科举考试，你想学什么呢？老大说，我想学西方社会学，没问题，给你找老师，老二说我想学习方自然科学，没问题，给你找老师。曾国藩自己这方面不擅长，请人给两个孩子当老师。都请了哪些人呢？很有名的一些人，李善兰、华衡芳、徐寿、容闳，这些人，在中国近代史上都是鼎鼎有名的人物。那曾国藩怎么能请到这些人呢？

　　这与他和这些人的关系有关，举例子来看看，一是容闳，一是李善兰。容闳号称中国留学生之父。第一个留学的人，是广东人，小时父亲经商，送到了教会学校，澳门，迁到香港，校长叫布朗，是美国人，疼爱中国孩子，用心，校长生病了，重，要回国，但是对中国人的教育热心，想带走三个孩子，接受美国的西方科技文明的教育，但是这种想法学生家长未必接受。谁愿意送到那么远？布校长宣布时，只有十三岁且年纪最小的容闳站起来说了一句："我愿意"。

布校长带着三人一起回了美国。这是最早去美国留学的人，另两人没坚持下来，只有容闳彻底完成了学业，勤奋，考上了耶鲁大学，样样出色，现在还能在校史陈列室里看到他的相片，与克林顿、布什等一起，接受学生景仰。

那时，他毕业在美国可以找到好工作，有人劝他留在美国，但是容闳看到了世界与祖国的差距后，他产生一个重要的个人理想，教育救国。他想到要让中国学子去西方接受西方教育，缩小差距。只要能放开心胸，向西方学习，不过三四代人就可以屹立世界东方。事实证明西学东渐开启了向西方学习的例子，让我们重新屹立。他毅然回国实现自己的理想。《纽约时报》评价他每个细胞都爱国。1855年，他越过一万三千海里，回到了祖国。开始在商行做茶叶生意，九江是茶叶中转基地。他干得特别好。有朋友反复给他写信，华衡芳、李善兰催他去见曾国藩。

他打定主意，不开口，况且封建的理学宗师与自己有什么共同语言？在意料中也出乎意料。进了总督府大厅，朋友们退走了，只他自己尴尬地对着。过程非常有趣。曾国藩请他落座，一声不吭地看着容闳。半天不说话，曾国藩的三角眼看着容闳，这让他紧张。微笑地看，容闳更觉得吓人。后来想想，太不像话了，你看我，我也看你。也微笑着看曾国藩。二人都不说话。半天，曾国藩哈哈大笑，说先生啊，你到我这里来，想不想带兵呀？想带多少呀？这是问他的第一个问题。容闳反应也快，自然有答。虽然学过各门学科，但我没学过军事学，真不懂。曾国藩一听，不对，看你神清气爽，肯定是带兵的天赋。他赶快否定。真不行，几轮下来，曾国藩一收笑脸，说你行，肯定行，不行也行。容闳一听也火了，你说行也不行。曾国藩哈哈大笑，端茶送客。容闳如坠五里雾中。出来见到朋友，特纳闷。

李善兰听过他的描述，好了，曾大人一定重用你。为什么这样试探容闳呀？他有重要的用人标准，"世不患无才，患用才者不能器使，而适用也。吾生平好用，忠实者流。"用人最重要标准是能把他放在合适的位置上，前提是一个意志品格出众，这样才能调出，才能来。当时是乱世，所有人都求功名而来，他用信仰感召，但是人都有自己的私心，所以曾国藩有名言："合众人之私，以成天下之公。"有私心没问题，但通过私心来完成天下的公业。许多知识分子来就得带兵打仗，治世讲文，乱世讲武。他觉得容闳是想谋求功名，反复试探。果然意志坚定，一定有独到的主张。

第二次见时，问容闳想怎么样？他不敢和盘托出，他就说一条，有一个认识，落后打不过因为他们有兵工厂，我们没有，这是关键。要想振兴国家，得有自己的机械厂。曾国藩一听，重要，怎么办？得有母机，有了母机，才有小机。形象。曾觉得有道理。得六万两白银去美国买这种母机。曾国藩了解不多，但是立即决定没问题，给六万八千两。容闳立即启程，去了。当时不得了，交给他去美国，稍靠不住怎么办？那里引渡都没有，就信他，容闳感动了。买回了一些，建立了第一个机械厂——江南制造局。这时，容闳彻底放心了。这只是实业救国，他想提出教育救国，派出留学生，这更要钱，曾国藩上书，成功派出第一批三十个去留学。这些人回国后大多是各行各业的开创者。要知道，容闳不是帮助腐败的清政府的。他为什么甘心为曾国藩所用呢？

来看李善兰，他喜爱自然科学。他研究数学，到了微积分的地步，把初等数学发展到高等数学，他无意科举，喜欢数学研究，但家境一般，最大理想是把《几何原本》翻译完，明代徐光启翻译了一半，没完。李善兰要凭一己之力翻译完。最后终于翻译完，没法出版，没钱，到处找朋友，好不容易出版了，可是不巧战火毁了。他急眼了，没办法了，听说曾国藩海纳百川，就来找了。李善兰当时没名，曾国藩听说过，赶快相迎。李善兰多少有点迂，问他能不能帮忙呀？就提出了这个《几何原本》，他看不懂，但是他说，好没问题。自掏了六百两，刻，精刻，大量精刻。李善兰感动万分，所以，出计出策，建立了安庆内军械所，引进容闳，都费尽心血。

回到刚才的问题，为什么像容闳这样的人才能甘心为曾国藩所用呢？

这与曾国藩用人有关了，是因为他重视人才，当时有人评价凡有一技一艺之人，都投之于幕府。当时这是普遍的，许多地方大员都养，只有这儿有大批科学家。除了他有开阔胸襟，还有更独特的原因，我觉得有三点值得学习。

一是面对这些人才时，他不妄自尊大。中国士大夫精神独立，造成了心理膨胀，不把别人放在眼里，因此也容易固步自封。（一次，他们看到望远镜，有许多人都在嘲笑与谩骂这种技艺是淫邪技艺，而曾国藩也看过，在事后的日记中记道，自己看到后，不能明白个中道理，内心悚惕——因此处视频比电视脱漏，故凭印象补上。）这些知识分子，怎么行呢？悚惕紧张。不妄自尊大，这是他从容面对开创洋务运动的原因。

二是切于实际，勇于实践。他放下心态后，不只是感叹，还从实际做起，像安庆内军械所，他从善如流，听到建议立即就开始组建。他觉得这是重要的起点。过程中还亲自去视察去问询。像中国蒸汽机试航时，行驶迟钝，他一点都不责怪，鼓励他们从头再来。徐寿这些人多次实践，才造成第艘蒸汽机轮船。

三是有着长远的规划。他先建安庆内军械所，后来建江南制造局，不要小看这两个厂，这在近代史上地位非常重要。许多第一都在这儿生产，这是划时代意义。他长远目光还体现在"此无非为自强之计，不使受制于人"。这是徐图自强的办法。不用外国工程师，培养自己的，不只是拿来用用，后来徐寿大化学家，建议他要翻译西方科技名著。在江南制造局边建造了江南翻译局。还派留学生出国，洋务运动的思路是徐图自强，通过培养自己的人才来强国。他对这些科学家们的态度与其他人根本不同，所以就能理解容闳这些科学家愿意为他抛头颅洒热血。他感慨，要是有几千个容闳等人，何愁不能自强？"作育人才……使西人擅长之技，中国能谙悉，然后可以渐图自强。"

【点评】

人才才是强国之本，每个世纪最重要的都是人才，说明曾国藩有了长远的眼光。他的家训体现了超前性与前瞻性，但是也有问题存在，他也在任人唯亲上做得与一般人不一样。

第二节　集思广益，崇尚民主

【故事阅读】

春秋时期的晏婴，是后世人们心目中智慧的化身，他的智慧充满幽默与灵动，发生在晏婴身上的，"晏子使楚""挂牛头卖马肉""二桃杀三士"等故事，至今广为流传；晏婴作为齐国宰相，对内以身垂范，对外不辱使命，足足影响了三代君主，连至圣先师孔子都对他推崇有加，史圣司马迁更是发出了，愿意为他执鞭驾马的感叹。集智慧和贤良于一身的奇人晏婴，在两千五百多年后的今天，仍然闪耀着不朽光芒。

记者：据记载，司马迁非常推崇晏婴，将其比为管仲。请问李老师，晏婴与管仲相比较，有哪些相似之处呢？

李任飞：的确，司马迁非常推崇晏婴，他说"假令晏子而在，余虽为之执鞭，所忻慕焉。"，就是说，假如晏子还活着的话，就算是让我为他挥鞭赶车，也是心甘情愿内心向往啊。司马迁把管仲和晏婴写在一篇传记《管晏列传》当中，两个人的共同点是同为齐国名相，都为齐国的富强做出过突出贡献。如果深入品读，就会发现司马迁对两个人的评价当中有一个相通点就是都非常重视人民。在《晏子春秋》当中每179个字就会出现一个民字，可见讨论之频繁。今天，我们所提倡的"以民为本"，就是晏婴提出并一生奉行的。《晏子春秋》当中记载了多个故事，都是关于他如何向国君谏言宽刑罚、免劳役、接济灾民和寒士，甚至从国君刀下救下无辜平民等等，这些故事读起来令人感动，晏婴也因此被后人所怀念。

记者：孟子曰："管仲以其君霸，晏子以其君显。"可见他与管仲相比，也有其独特之处。晏子事齐灵公、庄公、景公三代国君，他是如何做到"以其君显"的呢？

李任飞：管仲辅佐齐桓公称霸诸侯，建立千秋伟业。但是，在管仲之后100年间，华夏的格局也发生也了变化。晋国和楚国相继崛起，而齐国内部长期混乱，所以到晏婴辅佐齐景公时，综合国力已经落后，在国际上丧失了原来的影响力。在这种情况下，晏婴殚精竭虑，他秉承以民为本的核心主张，提倡廉政，推行以礼治国，和平外交，终于使齐国国力大大恢复，齐国成为与晋、楚地位相当的权威国家。虽然这个"显"不如"霸"的成效大，但在当时历史条件下，仍然是晏婴卓越能力的体现。

记者：晏婴与杀死齐庄公的崔杼当面抗衡，而崔杼不敢杀晏婴，是因为晏婴深得人民爱戴，更甚于国君。人民为何如此热爱晏婴呢？请老师为我们解读。

李任飞：晏婴在齐国被誉为大贤人，关于这一点，在《管晏列传》《左传》《晏子春秋》当中都有所述及，甚至《东周列国志》当中称晏子为齐国第一大贤人。晏婴之所以深受百姓热爱，第一个原因是他为官执政重点坚持以民为本，晏婴曾经多次阻止国君不利于百姓的政令和劳役，为民众争取更好的生存条件；第二个原因是他平日里对平民百姓谦和有礼，即使是被自己解救的奴隶也能平等相待；第三个原因是他用自己的俸禄接济着齐国境内几百位贫寒之士，身体力行地做公益做慈善。其实，晏婴还是中国历史上的裸捐始祖，在他去世之前，他把封地、房子、马车捐献给国家，可见其大公无私的精神境界。

记者："折冲樽俎"正是晏子机谋的真实写照，"晏子使楚"的故事更是广为人知。晏子的外交能力之强，和他的辩谏艺术是分不开的。请老师告诉我们，晏子为何如此擅于辩谏呢？他在语言方面都有哪些特点，又有着怎样的功效呢？

李任飞：晏婴的确非常善意辩谏，可以说他是一位口才大师。但是，口才大师的炼成却不仅仅是能说会道而已。晏婴之所以具有那么强的说服力，首要原因就是他做事"谋度于义"，就是谋划事情要从仁义出发，第二个原因就是他还是一个"习于礼"，就是礼节娴熟，有了这两点，晏婴的口才方能显出威力。晏婴善于使用比喻、反讽、归谬等方法表达自己的观点，往往能用只言片语瓦解对方成见，取得谅解和支持。有兴趣的话可以读一读《晏子春秋》，从中可以获得很多提升口才的启发。

记者：我们都读过"晏子仆御"的故事，它以生动的事例向人们昭示了"满招损，谦受益"的道理。老师也在百家讲坛上讲过，晏婴是首位提出廉政的宰相，也是裸捐的始祖。请问老师，晏婴为何如此谦虚廉洁？

李任飞：第一，可能与所接受的各方面教育和影响有关，比如他一直把管仲视为自己学习的榜样，非常认同管仲所提倡的"礼义廉耻"。

第二,也可能与他担任的职务有关,他身为宰相,为了更好地开展工作,他需要谦虚待人,赢得百姓的支持,也需要以身作则,公正廉洁,树立良好的社会风气。

第三,还可能有他个体的原因。晏婴是个小个子,从身高方面说他属于弱势群体。如果一个个子很小的人还牛气冲天,对人恶声恶气,很显然是自讨苦吃。

第四,当然,晏婴的廉洁与他自己独特的财富观是密切相关的。他认为一个人的财富就像布匹的幅宽一样是有定数的,而这个定数跟一个人的德能有关。正能量,有益于社会的人,理应占有更多财富,所以,晏婴尽管拿的是宰相的俸禄,但他不愿意自己挥霍享受,他更愿意去养亲扶贫。

第五,晏婴的财富观被称为幅利论,从这套理论当中,我们可以看到两件事,一是财富与德能不匹配时最终是要还回去的;二是财富传递给后代之前,要先把德能传递下去,否则传递下去的财富很可能成为祸害。

记者:梁丘据是齐景公眼中的良臣,后世的柳宗元更是激赞他的大度宽容。但在晏婴眼中,他是一只"社鼠",最终灭于晏婴之手。要铲除国君面前的红人是非常不易的,晏婴是如何做到的呢?他在当东阿宰的时候就亲身体会过除鼠之难,因为这样的"社鼠"很多,而且结党为患。请问老师,在这样的情况下,晏婴是如何清除国君身边的小人、在全国推行廉政呢?

李任飞:晏婴一生最为艰难的事情就是不断与社鼠进行较量。而这种较量,晏婴心情无奈,行动无力,他并没有铲除"社鼠"的能力。而他以身作者推行廉政,其实也只能对社鼠们起到一定的约束作用而已,不能从根本上解决。

我在讲座当中讲过,"社鼠"与小人非常接近,他们的策略都是用极小的动作去搞砸国家的大事,但问题在于几乎每个人都有小人心思也都干过一些小人勾当,每个人都是小人和君子的混合体,只是程度不同而已。正是因为小人处于不黑不白的灰色地带,才使整治小人的工作变得非常麻烦。

在这种情况下,晏婴只能采用系统打法,也就是多个层面多种方式的工作。

首先,他推行"礼义廉耻",从社会文化的角度出发来影响官场的风气。当整个社会强化了"廉耻"之心,国民的小人心思和小人勾当都会减少。这一方面,晏婴做得相对成功。

第二,他通过不断劝谏国君宽以爱民、遵守礼节、控制享乐、少听谗言,来引导官场风气。国君是小人的风向标,正派的国君,自然能以正派的行为来配合。这一方面,由于国君的配合有限,成效也就有限。

第三,晏婴在直接面对小人的时候,有的时候采取迂回的方式来敲打小人,有的时候则采取针锋相对的方式进行斗争。在这一点上，晏婴显得势单力薄，是无奈的方式。

第四，对于齐国最大的"社鼠"梁丘据，这位齐景公心中最大的红人，晏婴进行了终生的较量。按照推测，晏婴一直到梁秋据死后才去世，对于95岁的晏婴来说，是否有一种维护国家利益的使命在支撑呢，我们更愿意这样理解晏婴。

记者：晏婴设计"二桃杀三士"，为后世所诟病。诸葛亮就曾写《梁甫吟》讥讽道："一朝中阴谋，二桃杀三士。谁能为此者，国相齐晏子。"但这件事真的是晏婴的失误吗？究竟真相如何，还请老师为我们解读。

李任飞："二桃杀三士"被后人称为奇谋，在今天也很难理解其内在的逻辑。而这个故事既然有所记载，我们就不能武断地否定它的存在。但是，如果说晏婴的设计就是让三位猛士自杀，是无法令人信服的，因为整个过程存在多种变数，不具有必然性。所以，我认为从今天的眼光看，晏婴最初的设想是让三个不讲礼节的人互相冲撞，以体会被人无礼对待的难受之感。这种让部下之间硬碰硬的管理办法，今天也有人使用。但是晏婴没有预估到这种冲撞在现场被放大到了无法收拾的地步，于是在两千多年里常受非议。应该说，晏婴是冤枉的。

记者：在当下高压快节奏的生活环境中，人们终日为生活奔忙，物质丰富了，却往往感觉生活虚空。今日的我们，应从晏婴身上学习哪些品德，充实我们自己呢？

李任飞：晏婴是个表面上看起来复杂的人，其实内心又是一个非常简单的人。其复杂是因为他面对多类人物、多种场面、多方利益；其简单是因为他的生命中有一个主轴，就是他对"道"的领悟和坚守。晏婴认为人要遵循主宰世界的亘古运行之道，而这个道又分成自然与社会两个部分。一件事情既要符合自然之道，又要有益于社会和谐。墨子评价说"晏子知道"，也就是晏婴是得"道"之人。

📖【点评】

正是因为晏婴懂得了这个"道"，他才不贪财、不恋权、不好色、不畏死，他才活得洒脱自如，又卓有功业。现代人学习晏婴，根本上是应该学习他对道的领悟和坚守，而谦虚、廉洁、爱民、善辩，等等都是在这个根本上开出的生命之花。

第三节　彬彬有礼，仁德有序

📖【故事阅读】

在中国，最早的礼是用来祭祀神时的器物和仪式程序的规定。到了周代，就形成了一个比较完备的礼的制度。概括地讲，包括礼义、礼仪或礼节、礼俗三个层面。礼义是抽象的礼的道德准则；礼仪或礼节是具体的礼乐制度，大到政治、军事，小到穿衣、吃饭、摆设几乎无所不包。这些礼仪都是本着忠、孝、信、义等准则，目的是为了区别人与人之间的贵贱和长幼。礼俗就是周人的社会风俗和道德习惯，他比礼节更细，更烦琐。到了孔子生活的年代，人们已经逐渐不再遵守周朝时期的"礼"了，所以孔子在积极推行周礼。

孔子这个思想提倡礼，注重人际交往之间基本的准则。对我们中华民族的文化影响非常大。所以现在世界称我们中华民族"礼仪之邦"，西方人看我们中华民族彬彬有礼、温文尔雅。我们中华民族是礼仪之邦。（孔子）这个对我们中华民族影响是很大的，对我们中华民族在世界上确立自己的地位也有着非常重要的作用。但是礼仪形成是一个漫长的过程。礼仪在形成的过程中产生于人的自发的倾向、自发的情感、自发的习惯、表现出人与人之间那种自发情感，人与人之间那种相亲相爱。

礼和法不一样，法不是出自自我，法不是出自自己的内心，法是出自自他，法是由外在力量来强制你遵守。礼往往是根据人的情感，因顺人的感情而形成，法就不一样，法是一种统一的规定，你不得不这么干。所以在《管子》里有一种说法，说"礼者，因人之情，缘义之理，而为之节文者也"。这里特别强调"因人之情"，根据人的情感，根据人当时的心态来行礼，礼是因人之情。法就不一样了，法是不得不然。法是一种统一的规定，这个跟礼不一样。

孔子很注重礼，他希望礼不光停留在表面形式，光表面上人们的语言、人们的眼神、人们的表情、人们的动作来遵循礼。不能光停留在一种表面形式上，玩花架子，不能这样。礼应该真诚地表达人们的情感。所以，孔子说过这种话"人而不仁，如礼何；人而不仁，如乐何"。什么意思？仁就是仁义道德的仁，人要没有真正的仁的感情，没有真正爱人的情感，你搞这些礼仪活动有什么用呢？你如果没有真正爱人的情感，你即使演奏音乐，演奏音乐也是为了创造一种和谐的气氛，衬托一种和谐的气氛，那么你演奏音乐又有什么用呢？这些东西是要表达人的情感的，你要不仁，没有爱人之心的话，你这些礼仪活动就没有用了，没有生命力了。

孔子有一个学生，问过孔子有关礼的问题，孔子讲到："礼，与其奢也，宁俭。丧，与其易也，宁戚"。这话什么意思呢？说我们平常搞礼仪活动，比如祭祀神灵、祭祀祖先。因为很多人他只注重表面形式，大办礼仪，礼仪活动搞得很奢侈。用高级的祭祀用品，非常豪华的场面，那么孔子的意思是说，你与其搞的这么奢侈，还是俭朴一点好，还是简单一点好。我要的是你真诚的情感，在你搞各种礼仪活动中，真正把自己的情感，把自己的内心，把自己的爱表达出来就可以了。不要一味地去追求那种表面的，那种豪华的场面，豪华的形式。"丧"，办丧事，与其你的丧事办得特别完备，办得特别周全，不如怎么样？你应该把工夫更多地放在自己真正的情感，表现出你的情感。孔子这个话里就反映出礼，我们所说的礼仪、礼仪活动。孔子关键注重的是内心，反对那种不注重内心，不注重真正的情感，只追求一种表面的礼节，反对这种形式主义。

孔子一举一动都很讲究礼，注重礼的形式。甚至于坐一张板凳、吃一块肉、夹一筷子菜都要讲究礼。现代人看孔子这样很迂腐。然而孔子又进一步认为，礼不仅仅是表面的形式，礼要表达出真正的情感，心诚才是礼的根本。虽然孔子的这种看法很人性，但是在其生后还有很多人批判他，他们到底批判的是孔子"礼"的哪一方面？孔子所遵循的礼与传统的礼是一回事吗？

孔子35岁的时候和鲁召公一起流亡到齐国。在齐国的时候，齐景公曾经和孔子讨论过治国的问题。齐景公问他如何治国。孔子首先讲到"君君，臣臣，父父，子子"。对于"君君，臣臣，父父，子子"人们的解释不一样。有的解释：君要像个君的样子，臣要像个臣的样子，父要像个父的样子，子要像个子的样子。也有的解释，君还归于君的位置，臣还归于臣的位置。你是什么位置，你还归于你原来的位置。那就是说，由于礼崩乐坏，这个位置都不端正了。每个人原有的位置都被打乱了。"君君，臣臣，父父，子子"要求你回到原来的位置，你是君就是君，你是臣就是臣。做臣的，你别干做君的事。做君的，你别干做臣的事。做父亲的你应该干跟你父亲身份相称的事情。儿子，做跟你儿子身份相称的事情。大家各归其位，这也是一种解释。不管是哪种解释，孔子确实强调等级，这是一件事情。

还有一件事情。是当时鲁国的一个贵族季氏。季氏势力很大，他当时在鲁国垄断了政权。由于势力非常大，他对原有的等级制，对原有的礼他也不遵守了。开始干一些超越礼仪的事，违反礼的事情。如在《论语》里记载这么一句话"季氏八佾舞于庭，是可忍，孰不可忍也"。当时是什么事情呢？季氏大概是看歌舞，看歌舞就相当于我们现在看文艺节目。当时你看的歌舞的规模有多大。给你演节目这些人，给你演歌舞这些人，你能享受多大规模的阵势，这在当时是有规定的。当时规定周天子可以享受八佾的待遇，一佾就是一个队列，一个队列可以有八个人。八佾八八六十四个人。就是说周天子可以享受由六十四个人，八个队列六十四个人给他唱歌、跳舞，这个规模的待遇周天子可以享受。诸侯王可以享受多大规模呢？六佾，就是六八四十八。那就是四十八个人的规模给你唱歌跳舞，你可以享受这样一个规模的待遇。诸侯王底下的卿大夫，他可以享受多大规模的待遇呢？四佾，那也就是四八三十二。你可以有三十二个人这样的规模给你唱歌跳舞。你享受这样的待遇。而季氏只是卿大夫的位置，他的规模只能享受到四佾，四八三十二个人给他唱歌跳舞。只能享受这个待遇。可是当时季氏竟然怎么样？"八佾舞于庭"，他让八个队列六十四个人给他唱歌跳舞。这是天子的待遇。严重地违反了等级，超越了等级，所以孔子非常愤怒。孔子说"是可忍也，孰不可忍也。"这件事都可以忍，还有什么事情不能忍受呢？非常愤怒。所以孔子对等级是非常非常强调的。

孔子是如此坚持礼的原则，在听说季氏在欣赏歌舞后，做了违背礼节的事情，竟然是如此的吹胡子、瞪眼睛。在这一点上孔子所坚持的礼就不仅仅是我们平常所说的礼仪和礼貌了。而是人与人之间的贵贱之分了。因此人们认为孔子维护旧的等级就是保守的，是与历史进步相违悖的。难道孔子维护等级之礼错了吗？

首先我们这里先讲一下等级是不是都不好。是不是说，只有不讲等级制才是革命，不讲等级制才是进步的。我认为并不是这样。等级其实还是很重要的。人类是要划分一定的等级，没有一定等级的话，人类会陷入无政府的状态。有了等级人们才有明确的分工，明确的责任意识。每个人，你居于什么位置，每个人你应该负有什么责任，大家划分的就非常清楚了。这样人类才能形成一个整体。人类才能用整体的力量战胜周围的环境。战胜周围各种困难。所以荀子，荀子也是儒家思想家。荀子说过这样的话"人，力不若牛，走不若马，而牛马为用，何也？"这话什么意思？人力气不如牛大，这是对的。你跟牛去拔河，你跟牛去顶，你肯定顶不过他。牛的力气非常大。"走不若马"，这个走就是跑的意思，人跑不过马，马跑的是很快的。骑着马，快马加鞭，如飞一样。所以人力气不如牛大，顶不过牛，拉不过牛。跑起来不如马快，但是牛马为人所用，为什么呢？荀子说"人能群，彼不能群也"。也就是说人能够有社会性，牛马不能有社会性。差别在这。荀子看得非常准。人能够用社会性力量，用整体的力量去战胜牛马，去战胜豺狼虎豹。人有这个能力。荀子又往下分析了，人为什么能够结成社会性呢（人何以能群）？为什么能形成社会的群体，以整体的力量战胜周围呢？"分"，分是什么呀？分就是等级。人有等级，有了等级之后，人各自的权利和义务、个自的地位、各自的分工就明确了。有了这些之后人就能形成一个整体。用整体的力量来战胜周围的自然。战胜一切困难。应该说荀子（把等级）看的是非常重要的。所以荀子特别强调礼，他说这个礼是等级之礼。荀子"礼者，贵贱有等；长幼有序；贫富轻重，皆有称者也"。礼是什么呀？礼就是等级制。"贵贱是有等"的，谁高谁低；"长幼有序"，谁是长辈，谁是晚辈，是有序列的。"贫富轻重"，每一种人，你的物质待遇，你的政治地位，都有跟你等级相称的那种待遇。所以荀子也讲等级。孔子也强调等级。应该说讲等级制并没有错，什么时候都得有等级的划分。

大家都知道孔子是大教育家。他提出"有教无类"。不管什么人，只要你愿意学习我都教你。孔子教的子弟尽是穷人的子弟、贫困人的子弟、下层人的子弟。孔子鼓励他们好好学习。努力学习，好好地学习道德修养，将来为国家做事情。孔子教书，教学生这种教育活动，就反映出他的这种一种观念：即使是下层人，即使是没有身份的人，穷人的子弟，只要你好好学习，你将来就可以上升，你将来就可以做大官，你也可以做大的事情。这反映出什么？孔子的观念当中就是等级开放。开放，大家竞争。平等竞争，谁有本事谁上。谁能够有高尚的道德、谁能学到知识、有丰富的知识谁就可以上升。所以孔子那里等级是开放的。孔子还说过这样的话"先进于礼乐，野人也；后进于礼乐，君子也"。什么叫"先进于礼乐，野人也"？是说先学习礼乐文明，学了礼乐文明之后，有了知识了，有了道德了，然后再做官。这样的人是什么人呢？这样的人是野人，野人就是劳动人民的子弟。过去劳动人民住在城外，住在野外，所以叫野人。这些劳动人民的子弟他没有家族背景。他没有什么特殊的社会关系，他们要想上升就得凭自己的本事。好好学习、道德修养，最终成为一个造福于社会的人才。成为一个造福国家的人，造福于人民的人。那么这样的人，有了知识，有了道德。先学习、先道德修养，然后再来做官。这叫"先进于礼乐，野人也"。那么"后进于礼乐，君子也"。什么意思呢？这是说那些贵族子弟。有身份、有家族背景的、有特殊的社会关系的这样一些子弟。他们先做官。为什么先做官？他有家族背景啊，他有人啊，他有社会关系啊。他可以不经过自己的努力，不经过学习，不经过道德修养。一生下来就有这样的先天优越性，他可以先去做官，做了官之后他再来学习礼乐文明。因为毕竟真正到你做官的时候，你还得有点本事，你不能说我一点本事都没有，你还得有点本事。往下孔子还有一句特别重要的话。他说什么呢？他说"如用之，则吾从先进"。就是说，如果让我来用的话，我愿意用先进于礼乐的人。为什么呢？因为这些先进于礼乐的人，下层的劳动人民的子弟。都是凭自己的本事上来的。好好学习，凭自己的道德修养，凭自己学习的礼乐文明，然后在竞争中上来的。所以"如用之，则吾从先进"。孔子对后进于礼乐的大概要轻视一些。因为他说你们这些人不是凭自己的努力，而是凭自己的社会关系上来的，上来之后再学习。这种还是不如那些先学习，先凭自己的本事在竞争中上来的人。所以从孔子这句话里可以反映出等级开放。谁有本事谁上，所以孔子这个思想是非常非常重要的。

孔子所遵循的礼是一种开放的等级制，可见孔子不是一个老顽固，他也明白有竞争才有发展。但是在春秋战国时期，以商鞅和韩非子为代表的法家才是打破等级的先行者，并且秦始皇依靠法家的策略成功地建立了中国历史上第一个统一的政权。那么孔子的礼是不是不如法家的礼先进呢？

法家主张等级开放，商鞅在和秦孝公谈论变法的时候，跟一些旧的贵族进行辩论。在辩论当中商鞅表达了一些思想，要与时俱进，时代不同了，人们的观念应该有所变化，人们的一些举措也应该有所变化。后来法家的思想家韩非子也表达了这样一些思想。"世易则事易，事易则备变"。时代不同了，事情也不一样了。事情发生了变化，我们解决这些问题，做事情的方法也应该跟着调整。所以法家是主张变化的，反对旧贵族的封闭、固定不变、保守。法家也主张等级开放。韩非子说过这种话"宰相必起于州部，猛将必发于卒伍"。"宰相必起于州部"什么意思？宰相这样的大官，这样高级的大官僚应该从哪儿选拔？从基层干部中选拔，就从那些做基层工作的基层干部中选拔，他们了解基层的情况。知道怎么样解决国家的问题。所以"宰相必起于州部"。"猛将必发于卒伍"，那些大将军、大元帅从哪来？从士兵中来。这些士兵只要他干得好就可以让他当大将军、大元帅。基层干部只要他干得好，就可以提拔为宰相。不能论资排辈，不能等级封闭。所以，法家是主张等级开放的。商鞅变法当时在秦国就是要搞等级开放。谁有本事谁上，在这方面法家和孔子是一样的。都反对旧贵族垄断，都反对等级封闭，要求流动起来，上下流动。但是我们不能简单地说凡是反对旧制度的东西就肯定都是先进的。有些反对旧制度的东西，他可能没有建立起新的东西。有些反对旧制度的东西，他可能就能建立起新的东西。所以不能说，所有反对旧制度的东西都是先进的，有些反对旧制度的主张，可能比原来那个旧的更反动、更落后。

现在我们来具体看看法家。法家是主张等级开放，主张开放竞争。那么法家的手段是什么呢？用我们现在的话来概括，就是丛林法则。什么是丛林法则？就是在森林里头，这些野兽之间是靠什么来竞争的呢？靠牙齿、靠爪子、靠力气。谁牙齿坚、谁牙齿锋利、谁爪子厉害，谁就可以把别人淘汰。靠的是这些东西，而不是靠文明，不是靠道德。法家讲竞争，法家讲等级开放。商鞅当时制定了 20 个级爵的等级。他鼓励用什么样的手段来获取高的等级呢？主要是杀人。所有人都要有军功，没有军功的人不能升级。你就是贵族子弟，你没有军功，你也不能升级。普通老百姓只要你有军功，真正在战场上立了功，真正的杀了人，你就可以升级。所以商鞅这个变法一出来，当时据说秦国的老百姓，杀人的积极性非常高。战争的积极性非常高。高到什么程度呢？用商鞅的话说，就是"民闻战，则相贺"。咱们听说有战争，心理并不能说高兴。战争要死人啊，一个你自己可能要死，别人也会要死。一到战场上遭殃的都是老百姓。一场战争下来损失非常大。但是商鞅说了，他描绘当时秦国的老百姓，"民闻战，则相贺"。老百姓一听说有战争特高兴。互相道喜，互相道贺。为什么互相道贺啊？发财的机会来了，发财就是要靠杀人。咱们这回要战争了，有战争咱们要发财了。对老百姓是这么一种教育。所以这实际上是用野蛮的手段来打破等级。用杀人、用掠夺、用侵略的方式。用这些非道德的手段、非常残忍、非常残暴的手段。据说当时秦国的老百姓杀人的积极性非常高。一些研究兵马俑的专家解释，有的兵马俑身上有盔甲，有的没有盔甲。没有盔甲是不是穷人没钱？因为当时士兵要自备盔甲，自备武器，有的人是穷人，买不起盔甲。有的兵马俑专家研究，说不是买不起盔甲。那是因为什么？是打仗的积极性非常高，高到什么程度呢？说穿着盔甲碍事，杀人不容易，杀人不太方便。干脆把盔甲脱了，赤身裸体上阵。赤裸上阵杀人最方便。不穿盔甲上阵反映出什么？反映出当时老百姓杀人的积极性，侵略别人的积极性非常非常高。用这种方式来打破旧的等级，结果是什么？结果是人的品位非常低下。人们不讲道德文明了。都不讲道德文明，讲残忍、讲杀人。法家思想家商鞅、韩非都非常公开地反对道德教育，礼乐文明地培养。反对这些东西，老百姓无非就是想发财，满足自己的物质欲望。人都是好利恶害的，这是法家的说法。你去想办法引导他，让他去追求这些欲望就可以了。去立功、去杀人。满足自己的欲望就可以了。所以这么弄的结果，社会风气坏了，人们都残忍，人们都杀人，人们就知道争夺，没有过去的礼让文明，彼此互相讲礼节、讲礼貌。没有过去的文明。这不是让人们倒退、野蛮吗？重新回到野蛮社会，重新回到氏族部落的社会。在我看来，与其这样的打破等级，还不如不打破旧的等级。而且你用这种手段来达到你的目的，你能坚持长久吗？实际上坚持不了长久。你不可能长久的来维持你的社会长治久安。后来秦朝短命而亡。就说明了这一点。儒家就不一样。儒家是主张等级开放，儒家是主张竞争。但是他的竞争是道德竞争、学问竞争。大家通过好好学习，通过礼乐文明，通过道德修养进行竞争。这是一种文明的竞争，有利于社会的竞争，竞争的结果呢？建立一种更高级的社会，充满道德的社会，人际之间和谐的社会。这样一种社会，才是进步。

孔子遵循的礼是用道德竞争来打破原来的旧的等级，比法家野蛮的残忍的"丛林法则"更为先进。可见孔子的等级是有利于社会和谐发展的。然而墨家的代表墨子也主张谁有能力谁上，同样是注重能力，孔子却认为"君子不器"。那么如何理解"君子不器"呢？孔子的礼难道没有缺点吗？

墨子也主张等级开放。他也在很多文章里都指责旧贵族的等级观念。用人只注重自己家族的人、只注重自己血缘关系范围、只注重自己个人的情感。我们家的人，没本事我也用。跟我关系好的、我自己喜欢的没本事我也用。不是我们家的，有本事我也不用。跟我关系不好的，我不喜欢的，有本事我也不用。他也指责这种旧的等级观念。他主张等级开放，墨子说过种话"官无常贵，民无终贱，有能则举之，无能则下之"。当官的，高等级的，你不能永远在那个等级上（官无常贵）。老百姓，普通老百姓不能说永远都在那个低的位置上（民无终贱）。等级应该流动，等级应该开放。有能力的人就应该被推举出来。居于高的等级的，有能者举之。没能力的人你就下来啊。你不能说我没本事，没能力我也老赖在上面，那可不行。所以"官无常贵，民无终贱。有能则举之，无能则下之"。法家是用野蛮的手段，是用欺骗的手段来鼓励人们突破等级。来鼓励人们上升。墨家可不这样，墨家鼓励人们上升，鼓励人们用正当的手段，造福于社会的手段。墨子专门写了文章，题目叫《尚贤》"贤者居上"。贤就是有能力的人。墨子曾经打过一个比喻，他说，比如说我们家里要杀猪宰羊，杀猪宰羊就得到市场上去找宰夫。用我们今天的话说就是专门从事杀猪宰羊这些工作的人。市场上宰夫很多，那么我找谁？墨子说了，谁的技术高我找谁。我绝不能说我找技术低的。宰夫我要找技术高的，技术高的我来找他。过年过节，我们想做几身好衣服，做衣服就要找裁缝，市场上有的是裁缝，我找谁呢？那我肯定得找技术高的。谁裁得好，谁做得好我找谁。那墨子说了，我们在日常生活中杀猪宰羊我们知道找最好的宰夫，我们缝衣服我们知道找最好的裁缝，那么我们在社会选拔做官的，选拔管理人才的时候为什么就不能够像我们找宰夫，找裁缝那样来找最有才能的人、最有技术的人。为什么不能这样呢？所以墨子说"尚贤"，"贤者居上"谁有能力谁上。所以可以说墨子这种对等级的突破是非常进步的。比就贵族进步，比法家进步，是非常好的。但是，在我看来墨家他在讲人才方面太注重技术方面了。如果我们解决一些具体的问题，完全是技术性的问题，做一些具体的事情，那么我们只注重技术就可以了，就像他说的宰猪宰羊、裁衣服。但是墨子他所谈的这个人可不是光解决那些具体问题的技术人才，实际上他讲的那个"尚贤"，"有能则举之，无能则下之"这些人是要做社会的管理、是要做官、是要有厚厚的俸禄、高高的位置、重重的权力。是管理社会的。用我们今天的话说是当干部的。而且是当大干部的，当高位置的干部。这些人要掌握权力的，这样的人光讲技术就不行了。更重要的是要讲道德。其实儒家并不是否认能力的重要，能力很重要，但是儒家更重视的是道德，你光有能力，没有道德也不行。孔子说过这样的话"君子不器"。器就是武器、器物的器，机器的器。"君子不器"这个器是做某一项具体工作的才能。我特别会修洗衣机，他特别会修彩电，他会裁衣服，他善于炒菜、烹调。这都是器，做某一个具体事物的才能。当时我们需不需要人？当然需要人，一个社会是需要有这些才能的人。需要很多很多，有这些才能很好。能够解决自己的生活问题也能够造福于社会。我们不能否认从事某一种"器"工作的这种技术人才。但是当时社会非常的混乱，人民可以说灾难深重。所以当时更重要的是救国救民。要解决整个社会的问题。所以当时需要的人，更重要的是一些政治性的人。是一些解决整个社会，人类生存的问题的人。所以孔子可能注重的是另外一种人，就是所谓的君子。就是"不器"的人，他能够用道德、用文明、用他的政治才能、用他高尚的道德来解决整个社会的问题。所以从这个角度来看，我们说孔子的等级观念比墨子，比墨家的层次更高。原因就是墨家太注重技术，而孔子他更注重的是道德。应该说这也是非常重要的。

那么孔子的等级观念有没有缺点呢？不能说没有缺点，孔子说恢复礼，恢复礼要恢复周礼，恢复周天子的权威。他把他所要恢复的礼，他把那种高尚的理想、美好的理想、美好的道德和周天子这个具体的统治者连接起来。我再进一步解释，应该是这样，谁代表这个美好的理念，我就支持谁。谁能体现这个美好的道德，我就支持谁。但是孔子这些缺点仍然掩盖不了孔子的伟大。孔子的礼的高层次性是掩盖不了的，是遮掩不了的，是更高层次的、更高级的。

🔖 【点评】

礼最初是人们在彼此交往中形成的一系列规范，礼是有不同层次的，有的礼是人类最一般的礼，人类最基本的规范，比如说，我们人与人之间平常交往中要遵守一些最基本的规范。比如说，见到老人，要表现一种尊老的礼，在公共汽车上见到老人，要向老人让座，这是一种礼。见到残疾人的时候或者见到病人的时候，应该要对病人表现出一种关心，从神态上、从语言上、从行为上，表现出对病人的一种爱护、关心，这些都是礼。

第四节 多元包容，以和为贵

🔖 【故事阅读】

自孔子以来，我们的民族就形成了"和为贵""亲仁善仁"的文化传统，其中的"和为贵"更是一种坚韧不灭的思想。"和"是孔子思想中占有终极地位的概念。孔子追求的社会乃是以"和"为本质，人与人之间相互配合协调，各守其位的和谐社会。任何一种思想,倘能经受住历史长河的淘洗而历久弥新,那必定有它内在的魅力和存在的价值。所以我们绝对有理由相信"和"其存在的意义,"以和为贵"是中国文化的思想精华。也许你会以为它只是儒家的独述,又怎能代表博大精深的中国文化呢?其实不然!不仅儒家,在中国传统文化的有机组成部分中,"和"也有着一定的份量,如佛、道、墨诸家,也都主张人与人之间、族群与族群之间的"和"。佛教反对杀生,主张与世无争;道家倡导"不争",以"慈","俭""不敢为天下先"为三宝;墨家主张"兼相爱,交相利",尤为反对战争。由此,我们不难看出"和"作为这其中的灵魂,是始终贯穿着中国文化的精髓。

《大学》曾提出:"自天子以至于庶人,一是皆以修身为本。"可见,孔子在论"和"时,把作为社会细胞的心性之"和"放在了非常重要的位置。然而,作为儒家终极修养的"和"在社会的普及和衍化程度又如何呢?依本人愚见,"和"的运用可分为:

（一）人际之和

其实,从我们一进入社会,就一直面临着这个问题,如何处理人与人之间的各种不愉快的事,而"和"也作为这其中的中介,逐渐被人们所接纳。当然,想处理好人际关系,首先就得先讲个人之"和"。孔子在讲个人之"和"时,也非常注重致和的手段,就是自身的修身养性,要求人们"居处恭,执事敬,与人忠""惠而不费,劳而不怨,欲而不贪,泰而不骄,威而不猛""己所不欲,勿施于人""己欲立而立人,己欲达而达人"。孔子认为,一个人只有在修身养性之后,才有可能成为有别于"小人"的君子,才可进入"和"而不同,周而不比的境界。

这样以后,也就有了一股非凡的"中和"之气且徘徊于五脏六腑之间,使人平和、冷静,又不失分寸。战国时期的大将蔺相如,为了社稷之安,三让廉颇,终使廉颇心悦诚服,背上藤条,留下负荆请罪的好评。蜀中诸葛亮也曾七擒七纵孟获,最终迎来了后方的稳定而安心于跟曹魏一决高下。这冥冥之中何尝不体现着"和"的本质呢?古人亦知如此,而今的我们呢?总是为了一些不屑一顾的小事而破口大骂,甚至大动干戈,以至招来不必要的伤害。说到底也只是面子问题,真不明白?难道面子比生命还重要吗?我看这些人都是没读过《论语》的。其实我们应该反省,有许多人总是事后的"清醒者",事后总埋怨:"真不应该……",但我更希望我们都是醉中的"清醒者",永远知道自己在做什么。万事以和为贵,就会有一条更光明的路出现在你眼前。

（二）国家之"和"

当今世界,科技文化飞跃发展,一日千里,使人眼花缭乱。但这个飞跃的时代也处处暗含"战争"，眼前的利益已不能满足国与国的欲望，于是在利益的驱动下，战争就蠢蠢欲动。21世纪刚开始，便迎来了美国被恐怖袭击的"9.11"事件，接着就是美国对阿富汗塔利班政权的反恐战争，还有以巴的冲突，等等，真是一波未平，一波又起。这些问题难道不值得我们深思吗？难道解决问题就非得要战争不可吗？来看看我们祖先又是如何化解这个问题的吧。孙武，无可否认的军事专家，他曾提出"上兵伐谋，其次伐交，不战而屈人之兵"。将运用外交与和平谈判的方法交换彼此都冲突的认识，提出均可接受的方案，以解决双方的矛盾，此乃上上之策，而将指挥军队在战场互相厮杀，用强兵猛将和尖锐武器去攻城略地，俘虏他国的人民，作为不得已的下下策。可见，前人已早已深知"和"的可贵，而今一些国家的领导人却将战争视为游戏，恣意挑拨，真是令人发指。

其实，国与国之间，更应考虑或重视"以和为本，以和为贵"的思想，因为他们的决定影响的将是整个国民的命运。"宽以济猛，猛以济宽，政是以和"说的正是孔子"政和"的思想。孔子对战争一直是持反对态度的——"子之所慎：齐，战，疾。"再有"子贡问政。子曰：'足食，足兵，民信之矣。'子贡曰：'必不得已而去，于斯三者何先？'曰：'去兵。'子贡曰：'必不得已而去，于斯二者何先？'曰：'去食。自古皆有死，民无信不立。'"可见，孔子对战争是厌恶的，他更主张的是"道之以德，齐之以礼""节用而爱人"，而今的世界更需要这种思想，更需孔子这种"以和为贵，政是以和"的处事方式，这样一个国家才能得以生存、发展。

（三）天人之"和"

所谓天人之"和"，也就是今天所说的和谐发展或可持续发展。关于"和谐"，于繁华的大都市仍是一个严重的问题，人们只看到了发展的一面，却没有为后代为自然而谋想过，这种人是自私的，地球有他们是地球的不幸。据调查，由于城市热岛效应，全球气温逐渐上升，这也意味着南北两极的冰山正在以一个惊人的速度溶化，这就是大自然向人类敲响的警钟，预告着如果人类再对大自然这样干下去，人类必将无所遁形。为什么人类还要这样愚蠢下去呢？三千年前的孔子就已经知道了凡事应当"致中和"，即和谐发展，不应该违背大自然之规律，否则就是给自己挖墓地，而我们勤劳的现代人就愿意干这种事？但愿我们勤劳的人类别再犯这种傻事了。"和"才是持续发展的准则，"致中和，天地位焉，万物育焉"这才是发展的至真之理。

关于"和谐"，如今的人可能已注意到这点，于是陆续地出现了"和谐校园，和谐家园，和谐社会"等关于和谐的新名词，这一点可能是今人面对孔子唯一值得骄傲的。

有子曾说过："礼之用，和为贵。先王之道斯为美。小大由之，有所不行。知和而和，不以礼节之，亦不可行也，不以礼节之。"可见"和为贵"的前提是要"以礼节之"。也就是说，制礼守礼是"致中和"的条件，只有"克己（克制欲望）复礼"才能"天下归和"。否则，泛泛而谈"和"，会很容易流于迂腐，成为乡愿，也就成了小人之"和"、同人之"和"了。

然而，"和"也有一定的适用范围，在亲人、朋友、同事之间，在一般人与人，国与国之间，当然要讲"和为贵"；但对于一些凶残的歹徒，屡教不改的暴徒就不能轻易谈"和"了，前提是如果他能放下屠刀，洗心革面，那"和"才能对他们起作用，否则就是对牛弹琴，纸上谈兵，甚至会成为罪恶的帮凶。

"和为贵"作为新时代道德前进的力量已不容置疑，只是我们能否一直坚持不懈地走下去，还有待人性的考验和坚韧的意志。前路已经打开，步子已迈出，难道我们还不愿起航吗？难道我们会半途而废吗？既然风帆已扬起，就不要再拒绝起航，只要我们有一颗虔诚的心，有一颗以"和为贵"的心，终有一天，浮现于我们眼前的必是一个"和"满天下的新景。

【点评】

自古以来有一种思想一直被流放，提到它的人多，做到的人却少。于是，人间也因此不知多了多少无辜的魂灵，夜夜游走——它渐渐被淡忘了，也渐渐从我们的眼皮底下溜走，直到今天，我门终于重新把它发现，重新把它认识，那就是中国古代思想的精华——"和"。

第二章 自由 平等 公正 法治

第一节 独立人格，有尺有度

📖 【故事阅读】

　　人作为一个独立的生命个体，是为什么而活，人生的最高价值在那里？这个问题永远发人深思。人的存在不是一个简单的肉，而是一种精神的存在，世界上的每一个都应是一个独立的精神存在，但并非现实中的每一个都是真正作为一个独立精神存在。我们常常看到现实中许多不具独立人格的人，这些人不能拥有真正的自我，他们的精神为别人的精神所奴役，不能具有独立的思维，他们只能被动地接受别人的价值观念，他们虽生活在奴役之中却不知道被奴役，有时并为这种被奴役而快活。这些人有的只是为所崇拜的偶像而活，有的只纯粹为金钱而活……有的就根本不知为什么而活，但就是不能为自己而活。他们都是不具备独立的人格精神，不具备独立的人格精神就不能有独立的人格，而只能算是一种奴性的人格。然而，成为人的最高境界就是追求独立的精神价值，形成高度独立的人格。

　　作为生命的独立个体，人应有其完全独立的精神价值，独立的思维，独立的行为准则，并具有选择独立生活方式的权利。但自从人来到这个世界上，便无时无刻地不受到来自各方面的束缚，这些束缚来自环境文化、家庭、社会准则等。具有独立人格精神的人就必须无时无刻不和这些束缚展开斗争，不断地完善自我，追求独立的精神价值，活着的过程就是寻找自己独立生活方式的过程（历史上有很多杰出的人物的人生经历便是最好的例证）。具有独立人格精神的人没有必要遵守社会为我们制定的一系列行为准则，只以自由意志来指导生活，而没有必要按照社会他人所期待的模式去生活。具有独立人格的人有自己的思想体系，能重审一切道德价值标准，并有重建道德标准的能力，独立思考能力是具备独立人格的先决条件，思维是人生存的条件，没有思想就不可以作为人，思索随生命永远存在，无论人处于何种状态之下，哪怕是有深沉的睡眠中人的思维活动都不能停止。思想本是快乐的源泉，深沉的思索能让人摆脱尘世的苦难和无奈，理智的思考能让人摆脱一切的偏见，洞察到事物本来的面目，思考也能让人摆脱缰化的教条，从而让人摆脱精神上的奴役，达到独立自主的精神境界，也只有达到独立的精神境界，才能完善独立的人格。

　　具有独立人格的人选择的生活方式是将生活作为体验生命的过程而不只是简单的过日子。生活在这个世界中的每一个人都同样有着一段生命岁月，可是不同的人生命的历程又是那么的不同。在我们这个世界上有大多数人都过着平平淡淡的生活，在日复一日的重复生活模式中让生命消逝，其生命存在的只是为了来到这个世上走一遭，不是为自己而活，而是由上帝派来充当人口的基数。而另外有少部分人生命历程则是那么的不一样，他的生活是那样的丰富多彩，他们的生命仿佛是正在喷射的火山，在不断地燃烧中体现自身的价值。不局限固有的生活模式、不安于现状，为自己的信念做不懈的奋斗。他们中有的终一世无成而被历史遗忘，有的因创造光辉的伟业而功载史册，也有的因犯下滔天大罪成为千古罪人。这些人活着的时候都在不停的为追求自己的独立人格存在而奋斗，也许他们的努力在当时并没有为自己带来任何的功名，但他们是在生命不停地燃烧中证实自身存在的价值。独立人格是在生活过程之中逐步完善的，在这生活的过程中，能遵从自己的兴趣、价值观念、心理需求去选择生活方式。有着丰富多彩的生活经历，无论经历的是苦难还是幸福，都能理智的看作生命过程中的自然现象，对生活充满热情又不沉迷其中。能将自己投身火热的生活的战斗中去但又能随时保持理智清晰的思维，身处世界之中又能将自己提升到一个高度，以冷眼旁观来审视这世界中的一切。作为精神存在的第一位人，不应该有与常人相同的生活方式，不必在乎常人逍遥放荡的生活。虽然为了追求自己的理想生活方式，证实自己的价值观念必须付出一定的代价。但是假如不这样去生活，那对于一个具有独立人格精神的人来说是无法接受的。我们可以想象庸庸碌碌毫无追求的大众式生活会对一个独立的人带来多大的痛苦，按部就班的接受社会他人要求的生活方式，无疑就是慢性自杀。生命属于自己，任何人都有权选择自己向往的理想生活模式。天才者只过属于自己的生活，决不把时间浪费在世俗的娱乐之中，在自己的思想中寻找快乐，在执著的追求中体验生命的价值。独立的人与常人根本的区别在于：独立者创造自己的精神世界并生活其中，而常人只能生活在被奴役的现实世界之中。

　　具有独立人格的人有自己独立的认知能力，有独立的人生价值观念。世间的事物本是一个整体但是由于每一个人认知思维的局限性，导致人们从不同的出发点来认知世界，谁都只看到一个侧面，于是人间便产生无数的争端，对同一事物出现各种各样的解释。我们不能确认谁对谁错，因为每个人都是对的，同时也都是错的，现实生活中的每一个人，由于其认知世界的出发点不同，便产生了千差万别的人生价值观念，一个人所竭力追求的东西也许另一个人认为应该摒弃。对此谁也无权干涉，因为是人生而自由的，每个人自从来到世间都属于自己，为自己的存在而存在，而并非为他人的意志而存在。人来到这个世界上就是为了寻求自己独特的生活方式，而不是成为社会他人期待成为的角色。这是生命终极意义所在，也只有这样人才能保持自己的人格独立。一个具有独立人格的人具有独立思考、重审一切价值、道德标准的能力，并以自己的思维与行为准则来指导行为和生活。

具有独立人格的人有承受孤独生活的能力，从不畏惧孤独，能在独处中找到生活的快乐。追求独立的精神价值，就必然和身处的现实环境脱离，不能融入常人的生活中去，只能证明其灵魂的伟大。生活在自己的精神世界之中现实环境仅是为其提供食宿寓所而已。即便不能被社会大众理解，甚至被嘲笑，遭受打击，这种现实必然会为其带来精神痛苦——若按传统社会法则去做必然会导致自我的丢失，而被非人化按照自己的信念去行事又会被社会抛弃，对于一个天才的思想者来说放弃自己的信念，融入世俗生活无疑会造成极大的精神痛苦，而且也不可能做到。只有执著的追求才能体验到生命的永恒价值、人生的快乐。

具有独立人格的人能正视人生的一切困境并随时保持乐观的情绪。焦虑和一切意志消沉并不会对现实带来任何的改变，但现实中若我们遭受挫折，深感痛苦、失败等，人都会变得意志消沉，情绪低落，精神频临崩溃。这是人心灵上本能的脆弱，遇到困难就会本能的退缩。具有独立人格精神的人，能平衡自己的心态，明白一切的退缩并不能真正的逃避困境，而且只会造成恶性循环，但若能用极积向上的心态去面对问题，不但能使问题迎刃而解而且还能减轻心理痛苦。以一切都会过去的心态勇敢的面对一切问题，是人能立于不败之地的法宝。

具有独立人格的人有自我心理调节的能力，人生是有很多的不快，就在于你如何去看待，把痛苦当作快乐的一部分，若没有痛苦，又何言快乐。在生命的过程中，心理疾患是不可避免的，很多人都无法进行自我调节而求助于他人，或任其发展至精神崩溃，心理医生就是专为这些人服务的。具有独立人格的人也有心理疾患，但无须求助心理医生，即便心理医生也无能为其诊疗，因为其本身的心理调节能力就远远超越了心理医生的治疗之上。

独立的人从不畏惧来自他人的反对，对于一个生活在这个世界的人来说，如果没有遭受到来自社会他人的反对，只能证明这个人的平庸。杰出的人物往往都是生活在众多的反对之中，他们将别人的敌视化作自己成长的动力，因为遭受世俗他人的反对生命从此有了价值。在矛盾冲突中完善自我，创造出辉煌的成就，一个具有独立人格的人个人价值在别人的认可与自己的认可中各占有多大的比例呢？作为人自己价值的认可不可避免地带上主观的心理作用，但最了解自己的毕竟是自己，没有任何人比自己更了解自己，自己可以剖析自己的心理状态，自己更了解自己的能力，更清楚自己的经历，难以了解自己在人群中的被认可程度，但这并不影响自己对自己的认可。对于一个具有独立人格的人来说，对自我价值的认可至关重要，每一个人都是一个独特的个体，每一个人的个性都能独特的一面（当然有可能是极积的，也有可能是消极的），自我认可代表个体存的核心价值，不能自我认可者不具备独立人格，只是一种奴隶。他人对自己的认可程度来自多方面的因素："他人"处于何种精神层次？属于哪类型的人？与自己存在什么样的关系？总的来讲，他人只能看到自己的表面现象，来自外貌、言辞、特定环境下的行为等。但造物主创造万物最复杂的莫过于人的内在人格，一个人的人格往往具有多元化的复杂性，在不同的情景下表现出不同的人格风貌，而且人格还具有很强的内隐性。他人对自己的认可只能建立在单一情景下的表面现象之上，是被动片面的。再者对于大多数的浅溥者来说，由于其思维的局限性，并不能由事物的表面现象洞察到内在的本质，所以很难做出准确的人格分析。

具有独立人格的人不会为自己的利益去做驾驭他人的事，不以自己的的意志去束缚任何人，虽然以自我为中心，但却能尊重他人的思想和意志。"智之所贵，存我为贵；力之所贱，侵物为贱。《列子·杨朱》中的这句话正是古人对独立人格精神最生动的描述。以自己的存在为存在，同时又能尊重他人的存在。在与他人的交往中保持自身的独立性，并以个体的独立价值参与社会活动。

具有独立人格精神的人有宽广的胸怀，能海纳百川，不因生活中的细小锁事而与他人斤斤计较，不过多地计较个人得失，能宽容哪些反对自己，歧视自己的人。不与人记仇蓄恨，能把敌人当作朋友来看待。

能以平和的心态看待事物的发展，以"凡是现实的事物都有其必然性的因素"来看待问题，不拘泥生活的小节，无视周围他人所为；无视功、名、利、财、色、权等的诱惑，身处尘浊之中而能保持高洁的灵魂。同时也不必过于压抑自己的情欲，做到心随所欲，按自己的想法去行事。随时保持淡泊、宁静的心态，冷静的看待一切问题，不被一切的社会集体过激行为传染。

　　一个没有独立人格精神而精神空虚的人面对简单平凡的工作都会觉得枯燥无聊，难以忍受。而一个具有独立人格精神且精神世界充实的人面临同样的工作，虽然身体投入在平淡的工作中，但他的心灵深处却拥有崇高、永恒的精神家园，而活在自己的精神世界之中，生命从此不再空虚。不会说工作的平淡、简单就不是该自己来做的。

【点评】

　　我们每个人都需要有独立的人格。一个有独立人格价值的人除了能干好那些有影响的事业，也能干好生活中的那些平凡小事。其价值取向永远不可能与周围的人等同，以自己的价值取向，以自己的思维方式来决策所处的事情，不受他人的摆布，不随波逐流，时刻都能保持清醒的头脑，无论他人怎么做，自己只按自己的方式来做。

第二节　真心诚意，平等待人

【故事阅读】

　　为何处于四战之地，地理位置最为不利的魏国，却成了战国时期第一个称雄的国家呢，这和魏文侯这个君主密不可分，那魏文侯又是如何做的呢？

　　你要问 21 世纪什么最贵，很多人会脱口而出："人才"。人才是事业兴起的根本，正所谓："得人者兴，失人者崩。"在魏文侯时期，战国几乎赫赫有名的人才都齐聚魏国，像我们前面介绍的西门豹、乐羊、李悝、翟煌、吴起、田子方，等等，为什么魏国能够吸引这么多人才呢？这和魏文侯礼贤下士，知人善任密不可分。

　　《资治通鉴》中曾经记载这样一件事，当时在魏国的西河地区，住着一位贤者，此人名叫卜子夏，是孔子的学生。魏文侯专程跑去请他，并拜他为师。但当时子夏已经年近百岁，请他来又能做什么呢？子夏是儒家学派的权威人物，身份和地位比较重要，他的到来，能吸引更多优秀的人才来到魏国。后来子夏在魏国办起了大学，而这所大学为魏国的崛起提供了源源不断的人才储备，使得魏国很快成为战国时期的文化中心。

　　卜子夏有两个非常有名的学生，田子方和段干木。田子方前面我们已经为您介绍过，段干木又是什么人呢？此人性情比较怪，不喜欢结交权贵，魏文侯想见他一直见不着，一天他得知段干木在家里，就急忙跑去，谁知段干木知道后，竟然偷偷地从后门溜走了。一国之君屈尊过来见你，你还这么摆谱，这在今天看来是难以想象的。不过在先秦时期，集权统治还不算太严重，那时的人们很多都有自己的独立人格，不像后来经过几千年封建专制压迫之后，人们逐渐变得越来越趋炎附势。正如曹雪芹所说，"人人生的一双富贵眼"，看到权势比自己大的，不自觉低人一等。段干木这么做，魏文侯却不生气，每次乘车路过段干木家里的时候，都要停车行礼，魏文侯的行为感动了段干木，最后终于答应出山。有这样一件事很好地体现了段干木的作用，据说有一次秦国想要攻打魏国，秦国大臣劝谏道："魏国有段干木这样的贤臣，魏王对他礼遇有加，天下没有不知道的，我们最好不要冒这个险。"于是秦王便打消了这个念头，可以说段干木用他的名头，就吓退了秦军，足见其实力非同一般。

但光请来人才还不够，还要懂得如何用人，把合适的人放在合适的位置上，才能发挥他的作用。其实在魏文侯死后魏国也出了不少人才，但却因为君主不会识人用人，导致魏国的人才大量流失，最有名的就是商鞅和孙膑了。魏文侯用人不问出身，唯才是举。要知道这在战国时期是非常难得可贵的，因为当时各诸侯国的权力，都由国内贵族所把持，所谓"龙生龙，凤生凤，老鼠儿子会打洞"，在当时体现得尤为明显，普通人很难有出头之日。而魏文侯却不问出身，知人善任，像吴起、乐羊这种备受争议的人，他都敢于大胆启用，尤其不易，而正是他的这一做法，使得魏国人才辈出，四方贤士多归之。

魏文侯不但善于招纳人才，任用人才，他还有一个优点，就是非常守信用，曾经有一次他和大臣们正在喝酒，突然下起雨来，魏文侯让人准备马车去郊外，众人不解地问道："大王，这雨下得这么大，您去郊外干什么啊？"

魏文侯说道："我和村长约定今天去他那里打猎，现在下雨了，我得去和他说一声，约定取消了！"不管下不下雨，小小的村长肯定都要按照文侯的命令做好准备。文侯如果不去，那他就得一直在那儿等着。文侯可没有不拿村长当干部，他觉得自己不能失信于人，答应别人的事情，如果有变动，就要及时告诉他。

后世很多人表示不解，这样一件小事，派人过去跟他说一声不就完了，至于劳烦国君亲自冒雨跑一趟吗，就算不通知他，又能怎样，未免有点太小题大做了吧。可大家反过来想，如果仅仅是派人去通知，这件小事又怎会有这么大的知名度呢，你说他作秀也好，本性使然也罢，魏文侯通过这样一件小事，树立了他守信的形象，很好地打造了自己的个人品牌，给世人的感觉就是他对待小事尚且做到如此守信，对待国家大事更会言出必行。

你也许会觉得对小事这么看重的领导，心胸一定比较狭窄，其实不然，前面我曾为您讲过任座顶撞魏文侯的事情，可以看出魏文侯还是很有心胸的。决定一个领导高度的是他的胸怀，心有多大，舞台就有多大。其实我们翻开历史看看，能做到这一点的君主真是少之又少。还有一件事，更能说明魏文侯胸怀若谷、从谏如流。一天，魏文侯和田子方在一起边喝酒边听音乐，突然，文侯放下酒杯，说："这音乐演奏的不和谐啊，编钟左边的那个音高了一些。"

田子方听后哈哈大笑，魏文侯问道："你笑什么，难道寡人说的不对吗？"

田子方说："作为国君，听出音乐不和谐，您应该关注的是乐官称不称职，而不应该去辨别哪个音出了问题。乐官奏错音了，就要问乐官是专业能力不行还是工作失误造成的，如果是能力素质不行，就要换掉，如果是失误造成的，进行批评教育就是了。作为领导要有大局意识，不能把过多的精力放在细枝末节上，最主要做的是在各个岗位上找到合适的人，把事情交给他们去干，然后关注他们是否称职，而不要什么都事必躬亲。如果过于关注小事，容易本末倒置，不利于把控全局。"

魏文侯听了，觉得田子方说得很有道理，连连称赞，这就是后世非常有名的"音乐与治国"的故事。

📖 【点评】

这则故事给我们的启示很多，我想说的是它从一个侧面体现了魏文侯主动接受批评的胸襟，通过两人的对话，我们可以看出文侯是一个虚心求教，从谏如流的人。正是靠着魏文侯的这些优点，魏国在他的治理下，迅速崛起，成为战国初期的霸主。

第三节　尽职尽责，依法办事

📖 【故事阅读】

对魏征这个人，唐太宗李世民是又爱又恨的，接受魏征的直言进谏，有时会搞得自己很是没有面子；不接受魏征的进谏，又可能会影响治国理政之大事。

有一次，魏征进谏，言辞激烈，伤了唐太宗的面子。唐太宗回到后宫，大为恼火，说："总有一天我要杀了这个乡巴佬！"长孙皇后为此却向唐太宗祝贺道："今天魏征能直言不讳，正说明遇上了明主，我自当祝贺。"唐太宗不觉转怒为喜，厚待魏征如初。

对于这样一位能直言进谏的大臣，李世民对魏征是视若珍宝的。后来魏征去世，唐太宗十分痛心地说："人以铜为镜，可以正衣冠；以人为镜，可以知得失。魏征死了，我失去了一面镜子！"此后，魏征进谏的事情，再也不会发生在李世民的身边了，他也失去了一面映照自己的镜子。

贞观中后期，整个社会的形势越来越好。李世民对创业之初的困境渐渐淡忘，励精图治的锐气也渐渐消磨了，滋长了帝王的奢侈之心。饱经忧患的魏征，看在眼里，急在心头。

有一次，唐太宗去洛阳，路上住在显仁宫（今河南宜阳县）。大队人马安顿下来，侍女奉茶，太宗一看茶盘、茶杯都是几年前来这儿用过的旧银器，心中很是不快，命人把总管叫来，狠狠地训斥了一通。

总管心想：贞观初年，皇上您自己省俭得很，怎么如今嫌这嫌那的呢？心里不明白，嘴上却只好认错，赶忙命御厨将皇上的晚餐多加了几样海鲜。晚上，太宗来到餐桌前，瞥了一眼，又大为不悦："怎么搞的，海味不见薪奇，山珍又少得可怜，总管哪里去了？快把他贬为百姓！"说罢拂袖而去。

第二天，魏征知道了事情的来龙去脉，便来到太宗的内宫。这时的魏征已是唐太宗的宠信之臣，进出较为方便，与太宗讲话亦自在得多了。叙过君臣之礼后，魏征转入正题："陛下，臣闻皇上为总管侍奉不好而发脾气，臣以为这是个不好的苗头。"

唐太宗不解："我大唐国家殷实，多花几个小钱有什么了不起？再说，我可是一国之君啊！"

魏征深感唐太宗"当局者迷"，便决计为他指点"迷津"："陛下，正因为您是一国之君，所以您一开头，马上上行下效，整个社会就要形成一种奢靡的风气，那就糟了。"

"爱卿，请不要把话说得这么严重。国君就我一人，其他人谁敢向我看齐？"

魏征越发感到问题的严重性，他想：皇上经常把隋亡的教训挂在嘴上，何不以此来警策皇上呢？

"陛下，当年隋炀帝巡游，每到一地，就因地方上不献食物或贡物不精而被责罚。如此无限制地追求享受，结果使老百姓负担不起，导致人心思变，江山丢失。皇上怎么能效法隋炀帝呢？"

这一招真灵，唐太宗果然大为震惊："难道我是在效法隋炀帝吗？"

"是的，陛下！像显仁宫这样的供应，如果知足的话，会很感满足的。但如果炀帝来，即使供应再丰盛精美一万倍，也难填他的欲壑。"

唐太宗听了既震惊又感动："爱卿，除了你，其他人是讲不出这种话的啊！"

玄武门之变后，有人向秦王李世民告发，东宫有个官员，名叫魏征，曾经参加过李密和窦建德的起义军，李密和窦建德失败之后，魏征到了长安，在太子建成手下干过事，还曾经劝说建成杀害秦王。

秦王听了，立刻派人把魏征找来。

魏征见了秦王，秦王板起脸问他说："你为什么在我们兄弟中挑拨离间？"

左右的大臣听秦王这样发问，以为是要算魏征的老账，都替魏征捏了一把汗，但是魏征却神态自若，不慌不忙地回答说："可惜那时候太子没听我的话。要不然，也不会发生这样的事了。"

秦王听了，觉得魏征说话直爽，很有胆识，不但没责怪魏征，反而和颜悦色地说："这已经是过去的事，就不用再提了。"

唐太宗即位以后，把魏征提拔为谏议大夫（官名），还选用了一批建成、元吉手下的人做官。原来秦王府的官员都不服气，背后嘀咕说："我们跟着皇上多少年。现在皇上封官拜爵，反而让东宫、齐王府的人先沾了光，这算什么规矩？"

宰相房玄龄把这番话告诉了唐太宗。唐太宗笑着说："朝廷设置官员，为的是治理国家，应该选拔贤才，怎么能拿关系来作选人的标准呢。如果新来的人有才能，老的没有才能，就不能排斥新的，任用老的啊！"

在魏征进谏的故事中，有很多看似小事，却对一个朝代的发展起到重大作用的事情。对于一个贤明的君主来说，居安思危，往往才能长治久安。

有一次，唐太宗问魏征说："历史上的人君，为什么有的人明智，有的人昏庸？"

魏征说："多听听各方面的意见，就明智；只听单方面的话，就昏庸（文言是'兼听则明，偏听则暗'）。"他还举了历史上尧、舜和秦二世、梁武帝、隋炀帝等例子，说："治理天下的人君如果能够采纳下面的意见，那末下情就能上达，他的亲信要想蒙蔽也蒙蔽不了。"

唐太宗连连点头说："你说得多好啊！"

又有一天，唐太宗读完隋炀帝的文集，跟左右大臣说："我看隋炀帝这个人，学问渊博，也懂得尧、舜好，桀、纣不好，为什么干出事来这么荒唐？"

魏征接口说："一个皇帝光靠聪明渊博不行，还应该虚心倾听臣子的意见。隋炀帝自以为才高，骄傲自信，说的是尧舜的话，干的是桀纣的事，到后来糊里糊涂，就自取灭亡了。"唐太宗听了，感触很深，叹了口气说："唉，过去的教训，就是我们的老师啊！"

唐太宗看到他的统治巩固下来，心里高兴。他觉得大臣们劝告他的话很有帮助，就向他们说："治国好比治病，病虽然好了，还得好好休养，不能放松。现在中原安定，四方归服，自古以来，很少有这样的日子。但是我还得十分谨慎，只怕不能保持长久。所以我要多听听你们的谏言才好。"

魏征说："陛下能够在安定的环境里想到危急的日子，太叫人高兴了（文言是'居安思危'）。"

【点评】

在唐朝敢于向皇帝直言进谏的人，名相魏征无人能出其右，对于这样一位能直言进谏的大臣，李世民对魏征是视若珍宝的。魏征进谏的故事不计其数，甚至很多次搞得太宗李世民很没面子，但就是这一样直言进谏触怒龙颜的人，却屡被重用，只能说明魏征遇上了明主李世民，是他一生的幸事。

第四节 为人正直，公正护法

【故事阅读】

狄仁杰靠科举上来的。那么按照唐代的规定，这个科举上来的官员，要按照考试成绩的高低，授予不同级别的官职。狄仁杰，被委派到汴州，河南汴州，担任判佐。汴州就是今天河南的开封，在唐代，这一带属于经济发达、人口稠密的地方。能到这个地方来担任判佐，判佐是从七品下的官，能有这样的一个开端，那是相当好的。这时候的狄仁杰可谓是春风得意。可也就是在这个时候，他遭受到了一场诬陷，而且惊动了一位大人物来处理此事，这个人就是大臣阎立本。

狄仁杰初入政坛，得到了大臣阎立本的赏识，在阎立本的提携下，狄仁杰在仕途上可谓是一帆风顺，先是官职升迁，后来又被调到唐朝首都长安任职。就在狄仁杰要大展宏图的时候，他目睹了一个案子，这个案子还和他的恩人阎立本的家人有关，阎立本的侄子阎庄莫名其妙死亡。但被后世称为神探的狄仁杰，面对这个案子却无计可施，那么，这究竟是一个什么案子？狄仁杰为什么无法破案呢？

小吏告了狄仁杰，阎立本来处理这个事情，阎立本以著名的艺术家著称，现存于故宫博物院的《步辇图》就是他的大作，也是一个重要的大臣，担任过将作大匠，担任过工部尚书，后来官拜宰相。画家在唐代称为画师或者画工，是卑贱的行业，阎立本忌讳这个，一次，唐太宗和群臣泛舟池上，景色优美，唐太宗命令阎立本画画，阎立本是主爵郎中，可是那帮宦官侍卫，喊传画师阎立本，阎立本画完回到家里。对孩子们说谁也不许学画画，我就让人家拿杂役使唤。后来阎立本当了宰相，人们还不买他的帐，说："右相驰誉丹青"还说："非宰辅之器"。

不过在狄仁杰这件事情上，阎立本独具慧眼，当时阎立本担任的职位是河南道黜陟使，唐代初期，为了监察地方官，经常派遣一些大臣，临时担任黜陟使，到地方纠察非法。刚好阎立本巡查到汴州的时候，有吏告狄仁杰。阎立本负责审理，他发现狄仁杰非但不是坏官，反而是个好官，于是就把狄仁杰叫道面前说："仲尼云，观过知仁矣，足下可谓海曲之明珠，东南之遗宝。"。狄仁杰非但没有受到处分，反而升官了，阎立本保举他做了并州（太原）都督府法曹参军，正七品上官，并州在唐朝是极其重要的地方，是唐朝的龙兴之地。

狄仁杰在仕途上可谓是一帆风顺，就在他踌躇满志，大展宏图的时候，朝廷发生了一件大事，这件使狄仁杰第一次目睹了政治的险恶，这件大事还和他的恩人阎立本的家人有关，但狄仁杰爱莫能助，那么这究竟事件什么事情，使正直的狄仁杰也无计可施呢？

唐高宗和武则天的长子，太子李弘死了，我们看阎庄墓志，1995年出土于陕西西安，现藏于陕西师范大学博物馆，这墓志里有些玄机，它牵扯到一个很重要的问题是李弘是怎么死的，这是个悬案，墓志说是病死的，但是有些话像对我们透露什么"缠蚁床而遘祸"和"随鹤版而俱逝"蚁床是指棺椁，"遘祸"一词似乎暗喻墓主死于非命，阎庄因为某个人的死，给自己带来祸患，鹤版是用了周代的一个典故，特指太子的棺椁，两句话连起来的意思，阎庄因为太子的死，给自己招来祸患。

这个悬案我们要从头说起，太子李弘的死，按照《旧唐书》的说法是正常死亡，根据皇帝发布的文告，说死于瘵疾，就是肺结核。《新唐书》说死于武则天之手毒死的，作者是宋代欧阳修等人，他们对武则天是很反感的，很难确定是否处于成见。司马光《资治通鉴》模糊处理"时人以为天后鸩之也"。毒死说认为李弘是为自己的姐姐请命，得罪武则天导致被杀的，这两个姐姐是唐高宗和萧淑妃所生，当年，王皇后把武则天接来是为分散唐高宗对萧淑妃的爱，萧淑妃的两个女儿都被囚禁在皇宫里，三十岁左右还在里面，偶然被李弘发现了，李弘去向武则天请命，要求释放两个姐姐，武则天很生气，但是事情闹开了，只好放了。毒死说是这件事使得李弘得罪武则天，而武则天下的毒手。

狄仁杰无法给恩人阎立本帮手，种种迹象表明，阎立本的侄子阎庄，是武则天为了杀人灭口，这样的话狄仁杰也只能无可奈何了。但接下的疑问是阎庄的死，可能和太子李弘的死有关，那么武则天为什么毒死李弘，难道仅仅是因为李弘为两个姐姐求情，武则天就要毒死他么？

武则天哪有这么冲动幼稚，要说李弘是毒死的，原因只有一个，就是因为唐高宗的病重，就把一些事情交给武则天处理，武则天很聪明能干，唐高宗很放心，就把决策性的事情让她处理，武则天就开始尝到权力滋味，武则天很迷信，有两个故事，"袁天罡预兆"和"李淳风推算"，可信度基本为零。不过有一个故事是可信的，唐太宗活着的时候，天下就流传着一个谶语"女主武王当有天下"，唐太宗就认为一定是大臣当中有这个所谓女主武王，一次，唐太宗宴请群臣，说咱们行个酒令吧，大家把自己的乳名报一报，李君羡报乳名的时候，李君羡说我的乳名叫五娘子，李君羡任左武卫将军，值玄武门，封号是武连县公，籍贯是武安，再加上小名叫五娘子。女主武王可能就会是他，李世民就找个借口，把他杀了。过了几十年武则天称帝的时候，李君羡的家人才跑来喊冤，武则天也承认这件事，下令把李君羡风光大葬。

谶语这东西历史悠久，也说不清是谁编的，它就是一个政治预言，但是一旦流出开的话，就会产生一个很奇特的效应。就是名应谶语的人，就会觉得天降大任玉我身，这样就会照着谶语的方向去努力，有了这种野心，事情就有了一种可能性，哪怕是一点点的可能性，对于一般人，一旦应这种谶语的人，他认为是老天注定，欣然去接受，武则天受这样的影响，唐高宗病重了，信心就爆棚了，唐高宗要传位给太子，大权就旁落了，所以就下了毒手，李弘虽然是武则天亲生的儿子，他和武则天之间不对付。

因为从小接受的教育，是一个正统的儒家，很有仁爱之心，看书都不愿意看那些奸臣谋反之类的，有一次读《左传》看到叛臣弑君，马上把书仍一边不看了饿，还《礼记》，有一次关中闹饥荒，自己的卫士饿的晕倒了，于是把自己的食物给卫士吃，见到姐姐受难，心里不忍。这种人如果掌权的话，对皇后太后弄权是不可能接受的，他上台对武则天是极为不利的，所以武则天下这个毒手。

阎庄是太子的家令，可能亲眼目睹了全过程，在激愤之余，可能说了些事关武则天的话，武则天为杀人灭口把他杀掉了。

太子李弘之死是因为他阻碍了武则天登上顶峰，而太子家令阎庄的死，是武则天杀人灭口，正是这件事情牵扯到皇权之争，所以破案能力很强的狄仁杰，也只能置身事外，这一系列的推理合情合理，也解释了阎庄的家人只能用隐晦的方式写死亡的原因，但武则天真的会杀死自己的儿子吗？千百年来，这样的声音从来没有停止。一千年以来，对这件事情有质疑的人也不少。

第一个质疑：一个母亲怎么可能对自己亲生的儿子下毒手呢？我觉得是这样的，武则天没有这个狠劲，她也就不是武则天了。中国历史几千年以来，皇权斗争当中，父子相残,兄弟相残的事很多。

第二个质疑:武则天似乎犯不着着急,李弘是肺结核,这病早晚是死,但是问题在于,肺结核是个慢性病,也许十几年不死,所以武则天下毒手。

第三个质疑:李弘不是唯一的儿子,武则天杀李弘,主要是为了吓唐高宗,如果你再敢传位的话,我就再杀。李弘死后不久,唐高宗提出要让武则天代理国政,这遭到大臣的反对,没有效应,但是武则天杀李弘的效应体现出来了。这个事情,应该和狄仁杰可能还有点关系,按照唐代法律的规定,遇到重大案件要实行三司推事,就是由刑部、大理寺、御史台三个司法机关一同审理,就是三堂会审。阎庄这个事件,属于重大事件,按理说狄仁杰是大理寺丞有资格参与,可是这个事情,绕开了狄仁杰,绕开了整个司法系统。

这就是古代政治社会的悲哀,一旦涉及到统治者的私人核心利益,就要绕开这一套,狄仁杰再神探也没办法。墓志中记载了阎庄的职务和年龄,但从史料看,阎庄已经从家谱中除名了,说明阎家怕受到阎庄的牵累,进一步证明,阎庄死于非命。阎庄的父亲叫阎立德,也曾经是丞相,但是早就去世,这时候阎家大家长就是阎立本,墓志证明了太子李弘既有可能是死于非命,他死于非命,才导致阎庄死于非命,而狄仁杰原本有机会参与这个案件,却无可奈何。

就在这件事情不久,狄仁杰成立御史台的官员了,御史台是十分重要的机构,是一个监察机构,专门负责审理官员的不法行为,御史台只对皇帝负责,权力极大,有捕风捉影的特权,可以在没有证据的情况下,弹劾官员,说错了不追究。

【点评】

身为一名大法官,狄仁杰明察善断、刚正廉明,在他公正护法的行为背后,我们体会到了他对朝廷的忠诚,对人民的关爱,体会到了他那正直而伟大的心灵。难怪他能成为一代明相,深得武则天的倚重。

第三章 爱国 敬业 诚信 友善

第一节 一腔热血，精忠报国

【故事阅读】

八百多年以前,河南省汤阴县岳家庄的一户农民家里,生了一个小男孩。他的父母想:

给孩子起个什么名字好呢?就在这时,一群大雁从天空而过,父母高兴地说:"好,就叫岳飞。愿吾儿像这群大雁,飞得又高又远。"这名字就定下来了。

岳飞出生不久,黄河决口,滚滚的黄河水把岳家冲得一贫如洗,生活十分艰难。岳飞虽然从小家境贫寒,食不果腹,但他受母亲的严教,性格倔强,为人刚直。

一次,岳飞有几个结拜兄弟,因为没有饭吃,要去拦路抢劫,他们来约岳飞。岳飞想到母亲平时的教导,没有答应,并且劝他们说:"拦路抢劫,谋财害命的事儿,万万不能干!"众兄弟再三劝说,岳飞也没动心。岳母从外面回来,岳飞一五一十地把情况告诉了母亲,母亲高兴地说:"孩子,你做得对,人穷志不穷,咱不能做那些伤天害理的事!"

岳飞十五六岁时,北方的金人南侵,宋朝当权者腐败无能,节节败退,国家处在生死存亡的关头。一天,岳母把岳飞叫到跟前,说:"现在国难当头,你有什么打算?"

"到前线杀敌,精忠报国!"

岳母听了儿子的回答,十分满意,"精忠报国"正是母亲对儿子的希望。她决定把这四个字刺在儿子的背上,让他永远记着这一誓言。岳飞解开上衣,请母亲下针。岳母问:"你怕痛吗?"岳飞说:"小小钢针算不了什么,如果连针都怕,怎么去前线打仗!"岳母先在岳飞背上写了字,然后用绣花针刺了起来。刺完之后,岳母又涂上醋墨。从此,"精忠报国"四个字就永不褪色地留在了岳飞的后背上。

后来,岳飞以"精忠报国"为座右铭,奔赴前线,英勇杀敌,立下赫赫战功,成为一名抗金名将。

正如他的诗中所讲：怒发冲冠，凭栏处，潇潇雨歇。抬望眼，仰天长啸，壮怀激烈。三十功名尘与土，八千里路云和月。莫等闲，白了少年头，空悲切！靖康耻，犹未雪。臣子恨，何时灭？驾长车，踏破贺兰山阙！状士饥餐胡虏肉，笑谈渴饮匈奴血。待从头，收拾旧山河，朝天阙！

【点评】

周恩来说："为中华之崛起而读书！"作为中职生，我们现在更应该说："为中华之繁荣而读书！"让我们从现在做起，用执着坚定的信念、百折不挠的意志，用勤劳的双手、坚实的脚步，将中华民族的欢乐和艰辛拉出一条最美的风景线。

第二节　扎根深山 无悔人生

【故事阅读】

刘正国，男、汉、中国共产党党员，贵州省息烽县安清教学点教师。1988年8月参加小学教育教学工作，扎根深山31年。山路窄窄，走出孩子的未来；三尺讲台，播种孩子的希望。他是一根小小的火柴，照亮山里孩子的求学之路，点燃山里孩子的梦想。是他，让辍学儿童和失去双亲的孤儿学生重返校园；是他，让被医生宣判"死刑"吃药自毁的留守儿童和突发心脏病学生获得第二次生命……让亲情缺失、性格孤僻、孤独无助的留守童心得到了依偎、自信、阳光、健康快乐地成长。

（一）不忘初心，弃家支教

扶贫扶智，治穷治愚。2015年9月刘老师辞去负责人职务，主动请缨参加贵州省脱贫攻坚，教育扶贫"三区"支教工作（三区指的是偏僻边远山区、革命老区、少数民族地区），在遵义市习水县桃林乡永胜小学支教两年。

支教学校条件相对较差，学校没有宿舍，刘老师租用村民的房屋住宿，与村民家搭伙生活。乡村学校留守儿童较多，留守儿童缺少父母的爱。作为老师要用心去关爱每一个学生健康快乐地成长。2015年10月8日晚上11：00时，刘老师早已休息。突然，枕边的手机铃声响过不停，他急忙拿起手机接听，"请问，您是刘老师吗？我是芳芳同学的外婆，刘老师不好了，芳芳今天放学回来，吃晚饭时我批评了她，她晚饭也没有吃，生气就跑到她住的房间，一边哭诉、一边说：'谁都不管我，谁都不喜欢我，我死了算了'，当时我没有在意孩子说的话，过一会儿，我发现捡的药去痛片（一盒50

颗)不见了,全被她吃了,现在孩子人事不醒,她爸爸妈妈又都不在身边,我不知道该怎么办。刘……刘老师,快……快给我想想办法,好吗?"老人:"您好!您不要着急,您不要离开孩子,我一会儿就到。"刘老师翻身起床穿好衣服,一边打电话联系车,一边打电话了解芳芳的病情。20分钟后,他到了芳芳家里,见孩子奄奄一息,用手在孩子鼻孔处试探,孩子还在呼吸。快……快……救人要紧,快把孩子抬上车,赶快送桐梓县人民医院抢救,到了医院经过医生的抢救,孩子脱离了危险,刘老师紧绷的心弦已松了一口气,为孩子付了 3500 元的医药费……。

(二)乡村教育,探索创新

不忘初心,坚守偏僻边远山村。2017 年 9 月,刘老师支教两年回来,主动申请到偏僻边远的安清教学点任教。安清教学点和众多乡村小规模学校一样,交通不便、生源少、条件差、师资力量薄弱。学校有 1~3 年级和幼儿园 4 个教学班、5 名老师、75 名学生,60% 的学生都是留守儿童。

办"小而美"乡村学校,育新时代阳光少年。为让山里的孩子有学上、有书读,在家门口读好书。刘老师开始探索课本教材与乡土教材融合,思考如何通过教育帮助孩子们成长更大的内在力量。开始琢磨为何不能也办一所不但有生命力,而且更有创造力的乡村学校呢? 刘老师从学校实际出发,结合乡土特色,探索乡土课程与教学课程相融合,孩子们在他的引导下,利用废旧瓶子、轮胎做花瓶、盆景,自己动手美化校园、家园。同时,探索"变废为宝·利国利民"环保研究课题《瓶子和我们的生活》,成功申报中国娃公益俱乐部创意手工社团,并利用互加教育让山里的孩子在创意手工社团里探索学习、分享。刘老师还改变了学校对学生的评价方式,不举行"三好学生"的评选,而是用"好少年"代替(把评选优秀的机会都公平地留给每个孩子)。学生可以被评为学习好少年、友善好少年、孝心好少年、环保好少年、创新好少年……总之,学科成绩不是最重要的,要全面考核学生的综合素能力。这种以"好"为标志的多元化评价方式,让学生走出了学科成绩失利的雾霾,让农村留守孩子变得阳光、自信。让乡村的孩子们"苔花如米小,也学牡丹开。"

(三)奉献教育,服务学生

一件件刻骨铭心的校园趣事,一桩桩人间的真情故事,一句句动情感人的话语……31 年来,在刘老师陈旧的日记本里,记着他与孩子们的童年趣事、和孩子们的点点滴滴,为贫困学生付书本费和购买学习用品 6000 余元;记录着为七名孤儿学生、100 余名贫困留守儿童联系"一对一"助学资助、助学款 20 多万元;爱心企业和社会各界爱心人士捐赠兴隆、安清、永胜、黄村、凤凰、青龙等六所学校学生学习用品、体育器材和校服及办公用品（电脑、课桌椅、教师办公桌、图书、体育器材）等物资折合人民币 100 多万元……。

不忘初心、奉献教育、服务学生。刘老师爱生如子、爱校如家的感人事迹被 40 余家新闻媒体宣传报道。31 年来，他送出去 80 多名大学生、大专生。然而，他却依然坚守在偏僻边远的大山深处，与山里的孩子相伴，以服务山里的留守儿童为乐。"我只是一根小小的火柴，温暖着山里孩子的心、照亮着山里孩子的路。我希望我这根小小的火柴能点燃更多山里孩子的希望和梦想。"刘老师欣慰地说。

【点评】

教书是一项良心的工作，教书是一份良心的职业。刘老师感慨地说："一个人，一辈子，一件事，我的一件事就是教书育人。31 年来，我凭着良心教书，注重品德育人。看着孩子们一天天长大、一批批走出大山，进入初中、高中、大学学习，为国家、为人民做贡献，这就是我的幸福。"这番话令人深刻铭记。

第三节　诚信为本 信义取财

【故事阅读】

胡雪岩是中国晚清时期的一位传奇人物，我们今天讲胡雪岩，并不是把他当作一个历史人物来研究，因为胡雪岩死前被抄家，留下的资料很少。但是关于胡雪岩的传奇故事，却在民间口耳相传，流传甚广。

胡雪岩出身贫寒，却在短短十几年的时间里迅速发迹，成为当时富可敌国的巨商富贾；他替清朝政府向外国银行贷款，帮助左宗棠筹备军饷，收复新疆，慈禧太后赐他黄袍马褂，官封极品，被人们称为红顶商人；他奉母命建起一座胡庆余堂，真不二价，童叟无欺，瘟疫流行时还向百姓施药施粥，被人们称为胡大善人。然而，富可敌国的胡雪岩，却在短短的三年时间内倾家荡产，仅仅六十二岁就郁郁而终。

一百多年过去了，人们为什么还记得胡雪岩？因为他创办的胡庆余堂还在，因为他修建的大宅子还在，更因为他传奇的一生，给我们留下了许许多多的思考。胡雪岩的一生，为什么会如此大起大落？他成功的经验是什么，他失败的教训又在哪里？

在中国历史上，商界有两位圣人，一位是陶朱公，另一位就是胡雪岩，所以流传着"古有陶朱公，今有胡雪岩"的说法。

陶朱公就是范蠡，他帮助越王勾践打败吴王夫差，实现了复国的理想。范蠡的更了不起之处,在于他功成之时,毅然选择身退,由官转商。短短几年,他经商积资又成巨富,自号陶朱公,当地民众都尊他为财神,留有《陶朱公家训》,为历代商人的经营宝典。

胡雪岩像胡雪岩又是谁?他是清朝末期一位很了不起的商人,被大家尊称为"商圣"。要被中国人称为圣人,那是非常不简单的事情,而胡雪岩做到了。胡雪岩跟范蠡相反,他是先经商,而后介入官场。但他没有做到功成身退,最后只落个一败涂地。同为商圣,经历和结局却截然不同,这正是我们值得研究的关键。

胡雪岩生于清道光三年(1823年),死于清光绪十一年(1885年),终年六十二岁。他跟大多数人一样,出身贫困。如果胡雪岩出身富贵,或者天赋异禀,那也用不着研究,因为我们没有办法从中得到什么对自己有用的启示。

【点评】

胡雪岩在六十二年人生路程中,跟所有人一样,都经历了童年、少年、青年、壮年、老年,最后走向生命的终结,但是他的人生过程,却充满了跌宕起伏,充满了大起大落,从而为我们提供了很多可以引以为鉴的经验教训,值得我们花时间来仔细地了解并加以研究。

第四节　以直报怨 以德报德

【故事阅读】

在论语中,其实教给我们很多处世的办法,做人的规矩,这些道理有时候很朴素。

《论语》不是板着面孔的一部书,它教给我们的办法有时候透着一些变通,它告诉我们一种做事的原则和把握原则的分寸。其实我们今天总在说任何任何事情是该做的不该做的,什么事情是好是坏,有很多时候一个事情的判定不简单是好坏之分,只是你是什么时间做这件事,或者把这件事做到什么程度。其实有很多事情应该是有尺度的,孔夫子不是一个提倡一味地丧失原则,一味地要以一种仁爱之心去宽宥一切的人。

曾经有他的学生问他,有一个说:"或曰:以德抱怨何如?"(论语.宪问篇)以德抱怨这个词我们不陌生,我们经常说生活里头有这样的人,说你看别人那么对不起他,他还对别人那么好。我们觉得,这样的人格应该在孔子这里是得到赞赏的。没想到呢,孔子反 问了他一句:"子曰:何以报德?"孔子说一个人他已经用德去报怨了,那他还留下什么去报别人的恩德呢？当别人对你好时，他又该怎么做呢？问完了这一句孔子给出了他自己的答案。叫作"以直报怨，以德报德"。

说一个人如果有他人有负于你，对不起你了，你可用你的正直、耿介去对待这件事。但是你要用你的恩德，用你的慈悲、去真正回馈那些也给你恩德和慈悲的人。其实这个道理我们一听觉得跟我们理解中的孔子的哲学不一样，孔子也是有原则的啊，孔子不是提倡"以德抱怨"的，他给的分寸就是以直抱怨，用你的正直去面对这一切。

其实孔夫子在这里给了我们一种人生的效率，和人格的尊严，他当然不提倡以怨报怨，冤冤相报何时了，如果永远以一种恶意、以一种仇杀去面对另外的不道德，那么这个世界的循环将是一种恶性的，将是无止无休的，我们付出的不是自己的代价，还有子孙的幸福，所以"以德抱怨"同样不可取，也就是说，你搭上了太多的恩德，你搭上了太多的慈悲，你用不值得的那种仁厚，去面对已经有负于你的事情，这也是一种人生的浪费。

在两者之间，其实还有第三种态度，就是用你的正直、用你的率直，用你耿介和磊落的人格坦然地面对这一切，即不是德也不是怨。

其实孔夫子的这种态度可以举一反三，推及到我们生活中很多很多的事情，就是人生有限，生也有涯。把我们有限的情感，有限的才华留在最应该使用的地方。

【点评】

在今天我们都在说，避免资源的浪费，避免能源的浪费，这个地球上被浪费的资源已经太多了，但是当我们关注环保的时候，我们其实没有关注一点，就是心灵环境的荒芜和我们自身生命能量浪费，应该说今天物质是繁荣了，但是心灵的生态未必随之改变，变得欣欣向荣，也不意味着今天那种仇恨，那种报复，种种的，甚至高科技的犯罪是停止了吗？有的时候会越演越烈了，在这样的情况下，怎么样避免心灵资源浪费呢？就是我们面对一件事情，迅速地做出判断，选择自己最有价值的方式。

第 二 篇　匠心篇

一、吕义聪：苦学钻研，精益求精

吕义聪，男，汉族，1983 年 10 月出生，中共党员，安徽定远人，浙江吉利汽车路桥公司总装厂总工程师，党的十九大代表。他凭借"干一行、爱一行"的精神，不怕苦、不怕累，通过不懈努力，从一名普通的汽车装配工，快速成长为高技能技术工人：24 岁时成为"浙江省职工技能状元"中最年轻的一位，2007 年获得全国汽车装调工大赛第一名。他精于钻研，拥有 50 多项改善创新成果，其中两项获国家专利，是吉利汽车路桥公司唯一一名七星级员工，是年轻人青春奋斗的榜样。他曾荣获全国劳动模范、全国五一劳动奖章、中国青年五四奖章、全国技术能手、全国优秀农民工、全国知识型职工标兵等荣誉称号，被誉为"'从打工者到工程师'的汽车调试专家"。

吕义聪，"从打工者到工程师"的汽车调试专家，吉利汽车路桥公司总装厂总工程师。

吕义聪凭借"干一行，爱一行"的精神和对汽车的浓厚兴趣，快速成长为一名高技能技术工人，是路桥公司唯一一名"七星级"员工。他曾在全国汽车装调工大赛中获得第一名，曾荣获全国技术能手、全国优秀农民工、全国知识型职工标兵、浙江省职工技能状元金锤奖、浙江省十大能工巧匠、浙江省青少年英才、中国青年五四奖章、全国劳动模范、全国五一劳动奖章等多项荣誉。

2004 年，刚进公司的吕义聪被安排在生产线上做装配，踏实认真的工作态度、一丝不苟的工作精神，加之进厂之前近两年的汽车修理经验使他很快脱颖而出，被调至总装分厂调试工段，成为了一名整车调试员。

在工作中很快独挡一面的他，日益发挥出不可替代的作用。别人解决不了的下线车辆故障难题，交给吕义聪，就一定能够解决；在故障的技术分析上发生争议，吕义聪一句话，争议便能化解；配套厂家零配件发生质量技术问题，吕义聪是义务咨询顾问。吕义聪成了路桥吉利汽车城小有名气的技术能手。

2005 年，吉利集团装调工技能大赛暨全国第二届汽车装调工大赛技能操作的初赛上，吕义聪不负众望，作为路桥基地唯一一个取得了参加全国比赛的资格的参赛选手，最终取得了全国第六名的成绩，获得了大赛二等奖。

2007 年 10 月 20 日，吕义聪肩负着浙江和吉利人的重望，再一次站在全国第三届汽车装调工职业技能大赛的决赛场中，他以集团一等奖的身份参加了这次由吉利、上汽、北汽、奇瑞、华晨、哈飞、昌河等集团及其旗下数 10 家企业，全国各大车企 140 名选手参加的全国大赛。有了更多经验累积的他，再一次站在全国大赛的赛场上便以绝对的优势夺得了全国第一名，实现了人生的又一次飞跃。

拥有了过硬的装配和维修技能，吕义聪将目光盯在了改善创新上。对着一辆辆成品车和同行业其他企业的竞品车，吕义聪和同事们将一个个零件反复拆装，寻找改善改进点和创新提升点。据不完全统计，2012 年，吕义聪已经拥有了 50 多项改善创新成果，其中《变速器油封装配工具》《空调制冷系统效果提升装置》获国家专利。2012 年 9 月，经台州市人才工作领导小组办公室、台州市人力资源和社会保障局批准，"吕义聪技能大师工作室"正式命名挂牌。

当一个又一个荣誉向吕义聪走来的时候，年轻的他没有骄傲，更没有止步不前。工作中的他依然努力勤奋，生活中的他依然谦虚朴实。

2007 年 5 月，吕义聪被浙江省委、省政府授予"浙江省职工技能状元'金锤奖'"，并奖励给他 10 万元奖金。吕义聪的家庭生活条件并不富裕、妹妹还没正式工作。然而，他却做出了一个谁也想不到的决定：拿出一部分钱捐献给台州本地的孤儿院。"我是个孤儿，是吉利给了我温暖的家，我要用一颗常怀感恩的心帮助需要帮助的人们"，吕义聪如是说。

2013 年的"五四"青年节对于吉利公司员工吕义聪来说是值得激动一生的节日。中共中央总书记、国家主席、中央军委主席习近平亲切接见了"中国青年五四奖章"获得者等各届优秀青年代表，吕义聪有幸受到了习总书记的亲切接见。

2014 年、2015 年，吕义聪先后获得"全国五一劳动奖章""全国劳动模范"两项国家级荣誉。

【点评】

孔子说过，不患无位，患所以立。意思是说不要害怕没有自己的位置，而是要担心自己是否有立世的资本。不要担心有没有人知道你，而是要把心思放在练好本领、提高自身素质上，因此，我们要"干一行、爱一行"，在平凡的岗位上实现人生价值。

二、宋彪：努力拼搏，解锁青春

【故事阅读】

宋彪，男，汉族，共青团员，1998 年 11 月出生，安徽怀远人，江苏省常州技师学院机械工程系学生,副高级专业技术职称。2017年第44届世界技能大赛上,宋彪以大赛所有项目最高分捧回阿尔伯特·维达大奖,实现了我国选手参赛以来历史性重大突破。同年11月21日,听完载誉归来的宋彪汇报后,李克强总理说:"中国青年有匠心,能始终不渝追求卓越,中国品牌走向世界就有大希望。"2018年1月,江苏省政府为他记个人一等功、授予"江苏大工匠"称号;江苏省人社厅认定宋彪副高级专业技术职称、晋升高级技师职业资格,成为江苏最年轻的副高级专业技术职称获得者。2019年,获"中国青年五四奖章"。

宋彪,男,汉族,共青团员,1998年11月出生,安徽怀远人,江苏省常州技师学院学生。2017年第44届世界技能大赛上,宋彪以本届大赛所有项目最高分捧回被称为"金牌中的金牌"的阿尔伯特·维达大奖,实现了我国选手参赛以来历史性重大突破。

他在阿布扎比赛出了中国青年的时代风采。比赛前熟悉场地的那天下午,最让宋彪期待的就是赛题(按规则,赛题只在比赛时公布,这种"盲题"模式大大增加了比赛难度)。随着全场倒计时的呐喊声,大赛工业机械装调项目的样机终于展现在大家眼前。此时宋彪的心情平复下来,在接下来的半小时里,宋彪席地而坐,认真研究着样机的每个细节。根据赛程安排,前三天的比赛任务是焊接、机械加工、电气预防性维护和脚踏式水净化器的制作,这三天宋彪发挥正常。比赛进行到第四天,一切按照既定赛程进行着。就在宋彪全身心参赛时,首席专家忽然对宋彪说,前一天计时出了点问题,中国选手第三天的比赛少计了半小时。听到这消息,宋彪懵了:"我的计时是没有任何问题的,但又没证据反驳,只能听从首席专家的指令。"就这样,宋彪的计划被打乱了,在其他选手都开始比赛时,他只能待在选手休息室里。宋彪知道着急不是办法,便暗暗告诉自己,要平静下来,要重新制订计划,必须按时完成任务。调整完计划后,宋彪快速将任务的每一个细节在大脑中过了一遍,紧张的心情平静了很多。他用最后一点等待的时间,放松肌肉,准备奔赴"战场"。最终,宋彪顺利地完成了比赛。闭幕式上,在等待成绩的时候,宋彪的心里还是有些忐忑,然而让宋彪万万没有想到的是:辛苦的付出终于获得丰硕的成果,他不仅获得了一枚金牌,而且一举夺得全场唯一的"阿尔伯特·维达"大奖。他终于身披五星红旗登上了领奖台!

道路千万条,年少逐梦第一条。宋彪回首来时路,拼搏过程历历在目。他记得,中考成绩出来后成绩不理想,父亲并没有责备他,只是跟他聊自己年轻时经历的挫折和对人生的感悟。"其实我知道父亲只是想用他的亲身经历告诉我,什么叫作责任,"宋彪说,"与父亲的谈话让我重燃对知识的渴望和对未来的希望。"后来,家人决定让宋彪到江苏省常州技师学院学一门技术。宋彪下定决心,一定要好好学,自己选择的路,就要努力走好。可是,由于基础知识太差,虽然宋彪也很努力,但老师讲得专业知识他还是很难听懂。于是,宋彪就利用课余时间请教专业课老师,把课堂听不懂的专业知识一一搞懂。经过一个学期的学习,宋彪的成绩明显提高,但他并不知足,还是像第一学期那样,努力学习,不懂的问题经常请教老师。不久,学校里举办第一届技能节活动,专业课老师向学校提议,让宋彪去试一试,但当时距离比赛只有半个月了。虽然压力很大,但他没有放弃,每天比别人多练习两个小时,星期天也不休息。2016 年 6 月,宋彪代表学校参加第 44 届世界技能大赛江苏省选拔赛。当时,正值暑假,宋彪放弃假期休息,顶着 40 摄氏度的高温在车间里苦练,最后,宋彪终于以第一名的成绩获得了代表江苏省参加全国选拔赛的机会。在全国选拔赛中,宋彪获得了第三名,顺利进入国家集训队,但宋彪对自己获得的名次并不满意。宋彪的目标是第一。回到学校后,宋彪开始反思自己的差距,发现问题出在图纸阅读和装配调试等基本功上,而且自己的心理素质也亟待增强。在此后的训练中,宋彪努力苦练基本功,努力克服心理障碍。

青春属于永远力争上游的人。进入国家集训队后,宋彪对自己提出更加严格的集训目标:高于世界技能大赛技术标准、高于世界技能大赛检测标准、高于世界技能大赛体能强度、严于世界技能大赛竞赛规则,做好充分的技术储备,全力争夺世界技能大赛奖牌。更高的目标与更高的期待,激发起宋彪高昂的训练热情,宋彪全身心地投入备战,开展了针对性训练、障碍性训练、国际交流训练、心理及体能训练等,对世界技能大赛理念、标准、规则有了更深的认识,技能水平、心理素质有了显著提高。历时三个月的备战冲刺,宋彪做好了充分准备,树立了必胜的信心。鏖战阿布扎比,宋彪力求每件产品都做到精准、完美。四天的比赛结束,宋彪拿到了金牌,冲向了技能之巅。宋彪说:"我一直记着雷锋日记中的这句话:'青春属于永远力争上游的人们'。"

2017 年 11 月 21 日,听完载誉归来的宋彪汇报后,李克强总理说:"中国青年有匠心,能始终不渝追求卓越,中国品牌走向世界就有大希望。" 2018 年 1 月,江苏省政府为他记个人一等功、授予"江苏大工匠"称号;江苏省人社厅认定宋彪副高级专业技术职称、晋升高级技师职业资格,成为江苏最年轻的副高级专业技术职称获得者。2019 年,获"中国青年五四奖章"。《宋彪的故事》也被人社部遴选为全国技工院校开学第一课读物。

🪶【点评】

这个故事告诉我们成功的人和普通人之间最大的差别不在于天赋,而在于坚持。所以,从现在开始,我们要为自己、为家庭、为社会而努力奋斗,走出平庸,燃烧青春,让生命谱写出更加辉煌的篇章。

三、戎鹏强：深管镗孔，贯直人生

🔖 【故事阅读】

　　戎鹏强伸出右手，从头到尾仔细地摸着刀杆，十几秒后，他又用左手抓起一把铁屑，反复查看，然后弯下腰，耳朵靠近正在运转的机床边，静静地听。这是他每隔10分钟就要重复的一套固定动作。

　　这套动作是用于制造火炮、坦克、军舰等武器上的炮管而必经的上百套工序之一，而就这一套工序，他整整干了37年。

　　戎鹏强是北重集团防务事业部502车间深孔镗工，被誉为"大国工匠"，业界称他"镗刀大王"。

　　之所以有如此高的美誉，源于他创造的"超长小口径管体深孔钻镗操作法"填补了国内空白。这对于一个仅仅上过初中的人来说，着实不易。

　　这个操作法主要是针对火炮身管内膛进行精镗，是确保火炮打击精度的关键工序。同时，这个方法也在国家重点实验装备、航天、航空发射试验装置以及电厂蒸汽传输、深井石油钻探等领域所用，其中合金钢管的内膛精镗起着非常重要的作用。

　　小口径深孔是看不见里面的，那么，如何在钻孔、挖孔和镗孔的工序中做到误差最小，技师的水平直接决定着加工精度。难得的是，戎鹏强却能把公差为0.02毫米的精度做到0.01毫米，也就是一根头发丝的七分之一，这在国内同行业中首屈一指。

　　"这么高的精细度你是怎么做到的？"记者问。

　　"主要靠经验，我的做法是'一摸''二看''三听''四测'，然后就可以判断出每一道工序是否正常，从而把精细程度做到极致。"戎鹏强解释说。

　　内孔加工对技能要求极高，尤其是火炮炮管内膛加工，多为超长径比深孔，由于管体孔径小，根本看不到刀头在管体内的切削状况，加工难度之大可想而知。

　　"这方面的知识在网上是无法查到的，又是军事机密，所以只能靠自己摸索。"通过几十年的摸索实践，戎鹏强终于练就了一手属于他自己的绝活儿，比如"摸刀杆"，只要他用手握住刀杆，通过感受刀头的震动，就能对加工进度做到心中有数；再比如"看铁屑"，只要他随意拿起一把铁屑，就能判断出刀的磨损程度。

　　戎鹏强告诉记者，做军工产品不能出一丁点儿差错，产品一旦到了战场，就事关战士的性命,甚至一场战役的成败。如果是因为炮膛的问题导致炮弹打不准,那就是天大的责任。

戎鹏强深知细节决定成败的道理,所以不管他一天工作多长时间,他都不敢有一丝的疏忽大意;不管天气有多冷,他都不能戴着手套工作,否则感觉和判断就会出现偏差。

"那么,你就没出过一次偏差吗?"

"出过,1988 年,也就是我进厂工作的第五年,因自己粗心,偏差了 0.05 毫米,整根炮管就报废了。当时特别难受,好几天睡不着觉。"戎鹏强懊恼地说。

"最后查出来是前道工序出了问题,但在我这个工序没有及时发现。前面出的错可以弥补,但我这儿出的错,后面就没法弥补了。"为这事儿,戎鹏强一直耿耿于怀。

自那以后,戎鹏强就开始做笔记,每一个环节、每一个细节、每一个数据,他都要工工整整地记在本子上,随时翻阅,随时琢磨。

之后的 30 多年时间里,戎鹏强加工过的特种钢管总长超过了 20 万米,但没出现过一次失误。

戎鹏强常说,深孔加工最讲究的就是出口要"正",直线度要"直"。"正""直"说起来很简单,做起来相当难,但这两个字恰恰是我一生的追求,无论在工作中,还是在做人方面。

人们常说,教会徒弟,饿死师傅,但在徒弟张杰看来,这话并不成立。他说:"我跟戎师傅十几年了,自始至终他都是手把手教我,丝毫没有一点儿保留。"

对此,戎鹏强的观点是:没必要保留,事业要发展,技艺就得传承。我今年 54 岁了,过几年就得退休,总不能因为我的退休,影响了祖国的国防事业吧。

在徒弟李国文眼里,戎师傅不仅技术精湛,还不计名利,就像一位父亲,时时处处想着他们。他举例说:"学徒在前三年只有基本工资,挣得少,但戎师傅就怕我们不够花,每年把自己一半的工工资给了徒弟,每个徒弟年均从他那儿得到 2 万元。"

3 月 24 日中午,记者在青山区赛音道一号街坊一栋破旧的楼房里,找到了戎鹏强,这儿是他唯一的住房,76 平方米。

这样的技术大师,住在这样的房子里,着实与人们的想象大相径庭。"没有企业来挖你走吗?"记者问。

"太多了,而且给的工资至少是现在的七八倍,但我不能走,我们是军工企业,祖国的国防事业需要我,企业也需要我,我干得又是很荣耀的职业,金钱是诱惑不了我的。"戎鹏强坚定地回答。

30 多年来，戎鹏强在钢管中磨砺"正""直"人生，这是他一生从未动摇的坚守——"永远不能走偏"。

30 多年来，戎鹏强先后荣获"全国劳动模范""中国兵器工业集团兵器大工匠""全国敬业奉献模范""自治区优秀共产党员""自治区有突出贡献中青年专家"等 100 多项荣誉，并享受国务院特殊津贴。

面对这些来之不易的荣誉，戎鹏强总是强调："我就是一名普普通通的工人。"

📖【点评】

一位哲人说过，当你把工作作为一项任务去完成的时候（要我干），那仅仅是完成任务，并不能把一项工作做好；只有充满激情的时候，才有可能把工作做得出色。通过今天的故事，我们明白只有充满热情地去工作，才会取得完美的成果。

四、张冬梅：药丸三克，责任千斤

📖【故事阅读】

采访伊始，刚进制药车间的门，就自顾一路小跑儿到更衣柜前，麻利儿换好衣服和鞋。看到记者似乎有些跟不上，她不好意思地说："我进车间小跑儿惯了……"

采访结束，给记者留下深刻印象的一句话就是："做的都是本职工作，平凡的人干着平凡的事儿……"

她叫张冬梅，是 2015 年的全国劳动模范、同仁堂安宫牛黄丸"非遗"项目传承人。她 30 年如一日，身体力行着"炮制虽繁必不敢省人工，品味虽贵必不敢减物力"的医药古训。

（一）全能操作的学徒

小小一颗中药丸，如果你以为它仅是药材好，那就错了，它包含了数道工序：研配、合坨、制丸、内包、蘸蜡、打戳、外包……张冬梅说，别看有的工序简单，但每一道都有其独特的"门道"。

1982 年，是同仁堂可以让员工子女"接班"的最后一年。这一年，17 岁的张冬梅接了母亲的班，进入同仁堂，而这一干就是 30 多年。刚进厂，张冬梅从学徒做起。实习"轮岗"的大半年期间，制剂、研配、合坨、制丸，她对厂里各车间的工序都有了全面的了解。也巧，张冬梅实习期间，正赶上制剂车间"搓安牛"，"搓'安牛'其实跟包饺子一样，我搓了一个月的'大条'，按重量分份儿，再把一份揉面团，打成条，把条放在'搓板'上压出丸。"

"轮岗"结束，张冬梅被分配到包装车间，裹金、包玻璃纸、扣皮、蘸蜡、打戳、外包……"制剂、包装，前后干了10余年，基本上手艺都学到手了。"

10余年的苦练，就这样被张冬梅轻描淡写、一笔带过。追问下来，才知道手艺的习得，远没有想象的那么简单。

首先是"勤"。刚进包装车间时，张冬梅负责给药丸裹金后，包上一层透明的玻璃纸，再"扣皮儿"，即放入圆球形的塑料壳里。开始时，她并不熟练，但她有着"越难干、我越得练"的执拗，经常下班回家，自己剪一张纸、拿个圆球，练包玻璃纸。而"扣皮儿"扣得不快时，她就回家找个药，掰开，反复练扣。

制药丸时，搓好的药条要通过一道道碾，滚压成药丸，而在碾滚和药条上刷油看似简单，却非常考验技术，既要符合重量的标准，同时又要符合"圆光亮"的标准。"药来了，什么品种都有，每种药的粘性、药性都不一样，刷法也不一样。"说到这儿，张冬梅的语气重了些，"必须靠自己用心去琢磨，再反复试刷的手法。"她告诉记者，很多工艺要求精密，只能徒手操作，一不留神，手就会被碾滚压到指甲"发紫"。

（二）干活不惜力的"小芝麻官"

用心人，终不负。2005年前后，同仁堂亦庄分厂成立，干活踏实、技术全面的张冬梅被任命为"安牛班"班长。

有着150年历史的安宫牛黄丸，是传统药物中最负盛名的急症用药，也是同仁堂的"镇店名药"。说起"安牛"，很多人并不陌生，用它救命的新闻屡见报端。上任后的张冬梅，觉得肩上的担子更沉重了。在她看来，做的是制药救人，丝毫不敢有半点马虎。有时碰到力气活儿，需要扛"药粉面子"时，张冬梅比很多男同事干得还起劲儿，一袋25公斤，一天60袋，"不是扛就是抱"。任务重时，有了她"带头大姐"的示范效应，组员也都无话可说。

不仅如此，同仁堂内部每年都有推选"先进个人""劳动模范"的机会，但张冬梅从来没抢过，都是把机会让给组员。在她看来，没有组员们干活，就没有团队的成绩。而这也是她从没拿过先进，在2010年，被评为"北京市劳动模范"的原因。

为保证"安牛"质量，张冬梅还在班组里推出了班级抽查、组内巡查和个人自查的"三级检查"办法，只要发现问题，每个人都可以行使"质检员"的职责。

（三）希望徒弟们干到退休的师傅

是金子总会发光。2015年4月29日，是张冬梅50岁生日，而这一天她刚刚获得"2015年全国劳动模范"的荣誉，她总觉得这个"礼物"太沉了，因为自己做的都是

"该干的"分内之事。

退休后的张冬梅一刻也没有闲着，她被"返聘"为同仁堂集团安宫牛黄丸制作技艺专家。2015年11月17日，同仁堂正式成立"张冬梅安宫牛黄丸传统制作技艺首席技师工作室"暨"张冬梅劳模创新工作室"。至此，张冬梅又多了一个正式身份——"师傅"。拜师会上，张冬梅向6名徒弟坦言，自己不怕反复教，但希望他们都能坚持在岗位上"干到退休"。如今，安宫牛黄丸的传统制作技艺，已获批为国家级非物质文化遗产。为了能把"手工搓丸"传统手工加工技法更好地传承下去，张冬梅将自己积累多年的经验，毫无保留地传授给徒弟。

据了解，"张冬梅劳模创新工作室"每三年开一期班，每半个月上一次课，包括中药制剂的理论课以及生产线上的实操课。"药是给病患吃的，一定要做良心药、放心药。"带徒弟时，张冬梅更是全程"跟踪"，进制药车间时，要两次更衣、换鞋，要洗手消毒，生产的过程中，每两个小时要出来一次用酒精擦拭手。这些细节她都不放过，"带他们都跟带自己孩子一样，从洗手就开始盯着。"有时候，徒弟怕麻烦，抱怨："师傅您不嫌烦啊？"张冬梅就耐心地指导："你们什么时候做到自觉，师傅才算做到位。"在她看来，这些事儿看似小，但却最重要，"质量没有管好，生产再多药也没用。"

☒【点评】

"质量没有管好，生产再多药也没用。"故事最后这句话说出了张冬梅的心声，也是制药行业乃至其他所有行业对质量的要求。我们将来踏入工作岗位，也要严格遵守工作流程，保证产品质量，给社会输出放心安全的产品。

五、吴宝卿：穷尽一生，磨炼技能

☒【故事阅读】

"每一架钢琴都有自己的生命，我们的职责就是识别每一架钢琴声音的色彩，挖掘每一架钢琴的潜力，让它们成为表现力最丰富的钢琴"。说话的吴宝卿是中国最大的三角琴生产企业金宝乐器的首席整音技师。

谁会想到，这位响当当的行业人物18年前是个连钢琴都没见过，丝毫乐理都不懂的懵懂女孩呢？从对钢琴一无所知，到成为音质处理与触感调整领域的旗帜性人物，她是怎么做到的？

"叮……当……咚……"，钢琴之城湖北宜昌一处僻静的钢琴整音工作室里，吴宝卿安静地坐在钢琴面前,手握钢针,用针刺弦槌,给尚未出厂的钢琴整音。在外人看来,针刺弦槌就是用钢针扎弦槌上的毛毡,其实这个看似简单的动作暗藏难以言说的秘诀。

"这种技术只可意会不可言传,看不见,也摸不着。针扎哪里,扎几下,扎多深,音色都会不同。没有教科书教你,全凭实践和经验。"吴宝卿说。

"如果把钢琴制造过程比成一座金字塔,那么整音就是金字塔的塔尖。"金宝乐器环高分公司高档线组长余金桥告诉记者。

钢琴整音不仅是技术活也是体力活,有的整音师会因此累伤胳膊。

"羊毛毡做的弦槌很硬,我曾经试过,不使劲根本扎不进去。"同事庞巧艳说,她非常佩服吴宝卿的恒心和毅力,这么多年,坚持下来了。

正因为长达16年坚持和努力,让吴宝卿成为行业顶尖人物。

"以前都没有看到过钢琴,到公司才第一次看到了高大上的钢琴。"18年前,考取了中专的吴宝卿由于家庭变故,早早出门打工。从钢琴装备质音器开始做起,到键盘机械调整到调律,打了两年的基础后,吴宝卿才开始学习整音。

"公司请了一个老师教我们,但是她好像不太愿意跟我们说,问她也不理,她不说,我就看她怎么做,记住她的动作,自己慢慢摸索。"

功夫不负有心人,吴宝卿第一次做的琴(整音后的琴)甚至被厂长误以为是那位师傅做得,这给了她很大的信心和鼓励。从此,每逢公司邀请德国、日本、奥地利的技师来讲课,她总是记住老师的每一个动作、细节,消化吸收后创新,摸索出一套自己的整音方法。

原本公司要高薪聘请国外专技师整音,吴宝卿技术成熟后逐渐取代了外国专家,成为公司三角琴生产线的首席整音技师。

2009年,公司开始研发九尺钢琴,由吴宝卿负责整音,一开始她也很忐忑,后来她把每台钢琴的状态、音色的处理方法、最终的音色效果,都一一记录在册,有了这些信息的参考和积累,她逐渐从容镇定。

现在,公司生产的高端九尺琴都由吴宝卿专职负责整音。经过吴宝卿整音的钢琴走进了人民大会堂、世界钢琴顶级赛事——深圳国际钢琴协奏曲比赛、历届宜昌长江钢琴音乐节……

无论取得多少荣誉,16年来,吴宝卿一直都在重复"针刺弦槌"这个动作。

【点评】

"你必须穷尽一生磨练技能,这就是成功的秘诀,也是让人家敬重的关键"。这句话给我们很大的启示,也让我们对整音有了新的认识,工作不仅仅是我们赚钱谋生之道，更应该是我们追求目标，梦想，实现人生价值的舞台。

六、马荣：刀尖舞者，雕刻人生

【故事阅读】

今天，关注的是一位钞票凹版雕刻师 —— 马荣。

"我们钞票的凹版雕刻对形象的塑造是最难的，你要表现它的精气神，空间感，质感这些都得用点和线去划分出来。就是得到了一种周边的事物全都没有，成了一种空灵的状态，这时候才能达到最佳的雕刻状态。艺术造型上要做得准确，对于形象的塑造，必须很唯美。有雕刻师的个性，让大家都喜欢。"

"后来在刻二十元的时候，在一块板上已经实现不了我那么多的想法了，我决定同时刻两块。都刻到80%的时候呢，时间已经很紧张了，那我就必须舍弃一块版，我对这块版比较满意，因为他的这个眼睛比较传神，现在用到50元20元和10元上。"

"最难的事不是说在这个雕刻钢版上，而是转型。手工雕刻是艺术，然后就觉得电脑，那还是艺术吗？可是一想到，人民币的重担落到我们肩上，我们的责任就是把传统的东西转移到电脑上，把它的精髓给转移过来，塑造人物形象还是用原来传统手工雕刻的这些方法。"

"现在的快捷的支付方式很多嘛，我还是喜欢人民币。因为它承载着这个中国文化嘛，我会把它更尊重，更珍惜，更看重它。"

【点评】

有这样一群人，他们在喧嚣中坚守匠心的宁静，追求技艺的极致境界，他们在传统与现代的碰撞中突破自我，创新传承精益求精的匠人精神。我们要向这些人学习，学习他们的优秀品质，并成为这样的人。

第三篇 筑梦篇

第一章 培养积极心态

法国的大文学家雨果曾经说过：生活就是理解，生活就是面对现实微笑，就是越过障碍注视未来。微笑面对生活，寻找和品位快乐，阳光心态成就快乐人生。

第一节　学会感恩

经过多年的中职教育，我越来越感觉现在的学生最缺的不是一门生存的技能，而是一个知恩、感恩的心。或许是现在的生活水平高了，或许是现在独生子女越来越多了。学生在成长过程中以自我为中心，当与周围发生矛盾时都是别人的错导致事件的发生。我们在与家长们沟通过程中，家长们普遍反映一个问题，对于家长的付出，孩子们人为理所当然，生了我就应该养好我的思维方式。"这样的孩子长大后，即使学了很多技能、知识，也多半会成为一个自私自利、不关心他人的人。"感恩教育是学生成长重要的一课，感恩首先从孝敬父母长辈、尊敬老师、感激亲朋做起，并由近及远，对一切关爱、教导、帮助他们的人，用"知恩、感恩"的实际行动来回报。

感恩教育不仅仅是德育课才有的内容，它应该穿插在每门课，每堂课里，更灌输在我们的一言一行上。"孩子的心灵是一块奇异的土地，播上思想的种子，就会获得行为的收获；播上行为的种子，就会获得习惯的收获；播上习惯的种子，就会获得品德的收获；播上品德的种子，就会获得命运的收获；"我利用各种场合或时机在学生的心底播种善的种子，好让学生逐步形成正确的世界观、人生观和价值观。让学生用感恩之心去感受世间的亲情、友情和恩情，在接受他人关爱、支持和援助时，给他人以回报，不要只是索取和享受。教育学生将他人恩惠铭记在心，增强责任感，要有一颗感恩之心，懂得怜悯，懂得尊重，懂得负责，与人为善，善待自然界中的一草一木。

记得一位哲人说过，世界上最大的悲剧或不幸，就是一个人大言不惭地说没有人给我任何东西。台湾著名作家刘墉也在他的一篇励志文章中，劝勉一些年轻人要心存一颗感恩戴德之心，永存感恩之情。感恩不仅是一种情感，更是一种人生境界的体现，永怀感恩之心，才能从各个方面获得更大的情感回报。

一个不懂得感恩的民族，是没有希望的民族。只要人人怀有感恩之心，处处心生感激之情，人与人之间的距离才会拉近，世界也因此多一分阳光，少一点冷漠。这样也会使得我们所处的社会更文明，人与人之间的关系也就更融洽。

一、读懂亲情

亲情，这个古已有之、至今流行的词语，某种意义上，可以说是中国五千年文明的命门！离开亲情文化，中国政治、历史必将重写，中国人的面貌必将重改，中国人的衣食住行、风俗习惯等必将重新调整。

亲情是每个人生命中最宝贵的因子。我们出生的那一刻，就已拥有亲情的关爱，拥有亲情的人生是完整的，没有亲情的人生是残缺的，而拥有亲情却不珍爱的人生是遗憾的，甚至是可悲的。

（一）认识亲情

人类生态学认为，人是自然界生存能力最强的动物，但在完全自然的状态中，人又是单个个体生存能力最弱的动物。人的视力比不上老鹰，腿力比不上马、鹿，消化系统比不上牛……人从出生到能够独立生存，所需要的时间比其他任何动物都要长，一般需要 15 至 20 年。在这段时期内，人的生存需要得到父母精心的照料和细心的关怀。父母对子女的这种给予和奉献，这种深厚的亲子之情，是一份自然淳朴、深厚温馨、无私无畏的情感。

亲情是无条件、无保留的爱，是贯穿于我们每个人一生的永不停歇的动力。可以说，家是我们永不枯竭的加油站。

（二）感恩父母

世界上有一种人，和你在一起的时候，总是千叮咛万嘱咐，要注意身体，注意安全。你嘴上说着他们很烦，但心里却觉得很温暖。父母有求于子女的很少，给予子女的却很多，这是天下父母的情怀。

📖 【经典案例】

头朝下的逃生者

丰子恺《护生画集》："学士周豫尝烹鳝，见有弯向上者，剖之，腹中皆有子。乃知曲身避汤者，护子故也。自后遂不复食鳝。"有人烹煮黄鳝，发现黄鳝熟了以后，头尾弯成弓形，中部翘在滚水外。剖开来看，发现里面密密麻麻全是鳝子。

看过之后，非常感动。想想动物都是如此，更何况人呢？在人身上，这样的事，也是经常发生的。

这是在某一年冬天发生在一个小县城的一件真实的事情。

一天早晨，城西老街一幢20世纪40年代的房子，砖木结构，木楼梯、木门窗、木地板，突发火情，一烧就着，顷刻间3家连4户，整幢楼都葬身火海。

居民们纷纷往外逃命，才逃出一半人时，木质楼梯就"轰"的一声被烧塌了3楼上还有9个居民没来得及逃出来。下楼的通道没有了，在烈火和浓烟的侵袭下，这些人只有跑向这幢楼的最顶层4楼。这也是目前唯一没被大火烧着的地方。

9个人挤在4楼的护栏边向下呼救。消防队赶来了。但让消防队员束手无策的是：这片老住宅区巷子太窄小，消防车开不进来。灭火工作一时受阻。

眼看大火一点一点地向4楼蔓延，消防队长当机立断：先救出被困的居民！没有云梯，他命令消防队员带着绳子攀壁上楼，打算让他们用绳子将被困的人一个一个地吊下来。

两个消防队员遵命向楼上攀爬，但才爬到2楼，他俩借以攀抓的木椽被烧断了，两个人一起掉了下来。没有了木椽，就没有了附着点，徒手是很难爬上去的。而就在这时，底层用以支撑整幢楼的粗木柱被烧得"咯吱咯吱"响，只要木柱一断，整幢楼就有倾塌的危险。到那时，什么样的救援都来不及了！现在被困的人唯一能做的，就只有自己救自己了。

没有时间去准备，消防队长只有随手抓过逃出来的一个居民披在身上的旧毛毯，摊开，让手下几个人拉着，然后大声地冲楼上喊："跳！一个一个地往下跳，往毛毯上跳！背部着地！"为了安全起见，他亲自示范，做着类似于背跃式跳高的动作。只有背部着地，才是最安全的，而且毛毯太旧，背部着地受力面大些，毛毯才不容易被撞破。

站在四楼护栏最前面的，是一个穿着大衣的妇女。无论队长怎么喊叫，她就是不敢跳，一直犹豫着。她不跳，就挡住了后面的人，使得他们也没法跳。而每耽搁一秒，危险就增大一分。楼下的人急得直跺脚，只得冲楼上喊："你不敢跳就先让别人跳，看看别人是怎么跳的。"

于是，那妇女让开了。一个男人来到了护栏边，在众人的鼓励下，跳了下来，动作没有队长示范的那么规范，但总算是屁股着地，落在毛毯上，毫发无伤。队长再次示范，提醒大家跳的方式。接着，第二个人跳下来了，动作规范了许多，安全！第三个，第四个……第八个，都跳下来了，动作一个比一个到位，都是背部着地，落在毛毯上，什么事也没有。

楼上只剩下一个人了，就是那位穿大衣的女人，可她仍在犹豫。楼下的人快急疯了，拼命地催促她。终于，她下定了决心，跨过护栏，弯下腰来，头朝下，摆了个跳水运动员跳水的姿势。

队长了一跳，这样跳下来还有命在？他吼了起来："背朝下！"但那女人毫不理会，头朝下，笔直地坠了下来。所有人的心都提到了嗓子眼，只见她像一发炮弹笔直地撞向毯子，由于受力面太小，毯子不堪撞击，"嗤"的一声破了，她的头穿过毯子，撞到了地面上。

"怎么这么笨啊？前面有那么多人跳了，你学也应该学会了嘛！"队长慌忙奔了过去。他看到，那女人头上鲜血淋漓，已是气息奄奄。女人的脸上却露出了笑意，她抚了抚自己的肚子，有气无力地说："我只有这样跳，才不会……伤到我的……孩子。"

队长这才发现，这女人，是个孕妇。

女人断断续续地说："如果我不行了，让医生取出我肚子里的……孩子，已经……9个月了……我没……伤到他，能活……"所有的人顿时肃然动容，人们这才明白，这女人为什么犹豫，为什么选择这么笨的方式跳下来。她犹豫，是因为她不知道怎样跳才不会伤到孩子。选择头朝下的方式跳下来，对她来说，最危险，而对她肚子里的孩子来说，却是最安全的！

【经典案例】

为救儿子母亲甘愿割肾

我们看到她都觉得似曾相识，因为她是那么的慈祥。马永芹是一位普通的农村妇女，她已年过半百，弱不禁风，但当风华正茂的儿子突患尿毒症命悬一线时，她毅然决然地将自己的移植给儿子。在病魔和死神面前，这位母亲置自己的安危于不顾，给了儿子第二次生命。

马永芹说，出院回家后她的生活起居一直由女儿照顾着，为了省钱，她一粒消炎药也没吃，直到有一天刀口处疼得厉害，头昏眼花才买了点药。"我总想能省就省点吧，省下钱给孩子吃药吧，他好了比啥都强"。马永芹也没有遵医嘱回医院复查，估计复查一次得几百元，还要坐车。她不愿意把钱花在自己身上。

整日奔波，马永芹的丈夫陈家峰的老毛病痛风犯了，一个月下来，瘦了二十多斤。："两人都一样劝都不去看病，都说为了我省点钱。其实病要趁轻看，要不严重了，身体垮了，即使我好了，又有什么意义呢？没有你们就没有我，我还要养好身体，活出个样来让别人看呢！活出样来孝敬你们呢！"儿子的话像催泪剂一样，让马永夫妇泪眼蒙眬了。

【经典案例】

垂死母亲坚持为孩子哺乳

云南发生的一次十多人死亡的严重交通事故中，一名生命垂危的母亲张洪敏，一直坚持要为饥肠辘辘的女儿哺乳。

她用自己的身体保护了刚满周岁的女儿，让她得以保住生命。

生命垂危的母亲听到女儿的哭声，不顾自身的伤势，拼命叫人"把孩子抱起来"，在担架床上仍坚持为女儿哺乳。

医护人员看了不禁潸然泪下。

也许有人会说这些都是轰轰烈烈的大事，毕竟只是少数。可是，在我们生活中的一些细节中，也能看出父母对我们的关爱。

【经典案例】

拐弯处的回头

一天，弟弟在郊游时脚被尖利的石头割破，到医院包扎后，几个同学送他回家。

在家附近的巷口，弟弟碰见了爸爸。于是他一边跷起扎了绷带的脚给爸爸看，一边哭丧着脸诉苦，满以为会收获一点同情与怜爱。不料爸爸并没有安慰他，只是简单交代几句，便自己走了。

弟弟很伤心，很委屈，也很生气。他觉得爸爸"一点也不关心"他。在他大发牢骚时，有个同学笑着劝他："别生气，大部分老爸都这样。其实他很爱你，只是不善于表达罢了：不信你看，等会你爸爸走到前面拐弯的地方，他一定会回头看你的。"弟弟半信半疑，其他同学对此也很感兴趣。于是他们不约而同停下脚步，站在那儿注视着爸爸远去的背影。爸爸依然坚定地一步一步向前走去，好像没有什么东西能够阻止他……可是当他走到拐弯处，就在他侧身拐弯的一刹那，好像不经意似的悄悄回过头来，很快地瞟了弟弟他们一眼，然后才消失在拐弯处。

虽然，这一切都只发生在一瞬间，但却打动了在场的所有人。弟弟的眼睛里泛起泪花。当弟弟把这件事告诉我时，我有一种想哭的感觉。很久以来，我都在寻找一个能表达父爱的动作，现在终于找到了，那就是——拐弯处的回头。

人们常说：大爱无声、父爱无言。是的，爱有时并不需要过多的言语，一个动作，一个眼神，就能传达出浓厚的爱意。你也许就被这样的爱所包围着。用心去体会吧，你会感悟到生活中处处充满着爱。

（三）学会孝顺父母

面对父母的爱，作为学生，我们是否知道感恩，是否知道回馈呢？据调查：有51.6%的同学不知道或不全知道父母的生日，上学以来给父母写过信的同学仅占15.3%。而在关于父母对自己最大的感动这一栏时，绝大多数的同学都没有填写。

为唤起学生对父母的"感恩情"，南京某财经学校就曾组织学生"计算"学生的"逃课成本"等经济账，让学生明白父母对自己上学的巨额投入。

"经过初步核算，一个学生每小时的平均培养成本大约为12.9元。"一位来自山东农村的学生告诉记者："全家的年收人少得可怜，如果我逃一节课就意味着我的母亲白忙活好几天，这样的逃课成本岂止是经济账，这是一笔良心账啊！"

孝心无价（作者：毕淑敏）

我不喜欢一个苦孩求学的故事。家庭十分困难，父亲逝去，弟妹嗷嗷待哺，可他毕业后，还要坚持读研究生，母亲只有去卖血……我以为那是一个自私的学子。求学的路很漫长，一生一世的事业，何必太在意几年蹉跎？况且这时间的分分秒秒都苦涩无比，需用母亲的鲜血灌溉！一个连母亲都无法挚爱的人，还能指望他会爱谁？把自己的利益放在至高无上位置的人，怎能成为为人类献身的大师？

我也不喜欢父母重病在床，断然离去的游子，无论你有多少理由，地球离了谁都照样转动，不必将个人的力量夸大到不可思议的程度。在一位老人行将就木的时候，将他对人世间最后的期冀斩断，以绝望之心在寂寞中远行，那是对生命的大不敬。

我相信每一个赤诚忠厚的孩子，都曾在心底向父母许下"孝"的宏愿，相信来日方长，相信水到渠成，相信自己必有功成名就衣锦还乡的那一天，可以从容尽孝。

可惜人们忘了，忘了时间的残酷，忘了人生的短暂，忘了世上有永远无法报答的恩情，忘了生命本身有不堪一击的脆弱。

父母走了，带着对我们深深的挂念。父母走了，遗留给我们永无偿还的心情。你就永远无以言孝。

有一些事情，当我们年轻的时候，无法懂得。当我们懂得的时候，已不再年轻。世上有些东西可以弥补，有些东西永无弥补。

"孝"是稍纵即逝的眷恋，"孝"是无法重现的幸福。"孝"是一失足成千古恨的往事，"孝"是生命与生命交接处的链条，一旦断裂，永无连接。

赶快为你的父母尽一份孝心。也许是一处豪宅，也许是一片砖瓦；也许是大洋彼岸的一只鸿雁，也许是近在咫尺的一个口信；也许是一顶纯黑的博士帽，也许是作业簿上的一个红五分；也许是一桌山珍海味，也许是一只野果一朵小花；也许是花团锦簇的盛世华衣，也许是一双洁净的旧鞋；也许是数以万计的金钱，也许只是含着体温的一枚硬币……但在"孝"的天平上，它们是等值。

只是，天下的儿女们，一定要抓紧啊！趁你父母健在的光阴。树欲静而风不止，子欲养而亲不待。不要当失去时，才去后悔没有珍惜。

"谁言寸草心，报得三春晖？"这是一个被追问了千年的问题。我们常常说对伟大的父爱、母爱难以回报，真的就这么难吗？公益广告上一位母亲无奈地放下电话："忙，忙，你们都忙。"回报其实很简单，就看我们平时的行动了。

2002 年的《读者》杂志上转载过一篇文章，说的是一个发生在美国世贸大楼里的遇难者故事。

当恐怖分子的飞机撞向世贸大楼时，银行家爱德华被困在南楼的 56 层。到处是熊熊的大火和门窗的爆裂声，他清醒地意识到自己已经没有生还的可能，在这生死关头，他掏出了手机。爱德华迅速地按下第一个电话。刚举起手机，楼顶忽然坍塌，一块水泥重重地将他砸翻在地。他一阵眩晕，知道时间不多了，于是改变主意按下了第二个电话。可还没等电话接通，他想起了一件更为重要的事情，又拨通了第三个电话……

爱德华的遗体在废墟中被发现后，亲朋好友沉痛地赶到现场，其中有两个人收到过爱德华临终前的手机信号，一个是他的助手罗纳德，一个是他的私人律师迈克，可遗憾的是，两人都没有听到爱德华的声音。他俩查了一下，发现爱德华遇难前曾拨出三个电话。第三个电话是打给谁的？他在电话里说过什么？他俩推断，很可能与爱德华的银行或遗产归属权有关。可爱德华无儿无女，又在五年前结束了他失败的婚姻，如今只有一个瘫痪的老母亲，住在旧金山。当晚，迈克律师赶到旧金山，见到了爱德华悲痛欲绝的母亲。母亲流着泪说："爱德华的第三个电话是打给我的。"迈克严肃地说："请原谅，夫人，我想我有权知道电话的内容，这关系到您儿子庞大遗产的归属权问题，他生前没有立下相关遗嘱。"可母亲摇摇头，说："爱德华的遗言对你毫无用处，先生。我儿子在临终前已不关心他留在人世的财富，只对我说了一句话……"迈克含着激动的泪水告别了这位痛失爱子的母亲。不久，美国一家报纸在醒目的位置刊登了"9·11"灾难中一名美国公民的生命留言：妈妈，我爱你！

故事离我们很远，而感情离我们很近。对于我们来说，在我们刚刚离开亲人的庇护，开始在人生路上努力前行的时候，别忘了随时告诉父母，你爱他们。用一个电话，或是一封信。

一般来说，刚刚进入学校那会儿，我们在陌生、新鲜的冲击波中会迷茫。新的环境，新的人群，新的天地，乃至新的自己，经常会让你应接不暇。待到我们适应了学校生活，周围的一切恢复了平静，或许在人静夜深时躺在床上睡不着觉的时候，你会想起家中的父母。

新生同学们格外地想家，女同学在眼泪中思念，男同学在沉默中想念。同学们想家的原因、方式有很多。有的同学想家是一种成长的习惯；有的同学想家是一种对父母无意识的依恋；有的同学想家是思念家里的花花草草和小猫小狗；有的同学想家是因为放心不下对爸爸妈妈爷爷奶奶的惦念；有的同学想家是因为那里藏着他的童年……

家是我们永不枯竭的加油站。想家的时候，也许是因为那时那刻你缺少了一种氛围，一种让你放松的氛围，家能够给你的爱的氛围；想家的时候，也许是那时那刻你感受到了孤独，因为不被理解、不被关注、不被赞许后所感受到的孤独，因为家里的爸爸妈妈任何时候都有着对你毫无保留的爱与关注。

家是加油站，每一个孩子注定要在自己成长的路上奔跑，累了在加油站小憩一下，继而快马加鞭上路继续奔跑。我们要永远提醒自己：成长是不可逆转的征程，每个人都没有权利妥协，所以想家的时候，同学们要学会放松心情，学会适应每一种境况的生活，鼓励自己。

现在，你想家了么？是因为真的思念和惦念，还是因为不够坚强？你不妨拿出纸和笔，给爸爸妈妈写封信。或是打个电话、发条短信，问候一下爸爸妈妈。

（四）从回馈父母到回报社会

"常思父母苦，永怀凌云志"，这是我们对父母最好的报答。在更高层次上，我还应该知道"老吾老以及人之老，幼吾幼以及人之幼"，把对自己父母的爱，推广到全天下的父母身上。

感动中国人物林秀贞，30年来赡养了6位孤寡老人。她用30载奉献让一个村庄的人们老有所终，幼有所养，鳏寡孤独废疾者皆有所养。这位农妇让九州动容。

我们的父母为我们做了很多，我们应该报答他们。是他们把我们送进环境优美的校园，是他们供我们在这里读书学习。我们承载着父母的希望和嘱托，更应该努力学习。

如果你还没有这个觉悟，如果现在你还没有真正努力去学习，如果你现在仍和以前的你没什么两样，那么，请你觉醒吧。因为，你的将来，是靠你自己的奋斗、自己的努力。

从现在开始，努力奋斗、努力学习吧！为了报答抚育我们的父母，同时也为了我们美好的未来。

二、珍惜友情

弗郎西斯·培根说：一个人每逢失去一个朋友，就等于经历一次死亡。而取得新的联系，结识新的朋友，却使我们获得新的生命。

鲁迅说：人生得一知己足矣！

（一）人生需要友情

友情是增长智慧、开阔视野的途径。友情有助于个人取得成功，有利于个人的心理健康。

第一，友情是增长智慧、开阔视野的途径。孔子曰："独学而无友，则孤陋而寡闻。"生活的经验告诉我们，人们除了亲身实践和通过书本等途径获得知识信息外，还可以通过广泛交友以扩充知识、启迪智慧。学生之间的友情能促进学习上相互切磋、品德上相互激励、思想上相互启迪。

第二，友情有助于个人取得成功。爱因斯坦说过："世界上最美好的东西，莫过于有几个头脑和心地都很正直的朋友。"朋友的帮助是个人取得成功的重要因素。俗话说，朋友多了路好走。朋友是一种人力资源、资本。

第三，友情有利于个人的心理健康。心情郁闷时向朋友倾诉，可以得到心理上的安慰和支持；而与朋友分享快乐不仅可以使别人受益，也能使自己获得更大的心理满足。

马斯洛的需求层次理论将人的需求划分为五个层次：第一层次，生理需求，也是最低层次的需求；第二层次，安全需求，包括生命和人身安全；第三层次，社会交往的需求；第四层次，尊重的需求；第五层次，自我实现的需求，即最高层次的需求。

（二）认识友情

第一，什么是友情？友情是指朋友之间的感情，它是朋友之间的纽带。什么叫朋友？怎样的人才是我们的朋友？可以说，人与人之间的交往有以下几个阶段：认识、熟人、朋友、挚友／密友。

同门曰朋，同志曰友。同门是指在同一个老师门下学习的人（同学），同志是指志趣相投、能合得来的人。

崔永元《不过如此》

朋友，是这么一批人，是你快乐时，容易忘掉的人；是你痛苦时，第一个想去找的人；是给你帮忙，不用说谢谢的人；是惊扰之后，不用心怀愧疚的人；是对你从不苛求的人；是你不用提防的人；是你败走麦城，也不对你另眼相看的人；是你步步高升，对你称呼从不改变的人。

友情是人们在共同的生活学习工作过程中，基于共同的情趣和志向产生的一种美好而又亲密的情谊。友情是人类的一种高尚情感。一般来说，友情是指以情感上的互相依恋为前提，建立在思想、志趣、爱好等一致的基础上的人们之间的关系。

第二，友情具有三个特征；其一，双方相互尊重；其二，彼此能倾诉各自的内心世界，有深层次的交流；其三，双方无利害观念，能无私给予对方，而不期待任何回报；第三，建立友情的基础。共同的理想、志向和追求是建立真挚友情的基础；共同的兴趣爱好是连接友情的纽带。

（三）发展真挚的友谊

马克思：友谊需要用真诚去播种，用热情去灌溉，用原则去培养，用谅解去呵护。

1. 友谊需要用真诚和热情去培育

最能施惠于朋友的往往不是金钱或一切物质上的接济，而是那些亲切的态度、欢跃的谈话、同情的流露和纯真的赞美。

——富兰克林

人们获得友谊、发展友谊，需要真诚、善意和热情。一个人虽然不能对每个人都表示爱心，却可以对每一个接触或相处的人表示善意。与人为善就是在播种友谊。

在朋友关系中同学们应尽量做到：

（1）珍惜友谊。已有的友情用心去呵护，不做损人利己的事；

（2）对朋友诚实：不对朋友隐瞒不该保密的东西；

（3）为朋友保守秘密，不故意探测朋友心底的秘密，在朋友袒露心迹时，要善于将其珍藏在心底。

🏵【经典案例】

小东、小南、小西、小北四个女孩是好朋友。从初中到高中，从高中到大学，四个好朋友形影不离，不管缺了谁就像一只漂亮的碗缺了个口子一样地不完美。十几年的时间不但为她们储蓄了丰富的知识，也为她们储蓄了深厚的感情。她们彼此关怀，彼此信任，彼此倾诉。生活就像一张美丽的大网，而四个女孩就在美丽的大网里编织着精彩的人生。

可转眼毕业在即，眼看就要各奔东西，女孩们恋恋不舍，可天下无不散之筵席，十几年同窗终需一别。到了临别的最后一天晚上，四个女孩决定每人写上一句祝愿的话，放在一个罐子里，将罐子埋在他们经常学习、玩耍的那棵大树底下，等到以后四个人聚在一起的时候，再把罐子挖出来看看那些祝愿是否变成现实。罐子埋好以后，怕被别人发现，女孩们又在上面铺了一层树叶，而后四人抱头痛哭了一场。

光阴似箭，一晃八年过去了。女孩们都已为人妻、为人母，同时也在各自的公司中担任着重要的角色。在这八年中，她们从没见过面。也许是生活的压力太大、工作的竞争太激烈，时间对她们来说变得尤其宝贵。在这紧张的气氛中，友谊渐渐地被忽略，大树底下的祝愿也变付越来越模糊。

一次意外的机会却又让四个人碰到了一起。一位海外华侨要回国投入大笔资金以回报祖国，准备在自己的母校召开一个竞选会，届时将会在与会公司中挑选一个作为投资对象。小东、小南、小西、小北同时接到了这个消息，她们都对自己充满了信心，因为这位华侨的母校正是她们的母校。四个人带着足够的自信与难以抑制的兴奋之情踏上了回母校的路。

四个人没想到再次的重逢竟是这样尴尬的局面，一下子竟都变得无所适从。眼看着离竞选会的日子越来越近，她们顾不得重睹母校的风采，再叙昔日的友谊，各自忙着准备各种对自己公司有利的材料、文件。她们的认真、仔细、真诚也着实给华侨留下了美好的印象。可是投资的对象只有一个呀，四个人都陷入了极度的烦恼之中。

在竞选前一天的晚上，她们又聚到了一起，四个人沉默不语。本来都是想让其他三人把机会留给自己，可到了一起却怎么也说不出口了。最后还是小南提议说：还记得当年那棵大树下的祝愿吗？不如我们先打开看看吧。大伙都同意。于是，趁着校洁的月色，她们又来到了那棵大树下。四个人一起动手把罐子挖了出来，打开，再把一张张纸条打开。四个人都震惊了，因为每张纸条上写着的竟是同一句话："愿我们的友谊天长地久。"那一夜，四个人又抱在一起痛哭了一场。

半年以后，小东、小南、小西、小北四个好朋友先后辞了职，成立了一家东南西北联合公司，投资者正是那位海外华侨。

2. 友谊需要用原谅和宽容去护理

（1）要善于原谅朋友的过失。阿拉伯有个传说：有两个朋友在沙漠中旅行，途中他们吵架了，一个人还打了另一个人一记耳光。被打的人觉得受辱，一言不语，在沙子上写下："今天我的朋友打了我一巴掌/他们继续往前走，一直到了沃野，他们才决定停下来，被打的人差点被淹死，打他的人将他救了起来。被救起后，被打的人拿了一把小剑，在石头上刻了一行小字："今天我的朋友救了我一命。"打他的人问道："为什么我打了你以后，你要写在沙子上，而现在却要刻在石头上呢？"他回答说："当被一个朋友伤害时，要写在容易忘掉的地方，风会负责抹平它；相反，如果被帮助，我们就要把它刻在心里的深处,那里无论什么风都不能磨灭它。"在日常生活中,就算最要好的朋友也会有摩擦。朋友间的相处,伤害往往是无心的,帮助却是真心的。忘记那些无心的伤害,铭记那些对你真心的帮助。每个人都有千虑一失的时候,人非圣贤,孰能无过? 对待友谊,也会出现这样或那样的过失。朋友之间难免产生矛盾和分歧,只有本着互谅互让的原则,尽量化解矛盾,才能保持友谊。

(2)要善于宽容朋友的不同性格和爱好。大千世界,芸芸众生,各种各样性格、各种各样爱好的人都有,不能只用一种标准去要求他人。即使十分要好的朋友,也会有个性差异。相互宽容,相互适应,取长补短,友谊才能获得充足的养分和雨露。

3. 友谊需要用原则来巩固和维系

(1)明辨是非,坚持真理的原则。一团和气,不是真正意义上的友谊,不分是非的江湖义气,不讲原则的曲意迁就,不是健康的交往和友谊;

(2)真诚相待,肝胆相照原则。交心、知心是友谊的重要体现,这种关系要求朋友之间推心置腹,以诚相见,相互忠诚,相互信任,履行诺言,以取得人格上的尊重;

(3)患难相济、真心帮助原则。朋友之间贵在相知、相持。

【经典案例】

这是一个我从别处看来的故事,可能是一个真实的故事,也可能是一个虚构的故事,但我宁愿相信,这是真的!

那是发生在越南的一个孤儿院里的故事,由于飞机的狂轰滥炸,一颗炸弹被扔进了这个孤儿院,几个孩子和一位工作人员被炸死了。还有几个孩子受了伤,其中有一个小女孩流了许多,伤得很重!

幸运的是,很快一个医疗小组来到了这里,医疗小组只有两个人,一个女医生,一个女护士。

女医生很快进行了急救,但在对那个小女孩的救助中出了一点问题,因为小女孩流了很多血,需要输血,但是她们带来的不多的医疗用品中没有可供使用的血浆。于是,医生决定就地取材,她给在场的所有的人都验了血,终于发现有几个孩子的血型和这个小女孩匹配。可是,问题又出现了,因为那个医生和护士都只会说一点点的越南语和英语,而在场的孤儿院的工作人员和孩子们只听得懂越南语。

于是,女医生尽量用自己会的越南语加上手势告诉那几个孩子,"你们的朋友伤得很重,她需要,需要你们给她输血!"终于,孩子们点了点头,好像听懂了,但眼里却藏着一丝恐惧!

孩子们没有人吭声,没有人举手表示自己愿意献血! 女医生没有料到会是这样的结局！一下子愣住了，为什么他们不肯献血来救自己的朋友呢？难道刚才对他们说的话他们没有听懂吗？

忽然，一只小手慢慢地举了起来，但是刚刚举到一半却又放下了，好一会儿又举了起来，再也没有放下去！

医生很高兴，马上把那个小男孩带到临时的手术室，让他躺在床上。小男孩僵直地躺在床上，看着针管慢慢地插入自己的细小的胳膊，看着自己的血液一点点的被抽走！眼泪不知不觉地就顺着脸颊流了下来。医生紧张地问是不是针管弄疼了他，他摇了摇头，但是眼泪还是没有止住。医生开始有一点慌了，因为她总觉得有什么地方肯定弄错了，但是到底错在哪里呢？针管是不可能弄伤这个孩子的呀！

关键时候，一个越南的护士赶到了这个孤儿院。女医生把情况告诉越南护士。越南护士忙低下身子，和床上的孩子交谈了一下，不久后，孩子竟然破涕为笑。

原来，那些孩子都误解了女医生的意思，以为她要抽光一个人的血去救那个小女孩。一想到不久以后就要死了，所以小男孩才哭了出来！医生终于明白为什么刚才没有人自愿出来献血了！但是她又有一件事不明白了，"既然以为献过血之后就要死了，为什么他还自愿出来献血呢？"医生问越南护士。

于是越南护士用越南语问了一下小男孩。小男孩不假思索就回答了。回答很简单，只有几个字，但却感动了在场所有的人。

他说："因为她是我最好的朋友！"

我不知道该用怎样的言语去描绘看完这个故事后带给我的感动。我也不知道该用怎样的言语去描绘友情。但我相信，再也没有人会比这个孩子更懂得友情的含义了。

看一看我们身边的人和事吧。还有多少人真正认为友情的价值大于自己的生命呢？不要说生命，即使是利益，又有多少人会为了友情而放弃自己的利益呢？为了利，有的人甚至可以把朋友当作一种筹码，一种工具！有些人可以对着电脑狂聊一天，但是和现实中的朋友相聚的时间却越来越少。这样做是不是顾此失彼呢？有心事时，上网找个没见过面的网友倾吐，也不愿把它透露给自己现实生活中的朋友。可能这样的方式更易于倾吐吧，但是，这是不是一种对自己朋友的不信任呢？

也许，在这个孩子面前，我们真的该反省一下了！扪心自问：当我的朋友真的需要帮助时，我会为他献出我的一切吗？

臧天朔在《朋友》中唱到"如果你正享受幸福，请你忘记我；如果你正承受不幸，请你告诉我；如果你有新的彼岸，请你离开我"。这是何等的气度、何等的胸襟、何等的超然、何等的潇洒！

4. 以恰当的方式表达男女同学之间的友情

在学校里，男女同学共同享受着学习、生活的平等权利。男女同学的交往是一种正常的现象，但是，这种交往要注意言行得体、举止文雅、把握分寸。这样，男女同学之间才会有真正的友谊。对男女同学间的友谊不应妄加议论，以免造成人际关系紧张。

具体来说，要做到以下几点：端正交往动机；保持一定的人际距离；减少单独行动；建立广泛的友谊圈，多参加男女同学的集体活动；理智地把握好友谊与爱情的界限。

三、把握爱情

爱情是人类情感中最复杂、最微妙的一种。爱情是一个古老而又常新的话题，是所有人的美好憧憬。对我们这些生理发育成熟、精力充沛的学生来说，爱情更是一个不可避免的话题。歌德曾说过：哪个少男不钟情，哪个少女不怀春。

对于爱情，老师采取睁只眼闭只眼的原则，家长则采取谆谆教导、循循善诱的方针。而我们自己往往在不知不觉中迈入了爱情的伊甸园，情非得已、流连忘返。学校阶段的恋爱不再像高中时那样遮遮掩掩，而是更加公开化，甚至有人呼喊着"恋爱是学校里的必修课。

事实上，学生谈恋爱是合乎人和社会的发展的，是正常现象。但是我们自己应该对它有个正确的认识，爱情对我们学生来说是把双刃剑，我们应该使它成为生命中的积极因素，而不能成为阻碍成长进步的消极因素。那么该如何使它成为积极因素呢？

（一）认识爱情

1. 爱情的本质

莎士比亚曾说过：爱情是幸福的，然而又是痛苦的。德拉克斯说：爱是甜蜜的痛苦。马克思说：爱情是男女之间基于一定的客观物质条件和共同的人生理想，在各自内心中形成的最真挚的仰慕，并渴望对方成为自己终生伴侣的最强烈的、稳定的、专一的感情。

爱情的本质是人的自然属性与社会属性的统一，是性爱与情爱的统一。爱情的核心是责任。爱情有着丰富的内容，通常由四个要素构成，一是性欲，这是爱情的生理基础和自然前提；二是情感，这是爱情的中心环节，表现为灵与肉融为一体的强烈感情；三是理想，这是爱情的社会基础，也是爱情的理性向导；四是责任，这是爱情的社会要求，表现为自觉的道德责任感。

所以说，真正的爱情，是基于深入地彼此了解而产生的一种稳定而恒久的情感，并且在双方的呵护下，随着时间的流逝而慢慢衍化为亲情。

2. 爱情的特征

爱情具有平等性、专一性、依存性等特征，下面分别讲述。

（1）平等性。爱情要求把对方看作一个具有人格的实体。爱情作为人的生理和心理需求的高度统一，体现在恋人之间相互尊重、相互信任、相互关心、相互支持，这是平等的关系，不是依附的、占有的关系。平等性表现在爱情上，是以互爱为基础的，男女双方相互追求、相互爱慕，爱情才能产生和发展。爱情是两颗心灵撞击出的火花。

（2）专一性。恩格斯指出，爱情按其本性来说是排他的。爱情一经产生，就具有这一特征。爱情的专一性、排他性说明对待爱情应该抱着严肃、慎重的态度。爱情的专一性、排他性表现在每个人只能同一位异性达到身心最深刻、最全面的融合。一个人如果同时爱上两个或更多的异性，那不可能是健康的、真正的爱情。现实生活中的许多事例告诉人们，爱情是一杯香甜的蜜糖水，若不以忠诚和专一去维系，它最终会变成一杯难以吞咽的苦酒，只有对爱情忠贞不偷的人，才能享受爱情的甜美与幸福。

（3）依存性。相互爱慕的男女双方，相互吸引，相互弥合。如果没有一方，似乎另一方就不能存在。在爱情中，一方在另一方身上找到的是作为整体的自己，自己的本质力量在对方身上得以实现，感情上相互眷恋，行动上相互依靠，生活上相互支撑。

3. 爱情与友情的区别

爱情是建立在性爱基础上的一种渴望对方成为自己终生伴侣的强烈情感；而友情是以共同的志趣、纯真的感情为基础的相互敬慕之情。友情不管有多么深厚，都不存在性欲的意念。

爱情是两个人之间的隐秘之情，不允许第三者涉足其间。在爱情的世界里，两个人执着专一，而友情具有广泛性，不排斥他人，可有多个对象。

友情是不分年龄、性别的，而爱情一般发生在年龄相仿、相近的男女之间，这是因为爱情受到生理、心理条件的制约。

爱情是全面交往的结合，友谊则可以是某一方面的。产生爱情的双方，彼此之间要求做全面的认识和容纳，在各方面关心对方，而友情则不同。

日本一位心理学家提出了区别友情与爱情的五个指标：一是支柱不同，友情是理解，爱情则是情感；二是地位不同，友情是平等，爱情则是一体化；三是体系不同，友情是开放的,爱情则是封闭的;四是基础不同,友情是信赖,爱情则是不安;五是心境不同,友情产生充足感,爱情则充满欠缺感。

(二)恋爱现象存在的原因

1. 生理因素

在性心理发展上,也已走过了性疏远时期和性接近期,进入恋爱期。异性之间彼此渴望接近,希望得到对异性的了解。性心理发展可分为以下几个时期:

(1)性抵触期。青春发育之初,有一段较短的时期,青少年总想远远避开异性,这主要与生理因素有关。由于第二性征的出现,青少年对身体上所发生的剧变感到茫然与害羞,本能地产生对异性的疏远,部分人甚至对异性产生反感。此期间持续一年左右。

(2)仰慕长者期。在青春发育中期,少男少女们常对周围环境中的某些在体育、文艺、学识以及外貌上特别出众者(多数是同性或异性的年长者),在精神上引起共鸣,仰慕爱戴,心向往之,并且尽量模仿这些长者的言谈举止。

(3)向往异性期。在青春发育后期,随着性发育的渐趋成熟,处于青春期的少男少女常对与自己年龄相仿的异性产生兴趣,希望有机会接触异性,在各种场合想办法吸引异性对自己的注意。但因为青少年情绪不稳,自我意识很强,所以在接触过程中,容易引起冲突,常因琐碎小事而争吵甚至绝交,因此交往对象常有变换。

(4)恋爱期。到了成年阶段,青年把友情集中寄予在自己钟情的某位异性身上,彼此常在一起,情投意合,在工作、学习中互相帮助,生活中互相照顾,憧憬未来。这时的青年对周围环境的注意减少。女青年常充满浪漫的幻想,向往被爱,易于多愁善感;男青年则有强烈爱别人的欲望,从而得到独立感的满足。

2. 生活环境

学生生活为恋爱创造了有利条件。学生年龄相近,兴趣爱好大多相仿,学习、生活在一个有限的空间内,接触的机会多,而且学生对恋爱问题大多较敏感。

3. 社会影响

现代社会生活节奏比过去快,给青少年造成一种紧迫感,这种紧迫感一定程度上对生理发育、性心理意识的发展起了促进作用。有些男生认为,在学校这个人才济济的地方,若不"趁热打铁"找对象,将来可能会成为"老大难"。

另外,社会文化的开放与交流使青年学生从广播、电影、电视、杂志、网络中接触到的恋爱、婚姻信息比过去多,环境的刺激促使性意识发展得早。此外,现在的许多父母也不反对子女谈恋爱。

基于上述原因,学生中谈恋爱成为一种现象。但有一点请同学们牢记,人格尚未成熟的时候,谈恋爱对他(她)的人生有可能带来不利。人在不成熟的时候既难以把握自己要选择什么样的人,同时也难以处理恋爱中的各种矛盾,常常陷于困境且容易产生心理问题。

(三)恋爱中存在的误区

1. 误把好感当爱情

这是对爱情体验的判断失误。有些学生在与异性交往中不能区分异性之间好感与爱情两种性质不同的情感,出现判断失误。好感是属于友谊的范畴,好感是爱情的先决条件,而异性之间产生好感的友谊并不一定都能发展为爱情。错把好感当爱情,会让自己和对方平添许多烦恼。

2. 动机不端正

有些学生的恋爱动机不是出于爱情本身,而是由于打赌、报复、怜悯、脱离不如意的境地,或是为了弥补内心的空虚、好奇、随大流等。恋爱动机端正和恋爱态度健康是保证恋爱顺利进行的重要基础,没有扎实的、建立在真挚感情基础上的爱情,恋爱往往先天不足,容易夭折或发育不良。下面列举几种恋爱动机不端正的现象。

(1)求急。一些学生认为,在学校这个人才济济的地方,若不"趁热打铁"找对象,将来可能会成为"老大难"。

(2)求乐。从恋爱中获得快乐。

(3)求强。与其他同学攀比:别人能谈,自己为什么不能? 并且要在某些方面找到比别人更好的。有些学生谈恋爱并非因为遇到了知音,也不是因为恋爱时机已成熟,而是因为周边的同学在谈恋爱,思想和情绪受到影响,受从众心理驱使,匆忙择偶。其结果,或是择偶不满意,或是出现短暂"罗曼史"。

(4)求新。在一段时间内,对某人情爱至深,但随着时间的推移,逐步喜新厌旧,不断寻找新的恋人,屡屡堕入"情网"。

(5)求助。从恋人那里求得依靠和慰藉,在学习或生活中遇到困难或矛盾时,希望得到恋人的帮助。有些同学在学校一时感到孤独、寂寞、无聊,为了弥补内心空虚,便以恋爱的形式来打发时光,驱除内心烦闷。一旦寂寞感消失,恋爱关系也就中断。这些同学既不考虑责任,也不承担义务。这种无感情基础的异性关系是极不健康的恋爱关系,是双方当事人不负责任的表现。

3. 把恋爱和婚姻看作不相干的两回事

恋爱是婚姻的前奏,恋爱的归宿是通过婚姻形式建立家庭,这是恋爱心理成熟的特征之一。有些异性同学似乎相互仰慕，但并不打算结为终身伴侣。学生的恋爱，多注重精神交往（柏拉图式恋爱种精神恋爱，一种超越物质、超越性爱之上的人间情感）。他们把恋爱看成积累经验的过程。谈恋爱却没有意识到是在选择终身伴侣，把恋爱与婚姻分开，其实就是把真诚的感情当儿戏。结果，不仅在感情上伤害了对方，也在自己的心里留下挥之不去的阴影。

4.爱情至上

有些同学把爱情放在人生第一位，把爱与被爱视为人生目标，成天沉溺于爱情之中，一旦失恋就痛不欲生，甚至以宝贵的生命为爱情殉情。这是对人本身的价值缺乏了解、对人生的意义缺乏认识的结果。

5.重视外表而忽视内在修养的倾向

爱美之心人皆有之。追求美是人的天性，希望自己心爱的人像天使般的美丽本身无可厚非。但是，有些学生择偶时过分注重外表形象，对内在美不够重视。这就是晕轮效应。晕轮效应最早是由美国著名心理学家桑戴克于20世纪20年代提出的。他认为，人们对人的认知和判断往往只从局部出发，扩散而得出整体印象，常常以偏概全。一个人如果被标明是好的，他就会被一种积极肯定的光环所笼罩，并被赋予一切都好的品质；如果一个人被标明是坏的，他就被一种消极否定的光环所笼罩，并被认为具有各种坏品质。这就好像刮风天气前夜月亮周围出现的圆环（月晕），其实呢，圆环不过是月亮光的扩大化而已。据此，桑戴克为这一心理现象起了一个恰如其分的名称晕轮效应，也称作光环作用。

心理学家戴恩做过一个这样的试验。他让被试者看一些照片，照片上的人有的很有魅力，有的无魅力，有的中等。然后让参与试验者在与魅力无关的特点方面评定照片上的人。结果表明，参与试验者对有魅力的人比对无魅力的赋予更多理想的人格特征，如和蔼、沉着、易于交往等。

晕轮效应不但常表现在以貌取人上，而且常表现在以服装定地位、性格，以初次言谈定人的才能与品德等方面。在对不太熟悉的人进行评价时，这种效应体现得尤其明显。

从认知角度讲，人们因为晕轮效应仅仅根据事物的个别特征对事物的本质或全部特征下结论，是很片面的。因此，在人际交往中，我们应该告诫自己不要陷入晕轮效应的误区。

学生在恋爱时需要客观、综合地考虑问题，在选择对象时，把对方的内在素质放在重点位置。因为外表美只是表面的、短暂的，内心美才会经久不衰。此外，在学习、生活的过程中，为避免晕轮效应影响他人对自己或自己对他人的认识，同学们应注意以下几点：

第一，不要过早地对新的老师、同学做出评价，要尽可能地与老师、同学进行多方面的交往，促进相互间的深入了解。

第二，及时注意自己是否全面地看待他人，特别是对有突出优点或缺点的老师与同学。

第三，在与他人交往时，不要过分在意他人怎样评价自己，要相信自己一定会获得他人的认可和理解。

第四，注意做好自己应该做好的每一件小事，如作业、作文、值日等，特别要注意处理好可能会给自己的形象造成较大影响的事情。

第五，要敢于展示自己，让更多的人了解自己的优点和长处，同时，也尽可能让他人了解自己的缺点。

6.择偶标准理想化

有的学生根据心中的偶像按图索骥，发现现实中的人与自己心中的偶像很难吻合，不免失望懊丧；有的学生择偶标准过于理想化，希望对方十全十美；也有抓着某一条件不改变，如个子不能低于多少等。一旦框定标准，就限制了自己的择偶范围，束缚了自己的手脚。俗话说，金无足赤，人无完人。人不可无标准，但标准不可定得太理想，同时不可死守着标准而不变，尤其不可因为虚荣而划标准。在择偶标准中，有些因素是根本性的、非要不可的，而有些因素则是可要可不要的。何况人一旦产生了感情，对其他因素往往不在乎了，因为在爱情的诸因素中，感情是最重要的。不仅如此，由于爱情的作用，有些因素还可以得到改善。

用理想化、抽象化的模式在现实生活中寻觅偶像，这种择偶观是不实际的，最终会在现实面前失败。

（四）树立正确的恋爱观

1.判断和把握恋爱时机

一个人的人生观、价值观还未定型，心理承受能力较弱时，对爱情做出的抉择有可能缺乏理性的思考和坚实的现实基础。在校园中，恋爱比例高但成功率低，就是这种缺乏理性思考和现实基础的表现。对于如何判断和把握恋爱时机，我给大家提出以下观点供参考。

（1）心理发展相对成熟。爱情是一种较为稳定的高级情感，需要有相对成熟的心理来保障。对于那些性格尚未定型、心理发展不是很成熟的同学来说，谈恋爱的时机尚不成熟。因为他们的情绪有较大的不稳定性,对自我和他人的认识缺乏全面、客观的评价,承受挫折的能力比较弱。因此,对爱情的理解过于理想、浪漫,遇到挫折难以应付。

(2)人生观相对稳定。爱情是建立在具有共同人生观和共同志向基础上的特定关系。人生观深深地影响着人们对于人生、幸福、爱情的理解与认识。对于那些人生观趋于稳定但还未完全定型的同学来说,谈恋爱的时机尚不成熟。如果对人的本质和人生道路的选择、爱情与事业的关系等问题的认识缺乏深刻的理解,就会对恋爱所应承担的社会责任和义务、道德要求缺乏准备。

(3)社会阅历相对丰富。社会阅历是人们认识社会的程度。有着相对丰富人生经历和社会经验的人,考虑问题就相对客观理智,判断和选择就比较科学。学生一般社会阅历少,缺乏人生经历和社会经验,对爱情尚缺乏准确的分析判断能力,考虑问题往往与社会实际有较大距离,与人交往多感情用事,所以很难对恋爱对象做出谨慎的选择与判断。

(4)学识基础相对牢固。学习是一个循序渐进的过程,需要集中精力和时间。如果自己学有余力,恋爱时就不会感到有精神负担;相反,如果学习的基础不牢固,甚至学习很吃力,又把一部分精力和时间用于谈情说爱,不仅学习会受到很大影响,而且谈恋爱的心情也同样会受到影响。

(5)有支撑谈恋爱所需要的一定的经济基础。恋爱的过程绝不是纯理念式的,需要一定的经济支出。缺乏必要的经济支撑,学生会在恋爱中捉襟见肘,力不从心。只有具有一定的经济基础时,才能保证恋爱的顺利进行。

严格地说,何时可以恋爱很难找到标准的答案,它与每个人的心理成熟、择友条件、所处环境有关,因人而异。从总的趋势看,恋爱时间以稍晚为宜,在低年级谈恋爱是不合适的。

2. 摆正爱情的位置

要使恋爱沿着健康的方向发展,需要摆正爱情的位置,正确处理好恋爱与学习、恋爱与集体、恋爱与道德的关系。处理得好,它将成为我们共同进步的动力。处理得不好,它会成为我们学习、前进的阻力。

(1)恋爱与学习的关系。学习、生活的意义在于通过学习把自己培养成身心健康、全面发展的合格社会主义建设人才。面对繁重的学习任务,在时间和精力有限的前提下,如果把爱情的追求置于学业之上,并为此耗费大量精力,将会对学业产生不良影响。同学们要把学业放在首位,让恋爱服从学业。当爱情促进自己的学业的时候,要互相勉励，共同进步，争取学业、爱情双丰收；在学业方面已经出现问题、感到力不从心的时候，千万不能沉迷于二人世界不能自控，把宝贵的时间和精力用在谈情说爱上。只有正确处理好恋爱与学习的关系，才能使爱情成为促进学习的动力，而学习的成功又会使爱情得到巩固和发展。

（2）恋爱与集体的关系。恋爱中的男女青年不应把自己禁锢在二人世界中，如果出双入对，脱离集体，就会限制交往的范围，妨碍自身的发展进步，不利于优化个性以及社会适应能力的提高。一个热爱集体、关心他人的人才能真正给予他所爱的人以深沉、坚实的爱。

（3）恋爱与道德的关系。爱情是和道德、责任结合在一起的。有高尚的道德作为基础，才获得真正的爱情。要使爱情健康地发展下去，必须珍惜恋爱过程中爱情的道德价值，遵循的道德要求。这体现在，恋爱的前提是双方平等、相互尊重；选择恋爱对象时应注意对方的道德品质；恋爱过程中应互敬互助、真诚相待、纯洁专一；恋爱行为要含蓄文明、自尊自重、自制自爱，不做违反学生行为规范的事情。

恋爱者的言谈举止是其文明修养、心理成熟度的反映，同时也是促进或阻碍恋爱成功的重要因素，不少恋爱纠纷或失败往往源于恋爱过程中行为的不当。为此，恋爱过程中的健康文明要求：恋爱言语要文明，讲究语言美。出言不逊，秽语较多，容易导致恋爱失败。在交谈中要诚恳坦率，忌装腔作势、矫揉造作。

恋爱行为要大方。一般来说男女双方初次恋爱，在开始时，常感到羞涩与紧张，随着交往的增加会逐渐变得自然与大方。注意行为举止要检点，有的人感情冲动，过早地、不适当地做出亲昵、粗鲁之举，使对方反感，影响感情的正常发展。

亲昵之举的表达方式也有高雅与粗俗之别。高雅的亲昵动作带来爱情的愉悦感，而粗俗的亲昵之举往往引起感情抵触。目前，有些学生忽视恋爱行为的健康文明，常常在公共场合例如教室、食堂过分亲昵，令旁人难以接受。这有损于爱情的纯洁和尊严，同时对旁人也是一种不礼貌的行为。

恋爱中难免会引起性冲动，对此学生应自觉地调节，可以通过多种有益于身心的方式调适性冲动，把恋爱行为限制在社会规范之内。

恋爱过程中要平等对待，互相尊重。双方不应以自己某方面的优越条件去比照对方某个方面的不利条件，炫耀、戏弄、压低对方只会阻碍恋爱的健康发展。

3. 正确对待失恋

（1）失恋是恋爱过程的中断，即恋爱遭受挫折。在客观上表现为与相爱的人分离，在主观上表现为失恋者体验到的悲伤、绝望、虚无、忧郁等创伤性情绪，在行动上多表现为冷漠、颓丧、烦躁、逃避或攻击等，有的甚至诱发轻重程度不一的精神障碍和躯体不适或疾病。

（2）产生失恋的原因多种多样，或是由于家庭或社会舆论的压力，或是双方发现彼此思想个性不相吻合、感情不融洽等。此外，具有某些特定人格特征的人容易导致失恋。比如，内向而不把自己的意思、感情表明的人；以自我为中心，只依自己的感情行动，而不顾及对方感情的人；怀有可望而不可即的梦想的人；自恋感强烈的人；把对方过分理想化的人等。

（3）恋爱的双方是平等自愿的，双方都有爱的权利，也有不爱的权利。如果将爱情强加于人，就失去了爱情的本意。强扭的瓜不甜，违背自愿原则，把感情强加于人就可能酿成悲剧。因而，男女相爱之后又因种种原因而中断关系的事是正常的。事实上，失恋并不完全是坏事。与不值得继续爱下去的人以及已经不爱你的人及时地中断恋爱关系，往往恰是幸事。即使失恋带来了痛苦，这种痛苦也是可以摆脱的。如何对待失恋？这也是对一个人的考验，它从一个侧面反映了一个人的人生观和道德面貌。不妨从以下几方面对失恋后的心理加以调适：

第一，正确对待失恋，冷静地分析失恋的原因。

即使离去的恋人各方面条件均好，值得你爱，也应尊重对方的意愿和选择，忍痛割爱——灵魂既已背离去，躯体何必苦相求。

失恋并不等于爱情的失败，失恋不能失志。若因为爱情而放弃事业和理想，则是软弱的人。因失恋而陷入无法自拔的痛苦之中，一蹶不振、意志消沉、看破"红尘"，对生活失去信心，甚至厌世轻生，这是不可取的。因失恋而自寻短见的人是世界上最无知的人。

失恋更不能失德。"不成亲便成仇"的想法和任何强加于人的方式和行为，都是错误的，是有害而无益的。不成恋人，还可以是挚友，至少不应成为仇人。在失恋问题上，不能极端自私、残忍，错误地认为"你给我痛苦，我也要让你吃点苦头"，想方设法地报复对方，或者一味地纠缠对方，甚至走上犯罪道路。失恋之后的任何报复行为都是心胸狭窄的表现。

第二，尽快摆脱失恋的束缚，保持心理平衡。

失恋并不意味着失去一切。失恋后要依靠自我的力量，保持豁达乐观的健康心理，把自己的精力集中到学习、工作和其他有益的活动中去，以此减弱或驱散失恋的痛苦。

或是做一次旅游，置身于自然的怀抱；或是读些有益、有趣的书籍，从他人的经历中获得理解的力量；或是向知心朋友一吐为快；或是把注意力转向学习、活动，使心理得到某种补偿。无论以哪种形式缓解失恋的苦涩，以达到超然的心境最为重要。失恋者除进行自身的调节外，也需要获得周围的人所给予的温暖和友爱，以尽快摆脱不良的情绪。

总之，每一位有志青年，都必须正确地对待恋爱中的挫折和问题，做到失恋不失志、失恋不失德，这是对恋爱者起码的道德要求。要牢记鲁迅先生的话：不能"只为了爱一盲目的爱——而将别的人生的要义全盘疏忽了"。处于热恋中的学生，只有把个人的幸福同他人的幸福紧密联系起来，才能正确处理恋爱中的挫折，才能重新赢得纯洁高尚的爱情。

4. 优化择偶标准

品德相合、理想一致、情趣相近、性格相容是爱情的坚实基础。以貌取人、以财取人、以势取人不可能产生纯真的爱情，也是经不起时间考验的。因此，择偶要重人品。当然，也不能求全责备。应该注意以下几个方面：

（1）成熟的个性。成熟的个性是指一个人发展到能客观地认识自己、认识他人的水平，对学习、生活、事业中的困难有一定的承受力和独立思考的能力。成熟的人愿意为别人做出奉献，在感情问题上具有较强的自制力，能把握住恋爱与学业、工作的关系，对性的问题有清醒的认识，不会凭一时的冲动而做出不负责任的事。

（2）价值观和人生观相对稳定。价值观决定着一个人对社会与人生的态度，决定着他对是非、好坏、善恶、道德与不道德等问题的判断；人生观不仅决定一个人的价值观，同时也从根本上决定了爱情观。因此择偶应注重自身和对方的价值观和人生观是否相投。

（3）性格协调与需求互补。一般说来，男女双方择偶时，其潜意识中总是在寻找自己不具备的东西。因此，性格相异比性格相近的异性更易吸引在一起。但是双方的性格相差太大、呈现两个极端的人也难以结合，因为性格相差太大的人常常要求对方做出妥协，对方若非性格成熟、涵养极佳是难以做到的。

第二节　自信自强

"自信心"是人类心理生活中最基本的内在品质之一，同时也是每个人内在"自我"的核心部分。自信心的强弱，将在某种程度上决定与制约着心理压力对自身的影响。对于一个自信的人，他会勇于面对挑战，努力向自己定下的目标进发，追求自我实现，这不仅可以带来个人的成功感，在其他方面也能得到全面的发展，使自己更受人欢迎；相反，对于一个没有自信的人，他会逃避挑战，不敢面对失败的风险，怀疑自己的能力，使自己失去很多成功的机会。

一、自信的概念

自信是指对自己的行为、目的有着明确而深刻的认识，充满信心，从而有计划地组织自己的行动，实现预定目的的心理状态。作为一种非智力因素，自信心尽管不直接参与认识过程，但对认识过程起着推动、引导、强化的作用。自信心是相信自己成功，成才的心理素质，是对自身能力的科学估价。自信才能有主见，才能做出他人未做之事；反之缺乏自信心，就会产成心理上的自我鄙视、自我否定、自我挫败。因此说自信是人生的关键。每个青年都应强化自信，受挫不气馁，失败不灰心，顺利不自负，努力适应社会，实现自身价值。

【经典案例】

她是名模特，但对于她的容貌，我们不能用形容美女的词汇来赞美她，她长得实在算不上一般意义上的美女，小眼睛、厚嘴唇、宽鼻子，而且满脸雀斑，很多人称之为十足的"丑女％以她的容貌凭什么当上模特，又凭借什么走上超模大赛T型台？答案就是自信。当这位模特出现在2000年世界超模大赛的一刹那，许多人震惊了，她的美丽与众不同，发自内心，充满自信，浑身流露出一种憾人的魅力，最终这位名模获得了亚军，她把自己的成功总结为建立自信的过程。

正如居里夫人所说："人应该有恒心，尤其要有自信心"。一个人没有自信就会自卑，看不到自己的优势；相反，一个人若有很强的自信，在他的面前几乎没有任何跨越不过的难关，因为他充分相信自己的能力，就会全身投入，使原本不可能的事变为可能。我们通常所说的自信就是自己信得过自己，自己看得起自己。别人看得起自己不如自己看得起自己。人们常常把自信比作发挥主观能动性的闸门，启动聪明才智的马达，这是很有道理。自信就是一种心态，是对自己能力、非能力和潜能力的信任。

【大道理】

自信成就未来。

（一）能力的自信

能力的自信体现在自己能做的事，就要相信自己能做，勇于将自己的能力体现出来，该出风头时就出风头，不惧人言。这种自信是保证将自己的能力正常而充分发挥的前提，是自信的第一个层次。如果你拥有这份自信，又没有任何外界影响，那么你所体现出来的就是做你能力范围之内的事。

【经典案例】

小泽征尔是世界著名的交响乐指挥家，在一次世界优秀指挥家大赛的决赛中，他按照评委会给的乐谱指挥演奏，敏锐地发现了不和谐的声音。起初，他以为是乐队演奏出了错误，就停下来重新演奏，但还是不对，他觉得是乐谱有问题。这时，在场的作曲家和评委会的权威人士坚持说乐谱绝对没有问题，是他错了。面对一大批音乐大师和权威人士，他思考再三，最后斩钉截铁地大声说："不！一定是乐谱错了！"话音刚落，评委席上的评委们立即站起来，报以热烈的掌声，祝贺他大赛夺魁。

原来，这是评委们精心设计的"圈套"，以此来检验指挥家在发现乐谱错误并遭到权威人士"否定"的情况下，能否坚持自己的正确主张。前两位参加决赛的指挥家虽然也发现了错误，但终因随声附和权威们的意见而被淘汰。小泽征尔却因充满自信而摘取了世界指挥家大赛的桂冠。

【案例分析】

坚信自己的能力，是成功的前提。

（二）非能力自信

非能力自信表现为自己不能做的事，就是不能做，也坦然处之，不要觉得自己不能做就低人一等，更不要影响自己对其他事情的自信。你是围棋高手，就没有必要因为象棋不行而自卑。

人无完人，每个人都有自己不能做的事，而人又是社会的，总会有其他人对你的非能力之事做出这样或那样的评价，甚至是诋毁。这时人往往会受到打击，会由于自己非能力的不自信，而导致对自己能力的不自信，认为窝囊，什么事情都不行。要避免这种"晕轮效应"的发生。

【经典案例】

姚宝锋应聘培训处处长时，他相信自己对培训市场的了解和自己的沟通协调能力，以及自己敏锐的创新能力，但是缺乏的是工作经验。当他展开工作时，有人在他背后说他做不好这项工作，干不了多长时间。面对这种议论，他没有被打倒，没有失去信心，进而对自己的能力产生怀疑；相反，他机智果断地制定计划，开拓创新，使学校的培训工作取得了傲人的成绩。

培训这项工作一定要具备经验吗？不一定，一是对于培训市场来说，最重要的是开拓创新,不断改善现有的培训资源,以适应市场的需求,不能单靠经验来完成。而他具备了创新能力的前提;二是虽然他没有经验,但是可以去学习经验,通过沟通、拜访或阅读借鉴相关书籍,都可以达到这个目的。而且在其他方面的经验,也可以对现在的工作产生独到的启发,没有必要因此而自卑。姚宝锋正是认识到了这两点,在自信的前提下逐渐展开了工作,取得了事业的成功。

【案例分析】

非能力自信,是对能力自信的保证,如果既有了能力自信,也有了非能力自信,就能在外界的影响下充分展示自己的能力。

(三)潜能力自信

潜能力自信是指在每个人的身上蕴藏巨大的潜力,但是可能并未被自己所认识,而往往在身处困境时失去信心。有一些事,自己可能觉得没有能力做,但必须做,这时候必须相信自己能做到,这就是潜能力的自信,相信能做好自己必须做的事。人与人之间其实没有太大区别,只是有人敢做、有人敢说、有人敢想。别人做成的事要相信自己也能做,所以要自信。

【经典案例】

乔·吉拉德——世界吉尼斯汽车销售冠军,是世界上最伟大的销售员,他连续12年荣登世界吉尼斯纪录大全世界销售第一的宝座,他所保持的世界汽车销售纪录:连续12年平均每天销售6辆车,至今无人能破。乔·吉拉德,因售出13000多辆汽车创造了商品销售最高纪录而被载入吉尼斯大全。他曾经连续15年成为世界上售出新汽车最多的人,其中6年平均每年售出汽车1300辆。乔·吉拉德也是全球最受欢迎的演讲大师,曾为众多世界500强企业精英传授他的宝贵经验,来自世界各地数以百万的人们被他的演讲所感动,被他的事迹所激励。35岁以前,乔·吉拉德是个全盘的失败者,他患有相当严重的口吃,换过40个工作仍一事无成,甚至曾经当过小偷,开过赌场。然而,谁能想象得到,像这样一个谁都不看好,而且是背了一身债务几乎走投无路的人,竟然能够在短短三年内爬上世界第一,并被吉尼斯世界纪录称为"世界上最伟大的推销员'他是怎样做到的呢?虚心学习、努力执着、注重服务与真诚分享是乔.吉拉德四个最重要的成功关键。销售是需要智慧和策略的事业。但在我们看来,信心和执着最重要,因为按照预测推断没人会想到乔吉拉德后来的辉煌!由此可以推断,如果你的出身比乔吉拉德强,没有偷过东西,如果你不口吃,那你就没有理由不成功,除非你对自己没有信心,除非你真的没有努力过,奋斗过!

📖 【案例分析】

放手去做，一切皆有可能。

要懂得自信的真正含义：有一个良好的心态；对能做的事情相信能够做好，对不能做的事情坦然处之或学习不能做的事；培养自信的习惯。

二、建立自信的基本方法

（一）肯定自我

有句俗语叫作"天生我才必有用！"肯定自我就意味着根据自己的意愿将自己作为一个有价值的人而予以接受。不断苛责自己，说丧气话的人，通常是对自己不够肯定的人。这告诉我们，当我们没有自信，总觉得不如人时，我们应该想到并做到：停止批评和责怪自己。人活着不容易，别跟别人过不去，更别跟自己过不去。

一个积极的自我形象是成功的第一步。有的人总是自惭形秽，存在自卑心理，其实就是不能肯定自我而缺乏信心。尺有所短，寸有所长，看不到自己长处的人，容易自卑进而自卑；看不到自己短处的人容易自负和自傲。正确的态度应该既看到自己的长处，同时又看到自己的短处。用长处鼓舞自己的信心，用短处来警诫自己不要骄傲。古人云："疑人轻己者皆内不足。"自信是煤，成就是燃烧的火焰。煤是含有巨大能量的。因此，短暂而又漫长的人生路上，我们应该学会欣赏和肯定自己。

值得注意的是，肯定自己不是一味地迁就自己，也不是无原则地宽恕自己。要不断地反思自己，自己的优点要勇于肯定，自己的缺点也要敢于承认。欣赏自己，不是孤芳自赏、顾影自怜，而是用一颗真诚、善良的心灵，去感知世界、认识自我，认认真真过好生命中的每一天；反思自己，要敢于发现自身的弱点，并勇于纠正，这样才能欣赏到不是丑陋的自以为是的自己，而是越来越完美的自己。

拿破仑说过，一个人应养成信赖自己的好习惯，即使再危急，也要相信自己的勇气与毅力。人要经常富有创意地自我对话，找到自己的价值，从而能够自我肯定。

📖 【经典案例】

生命的价值

不要让昨日的沮丧令明天的梦想黯然失色！

在一次讨论会上，一位著名的演说家没讲一句开场白，手里却高举着一张20美元的钞票，面对会议室里的200个人，他问："谁要这20美元？"一只只手举了起来。

他接着说："我打算把这20美元送给你们中的一位，但在这之前，请准许我做一件事。"他说着将钞票揉成一团,然后问:"谁还要?"仍有人举起手来。他又说:"那么,假如我这样做又会怎么样呢?"他把钞票扔到地上,又踏上一只脚,并且用脚碾它,尔后他拾起钞票,钞票已变得又脏又皱。"现在谁还要?"还是有人举起手来。"朋友们,你们已经上了一堂很有意义的课。无论我如何对待那张钞票,你们还是想要它,因为它并没贬值,它依旧值20美元。在人生路上,我们会无数次被自己的决定或碰到的逆境击倒、欺凌甚至被碾得粉身碎骨,我们觉得自己似乎一文不值。但无论发生什么,或将要发生什么,在上帝的眼中,我们永远不会丧失价值。在他看来,肮脏或洁净,衣着齐整或不齐整,你们依然是无价之宝。"

生命的价值不依赖我们的所作所为,也不仰仗我们结交的人物,而是取决于我们本身!我们是独特的 —— 永远不要忘记这一点!

❧ 【案例分析】

生命的价值取决于自身。

(二)欣赏自我

生活中有很多种快乐,但有一种快乐能够让人终生难忘。那就是得到真诚的鼓励和真正的欣赏。鼓励和欣赏可以帮助一个人战胜自我,获得自信,从而更加勇敢地面对生活。但是如果在现实生活中,没有那么多欣赏你的人,没有那么多赞美又该如何呢?佛说:求人不如求己。因此,最简单的方法就是学会自我欣赏,适当地自我鼓励,从不断地自我完善中获得快乐。

❧ 【经典案例】

美国某学校的科研人员进行过一项有趣的心理学实验,名曰"伤痕实验":每位志愿者都将被安排在没有镜子的小房间里,由好莱坞鸡的专业化妆师在其左脸做出一道血肉模糊,触目惊心的伤痕。志愿者被允许用一面小镜子照照化妆的效果后,镜子就被拿走了关键的是最后一步,化妆师表示需要在伤痕表面再涂一层粉末,以防止它被不小心擦掉。实际上,化妆师用纸巾偷偷抹掉了化妆的痕迹。对此毫不知情的志愿者被派往各医院的候诊室,他们的任务就是观察人们对其面部伤痕的反应。规定的时间到了,返回的志愿者竟无一例外地叙述了相同的感受 —— 人们对他们比以往粗鲁无理、不友好,而且总是盯着他们的脸看。可实际上,他们的脸上与往常并无两样,什么也没有。他们之所以得出那样的结论,看来是错误的自我认知影响了判断。这真是一个发人深省的实验。原来,一个人在内心怎样看待自己,在外界就能感受到怎样的眼光。同时,这个实验也从一个侧面应了一句西方格言:"别人是以你看待自己的方式看待你。"可以说，有什么样的内心世界，就有什么样的外界眼光，所以用欣赏的眼光来看待自己，别人也会用同样的眼光欣赏你！

世界上没有两个完全相同的人。作为独立的个体的你，有许多与众不同的、甚至优于别人的地方，你要用自己特有的形象妆点这个丰富多彩的世界。也许你在某些方面的确逊于他人，但是你同样拥有别人所无法拥有的专长，有些事情也许只有你能做，而别人却永远做不了！

生活中不是缺少发现美的眼睛，而是缺少自信！学会欣赏自己，你就会发现一个全新而且优秀的你！

📖 【案例分析】

别人是以你看待自己的方式看待你。

（三）激励自我

自我激励是人生中一笔弥足珍贵的财富，在人生的前行中能产生无穷的动力，一个人若没有受到激励，仅能发挥自身能力的 10%~30%，若受到正面而充分的激励，就能发挥自身能力的 80%～90%，这虽然包含来自外部的激励，但最经常、最有效、最可靠的激励还是来自自我激励。

自我激励是一种心理暗示。经常进行积极暗示的人，会把每个难题看成机会和希望；经常进行消极暗示的人，却将每一个机会和希望看成难题。心理暗示决定行为，信心和意志是一种心理状态，是一种可以用自我暗示诱导和修炼出来的积极的心理状态。

在世界上，有许多事情是我们难以预料的。我们不能控制机遇，却可以掌握自己；无法预知未来，却可以把握现在；生命是有限的，但希望是无限的。不要去叹息悲哀，将生命浪费在一些无聊的小事上。每天给自己一个希望，就会成就一个丰富多彩的人生。

用一种全新的观点来激发自己的热情，不断地创新，这就是人的自信。

📖 【经典案例】

美国作家欧·亨利在他的小说《最后一片叶子》里讲了个故事：病房里，一个生命垂危的病人从房间里看见窗外的一棵树，在秋风中一片片地掉落下来。病人望着眼前的萧萧落叶，身体也随之每况愈下，一天不如一天。她说："当树叶全部掉光时，我也就要死了。"一位老画家得知后，用彩笔画了一片叶脉青翠的树叶挂在树枝上。

最后一片叶子始终没掉下来。只因为生命中的这片绿，病人竟奇迹般地活了下来。

【案例分析】

人生可以没有很多东西，却唯独不能没有希望。用希望激励自己，生命就生生不息！

（四）挑战自我

人，有无限的潜力！清·王夫之《周易外传·震》："才以用而日生,思以引而不竭。"人的才干越是使用越会日益增长，人的思维越是多思越不会枯竭。勇于挑战自我，战胜身上的软弱，竭尽全力为之奋斗，其实成功远没有你想象中那么难。当你挑战成功后，必将带给自己一种无比的自信，一种强者的力量，一种向着更高目标迈进的希望。

【经典案例】

一位音乐系的学生走进练习室在钢琴上，摆着一份全新的乐谱。

"超高难度……"他翻着乐谱，喃喃自语，感觉自己对弹奏钢琴的信心似乎跌到谷底，消糜殆尽。已经三个月了！自从跟了这位新的音乐指导教授之后，不知道为什么教授要以这种方式整人。勉强打起精神。他开始用自己的十指奋战、奋战、奋战……琴音盖住了教室外面教授走来的脚步声。

指导教授是个极其有名的音乐大师。授课的第一天，他给自己的新学生一份乐谱。"试试看吧！"他说。乐谱的难度颇高，学生弹得生理僵滞、错误百出。"还不成熟，回去好好练习！"教授在下课时，如此叮嘱学生。

学生练习了一个星期，第二周上课时正准备让教授验收，没想到教授又给他一份难度更高的乐谱，"试试看吧！"上星期的课教授也没提。学生再次挣扎于更高难度的技巧挑战。第三周更难的乐谱又出现了。一样的情形持续着，学生每次在课堂上都被一份新的乐谱所困扰，然后把它带回去练习，接着再回到课堂上，重新面临两倍难度的乐谱，却怎么样都追不上进度，一点也没有因为上周练习而有驾轻就熟的感觉，学生感到越来越不安、沮丧和气馁。教授走进练习室。学生再也忍不住了他必须向钢琴大师提出这三个月来何以不断折磨自己的质疑。

教授没开口，他抽出最早的那份乐谱，交给了学生："弹奏吧！"他以坚定的目光望着学生。

不可思议的事情发生了，连学生自己都惊讶万分，他居然可以将这首曲子弹奏得如此美妙、如此精湛！教授又让学生试了第二堂课的乐谱，学生依然呈现出超高水准的表现演奏结束后，学生怔怔地望着老师，说不出话来。

"如果，我任由你表现最擅长的部分，可能你还在练习最早的那份乐谱，就不会有现在这样的程度……"钢琴大师缓缓地说。

人，往往习惯于表现自己所熟悉、所擅长的领域。但如果我们愿意回首，细细审视，将会恍然大悟：正是在永无歇止难度渐升的环境压力下，才在不知不觉间养成了今日的能力。

【案例分析】

只有挑战自我，才能不断进步！

三、自信心的作用

（一）自信是成功的基石

所谓自助人助，自助天助。自信是一个有志于缔造影响力的人最基本的素质，同时也是获得成功的基石，在许多成功者的身上，我们都可以看到超凡的自信心所起到的巨大作用。这些事业取得成功的人，在自信心的驱动下，敢于对自己提出更高的要求，并在失败的时候看到希望，最终获得成功。

【经典案例】

有三只青蛙掉进了鲜奶桶中。第一只青蛙说："这是命。"于是它盘起后腿，一动不动等待着死亡的降临；第二只青蛙说："这桶看来太深了，凭我的跳跃能力，是不可能跳出去了。今天死定了。"于是，它沉入桶底淹死了；第三只青蛙打量着四周说："真是不幸！但我的后腿还有劲，我要找到垫脚的东西，跳出这可怕的桶！"于是，这第三只青蛙一边划一边跳。慢慢地，鲜奶在它的搅拌下变成了奶油块。在奶油块的支撑下，这只青蛙奋力一跃，终于跳出了奶桶。

【案例分析】

有信心的人，可以化渺小为伟大，化平庸为神奇。

（二）自信是前进的号角

【经典案例】

有一位将军领兵要在前方作战，将军胸有成竹充满信心，认为此战一定能够胜利，可是他的部下却不乐观，毫无必胜的把握。将军眼见大众士气低落，心想怎么作战呢？于是，有一天，将军在一座寺庙前面集合所有将士，告诉他们："各位将士，我们今天就要出阵了，究竟打胜仗还是败仗？我们请求神明帮我们作决定。我这里有一块硬币,把它丢到地下,如果正面朝上,表示神明指示此战必定胜利;如果反面朝上,就表示这场战争将会失败。"

听了这番话,部将与士兵虔诚祈祷磕头礼拜,求神明指示。将军将一块硬币朝空中丢掷,结果,铜钱正面朝上,大家一看非常欢喜振奋,认为神明指示这场战争必定胜利。后来,部队开到前方,士气高昂,士兵个个都信心十足,奋勇作战,果真打了胜仗。班师回朝后,有部将就对将军说,真感谢神明指示我们今天打了胜仗。那个将军才据实告之:"不必感谢神明,其实应该感谢这一块硬币。"他把身边的这一块硬币掏出来给部将看,才发现原来铜钱的两面都是正面。

🔖 【案例分析】

有信心的人,可以满怀希望实现梦想。

(三)自信是创造奇迹的魔术师

🔖 【经典案例】

有个孤儿向高僧请教如何获得幸福。高僧指着一块石头说:"你把它拿到集市去,但无论谁要买这块石头,你都不要卖。"孤儿来到集市卖石头,第一天、第二天无人问津,第三天有人来询问。第四天,石头已经能卖到一个很好的价钱了。

高僧又说:"你把石头拿到石器交易市场去卖。"第一天、第二天、人们视而不见,第三天,有人围过来问,以后的几天,石头的价钱已经抬得高出了石器的价钱。

高僧又说:"你再把石头拿到珠宝市场去卖"你可以想象到,又出现了那种情况,甚至于到了最后,石头的价钱已经比珠宝的价格还要高。

🔖 【案例分析】

如果你认为自己是一个不起眼的陋石,那么你可能永远是一块陋石,如果你坚信自己是一个无价的宝石,那么你可能就是一块宝石。

信心是一股巨大的力量,只要有一点点信心就可以产生神奇的效果。信心是人生最珍贵的宝藏之一,它可以使你免于失望;免于那些不知从何而来的黯淡的念头;使你有勇气去面对艰苦的人生。同样的道理,如果丧失了这种信心,则是一件非常可悲的事情。你的前途似乎有几扇门是关闭着,使你看不见远景,对一切都漠不关心,使你误以为是智慧的冷酷终结。

有了自信,你才能够感觉到自己的能力,其作用是其他任何东西都无法替代的。坚持自己的理念,有信心依照计划行事的人,比一遇到挫折就放弃的人更具优势。

四、怎样培养自信心

（一）正确认识自己

自信是建在自知基础之上的，而且是正确、清楚的自知。自我认识的目的在于发展自己、完善自己，我们在认识到自身的优点时，就要充分地表现自我，显示自己的能力和才干，以增强信心。同时，找到自己的弱点后，就要设法补救，用适当的行动和措施正确地补偿自己，变不利为有利，这样才能产生自信。

邓亚萍在乒乓球台上的自信心极强，但如果去掷铅球，其自信就荡然无存。尺有所短，寸有所长的道理就在于此。每个人都在努力地寻求发展，有的人不知道自己能干什么、干得了什么，这就需要找准自己最佳的人生位置。我们可以根据自己的才智或特长来规划自己、设计自己，确定自己的努力方向，并充分地利用各种有利条件，不断增长才干。只有这样，才能获得自信。

（二）克服自卑感

自卑感强的人，往往容易扼杀自己的聪明才智，如认为自己很丑的人，只会越来越丑；担心自己要落榜的考生，往往会榜上无名。因此，建立自信的关键是要克服自卑感。如果我们能正确认识自己，根据各方面的条件，提出心理要求，并经常、及时地对自己的要求进行反思和调整，自信的种子是不难播下的。

（三）以勤补拙，增强信心

自信来自勤奋，来自刻苦，来自付出。没有冬练三九、夏练三伏的血汗铺垫、不会有亚运、奥运会金牌。因此，要建立自信，必须积极向上、勤奋学习、开阔视野、积极与人交往，善于接受新鲜事物，学会迅速捕获信息，不断用科学文化知识充实自我、更新自我，这是动手"砍柴"之前的必要准备。

（四）不要过分追求完美

过分地追求完美，过分地苛求自己。这种心理状态能使人自尊心过强而自我满足感过低，稍受挫折和失败，就容易危及对自己的信心。事实上，每个人都难免会有缺陷。对于弱点、错误和失败，大可不必过分地苛求自己，更不该轻率地否认自己。

（五）积累成功

成功是一种有力的激励，它可以增强你的自信心，给你奋斗的力量，使你的意志更加坚强，帮助你确定未来的发展道路。所以，莫以"功"小而不为，成功地做好每一件小事，会激励你去追求更大的成功。

自信是世上最伟大的力量，在人生的道路上，一定要与自信同行，你才能完成你想做的。

📖【经典案例】

坚定信心，收获出色

姚宝锋，一个出生在普通工人家庭的孩子，继承了父亲对美术的天赋，他从小酷爱绘画。但是由于种种原因，他却远离了自己的艺术之路，走进了另外一种人生轨迹。

一、第一次"收获"让他坚定了自己的选择

1992年初中毕业，他考入了丰田金杯技工学校，为自己选择了一条普普通通的工人之路。当时的他对自己的专业并不十分了解，只是在父亲的教导下懂得了如果想要立足社会，必须要有一技之长的道理，就这样他选择了技工学校，选择了车工这个万能的工种。丰田金杯技校是一所中日合作的以培养汽车行业优秀技能型人才为目标的新型学校。这里有先进的设备、独特的教法，在中、日方老师的精心指导下，他的车工技术飞速进展。一学就是三年，他逐渐热爱上了自己的专业。锋利坚韧的车刀、高速旋转的卡盘，机床在他的操纵下加工出各种工件，这些在他的眼里都是艺术品，那时的他就已暗下决心，要在他的艺术世界里驰骋出一片天地。在这三年里，他不但学习成绩优秀，还先后担任了学生会文体部长和宣传部长，使自己的才能也得到了充分地发挥，为今后的发展打下了良好的基础，他相信了自己的选择。

1995年他以优异的成绩毕业，分配至金杯公司沈阳汽车发动机厂设备车间。在学徒期间，他从不轻视自己的工人地位，热爱本职工作，一心一意地向师傅学习生产技术，积极投身于生产实践中，使自己的技术水平飞速提高。在工作中勤于观察、善于思考，深受师傅们的喜爱。在完成生产任务的同时经常细心钻研一些在生产中出现的问题，对刀具的使用摸索出了一些新路子。在一次生产任务中，需要车削一种连杆零件，因为这种连杆比较长，所以加工时难度很大。工件中央有100mm长的梯形螺纹，一端是20×150的光杆，另一端是1:10的内锥度。上刀时如果车刀不快就容易造成工件尺寸误差。其他同行为保证粗糙度达到技术标准，都采用宽刃光刀慢车光杆的加工方法，这样加工一个工件需要三个多小时的时间。他则在刀具上下功夫，把90°偏刀刀鞘磨浅，刀尖部分修光刃磨短，采用高转速进行车削，同样达到技术要求。在加工梯形螺纹时，又经过反复实践自制出可转头梯形螺纹车刀，采用双弹簧钢背进行强力车削，这样又节省了部分时间。采用他研制的刀具进行生产加工，操作工序简单，使操作者的劳动强度大大降低，而且生产效率提高了一倍以上，为生产成本节约了大量开支。

除此之外，他还对各种结构复杂加工难度较大的轴类零件进行潜心钻研，反复练习轴孔配合、内孔精度等技术难点，使自己的技术水平又上了一个新台阶。

在1996年发动机厂举行的技术比武大赛中，姚宝锋以理论、实践双项第一的好成绩夺得了"车工技术状元"称号，被厂领导通令嘉奖。经过这次对自己能力的验证，使他更加确定自己的选择没有错："技术工人也是社会的一分子，我就是要在我的工作岗位上发光发热。"此后，他依然虚心向师傅们学习工作经验，而且把自己从实践中摸索出来的工作窍门向其他青年同志们传授，帮助他们解决生产中存在的难题，使整个车间的生产效率都得到了提高，深受厂领导和广大同志们的好评。

二、坚定的信念，能使平凡的人，做出不平凡的事

1997年5月，一汽金杯公司举行了青年技术工人比武竞赛。作为参赛选手，姚宝锋在白天不耽误正常教学工作的前提下，放弃了闲暇的休息时间，细心研究比赛试件的每一道加工工序，增加操作熟练程度和临场分析解决问题的能力。功夫不负有心人，经过近一个月的刻苦训练，加之赛场上的奋力拼搏，终以优异成绩取得了车工组第二名的好成绩。1997年11月，又作为指定参赛选手代表金杯公司参加了"沈阳市第四届职业技能竞赛"。首次参加这样大规模的比赛，他借鉴了上次比赛的经验，更加注重赛前的训练。俗话说得好："一分辛苦，一分收获"，他把自己全部的业余时间都投入到训练中，认真制作每一件作品，寻找各种节约时间、提高工件质量的有效途径。针对这次比赛，他研制了双头特殊梯形螺纹车刀，省去了磨刀和换刀的程序；在锥度配合的车削中，他采取了正转车外锥，反转车内锥的方法节省了研合锥度的时间；为了达到表面粗糙度的严格要求，他自制了一把刀头硬度高、修光刃短但锋利的外圆车刀，经过反复车削磨合，使刀具达到正常磨损阶段，这时刀的性能最好，更加有利于表面粗糙度较高的零件加工。就这样，每天都是最后一个熄灭灯光走出空荡荡的实习厂房，才听见肚子已经咕咕作响。功夫不负有心人，在强手如云的全市比赛中，他技压群雄，一举夺冠，为学校和金杯公司赢得了殊荣。

这次比赛后，姚宝锋同志被沈阳市政府、市总工会等五家联合单位授予了"青年岗位标兵""主人翁楷模"等荣誉称号，并被沈阳市劳动局破格晋升为技师职称，那时的他只有22岁，成为沈阳市最年轻的"劳动模范"；1999年被金杯公司授予"十大杰出青年"称号；2000年10月，在沈阳市国际技能交流会中获得车工竞赛组第七名。

面对眼前的荣誉，他并不满足自己所取得的成绩，荣誉只代表过去，未来的路还是很长。他给自己制定了崭新的目标，并且向着目标继续努力。他利用业余时间钻研了车床的修理技术，一般的故障都能做到及时排除。在工作中不能只掌握一门技

术,更要在多方面培养和造就自己。他在普通车床加工技术的基础上学习了计算机操作和数控车床的编程及操作技术,现已能独立完成简单工件的操作加工工作,并逐渐深入探索到数控加工的更高领域。

三、"当老师,我一样干得出色"

1997年2月,学校需要补充实习教师,在众多毕业生人选中,姚宝锋由于年纪轻、技术好、工作认真,被作为首选对象调回学校担任实习指导教师。这更加鼓舞了他勤奋向学、积极向上的热情。他深知自己的理论知识水平与教师的标准相差甚远,认准只有头脑中的东西充实了,才能明白、准确地向学生传授知识。于是,他每天对《车工工艺学》和《车工生产实习教学法》进行系统地学习和钻研,利用书本上的知识充实头脑,提高自己的语言表达能力,以便应对学生们千变万化的问题。他经常告诫自己:"学生是来学习的,我要对得起他们求知的眼神;对得起他们父母的期望,对得起我自己的良心。"他主动向老教师学习先进的教学方法和教学管理经验武装自己,同时把自己掌握的专业技能融于学生的生产实习教学中,业务能力增强了许多。他利用自己与学生年龄差距小,便于沟通的特点,经常以自己为例,鼓励学生,对学生进行现身说法的爱岗敬业教育,教育学生端正思想,脚踏实地,正确认识社会,了解技术工人在社会生产中的重要地位。他告诉学生:"成才要在技能上下功夫,有了过硬的专业技能,走到哪里都会有自己的立足之地。"他还督促学生要认真学好专业技术知识,掌握一流技能,将来为中国汽车工业的腾飞贡献力量,他在实习指导教师的工作岗位上不断耕耘,不断收获。从事实习教学工作多年来,在实习教学中不断探索、创新,积累了丰富的教学经验和管理经验,总结出一套自己的教学方法,培养出大批优秀的机械加工技术人才,在十年的教育生涯中已是桃李满天下。由他担任指导教练的学生曾荣获辽宁省技工院校学生技能大赛车工组第一名的好成绩。正是从这些他看到了自己真正的价值,更加坚定了自己的选择。

四、"有信念的人,可以化渺小为伟大,化平庸为神奇"

谁的人生都不是一帆风顺的。在别人看来,已步入中年的他事业稳定,家庭幸福,但是用他的话来说却意味深长。

23岁,正是追求幸福的时候,却遭到女友的母亲强烈的反对。就是因为自己是个工人,注定要辛劳一生,让人家觉得生活没有保障,不愿将女儿嫁给他。他在心底问自己:"难道工人在社会上的地位真的就那么低吗?难道工人注定要操劳一生吗?"不!他下定决心要用自己的头脑和双手向别人证明:"我不是一个平庸的人,更不是一个普通的工人,我就是要让别人用羡慕的目光看着我。"

他做到了，当他手捧着一打大红的荣誉证书，胸前佩戴着金光闪闪的劳模勋章站在女友母亲面前时，这位忧心的妈妈脸上露出了笑容……

随后的生活，他活跃在自己的工作岗位上。在诸多的赛事中他也曾失利过，但是每次他都会细心总结经验，研究对手的技术要点。车工是个大工种，强手如云，深怀绝技的人比比皆是。在2006年全国总工会组织的国家级技能大赛中，被金杯总公司寄予厚望的他在省级选拔赛中没有正常发挥，被淘汰出局。这是一次展现自己才能的大好机会，如果把握住，在全国最高级别技能大赛中取得名次，对自己今后的发展无疑会起到推波助澜的作用。这次对他的打击很大，因为机会不是常有的，但是经过认真的总结，他认为不是自己的技术问题，而是自己的心理压力过大，心态过于紧张造成的。失败并不影响他的真正价值。他调整心态，把自己宝贵的经验传授给其他参赛选手和自己训练的学生，把自己的高超技能化作一腔热血一点一滴地注入给学生。他从站在领奖台上的学生身上仿佛看到了自己的身影，他的眼睛湿润了，自己的夙愿在学生身上得以实现，他同样感到高兴。

五、用心赢得尊重

2003年，姚宝锋开始担任机械加工教研室主任职务。机械加工教研室是实习厂人员最多的一个部门，而且新员工较多，实习教学任务繁重。他通过自己的言行影响着大家；通过乐观向上的态度带动着大家，领导出了一支业务能力过硬，团结向上，积极进取的团队，多次被评为优秀班组。在数控加工教研室群龙无首的情况下，校领导把这个班组也交给了姚宝锋，担子更重了。除了完成自己本职的教学任务外，他还要担任两个教学研究室的主任，他要以身作则、要协调好同事间的关系、要接受一次又一次的检查、要搞好每一次活动，这些他都做到了，把两个班组带得有声有色。用他的话讲就是："只有想不到的，没有做不到的，只要你肯用心。"

2007年年底，学校为了发现人才，鼓励员工积极投身工作，举行了中层领导干部竞聘，姚宝锋毅然竞聘了极具挑战性的培训处处长职务。在别人看来，培训处工作没有前期良好的展开，没有任何借鉴，没有基础，无从下手，对于一直从事在教学管理一线的他来说更是困难重重。而他却经过前期的市场调研把竞聘演说稿写得条条是道，并且满怀信心地提出了自己的运作方法，一举竞聘成功。

机会总是留给有准备和充满信心的人。在他任职的两年里，在全校几百双眼睛的注视下，他从一点一滴做起，逐步开展起了长期、短期、校内、校外、出国等一系列培训项目，并在校内设立了数控、机电、汽车销售项目全国职业资格培训机构，与华晨集团签订了长期的汽车售后服务培训计划；代理了几所中等职业学校的技能鉴定培训工作，为学校年创收数十万元。谁都知道从无到有的艰难，做过才知其中辛苦。从每一期的培训计划到费用预算、从每个工种的教学课时到人员配备、从每个地区人员的交通到食宿安排，对于一切从零开始的他都是一种新的挑战。每当遇到挫折时，他很少有消极的想法，总是积极地去面对，他总是坚定地对自己说："事在人为！"在两年的工作时间里，他还积累了大量整齐规范的培训资料，填补了学校教学资源的空白，受到了上海贝尔公司质量体系审核人员的好评。

六、丰富多彩的生活，半富多彩的人生

姚宝锋在生活中是一个兴趣广泛、谈吐风趣的人。工作多年来他从未放弃自己的爱好，让自己的生活丰富多彩。他利用业余时间钻研摄像技术，自己收集素材，自己学习影视后期制作，广交社会朋友。现在他已经是很多庆典公司的榜上有名的摄像师，成了圈子里的活跃人物。

在现实生活中，许多年轻人都是哪里有钱哪里奔。面对着工资丰厚的外资企业，收入颇丰的出国劳务，许多人都劝他离开学校，到更有发展空间的地方去。可是他却不这样想。他说："学校培养了我，现在学校正缺少年富力强，技术过硬的年轻教师来承担繁重的实习教学任务，我不能在学校最需要我的时候离开。"

如今的他已完成了自学考试课程。他仍旧奋斗在自己选择的舞台上。也许今后他的人生航向还会改变，但是无论做什么，他都坚信自己一定会成功，对他来说还是那句话："只有想不到的，没有做不到的。"

(1) 姚宝锋成功的关键因素是什么？

(2) 你相信自己哪些方面的能力？

(3) 你是否经常抱怨生活的不公还是在努力改变自己？

姚宝锋作为一名技工学校的毕业生能够从一名普通的技术工人成功转型教师，到今天走上领导管理岗位，每一步正像爱默生所说："自信是成功的第一秘诀。"在学校，他相信自己的选择是正确的，所以学习成绩优秀，全面发展；在工厂，他相信自己的前途是光明的，所以干劲十足，进步飞快；在赛场上，他相信自己的判断是正确的，所以成绩喜人，让人羡慕；在工作中，他相信自己的能力，所以爱岗敬业，开拓创新，让人刮目相看。

姚宝锋的成功源于他的自信。自信是一种法宝，它可以化平庸为神奇，那么何为自信？自信到底是怎样一种心态？应该如何培养这种心态呢？

第三节　情绪管理

人类的情绪是丰富多彩、复杂多样的、它牵动着喜、怒、哀、乐、导演着喜剧和悲剧，表达着愉悦、忧伤，投射着爱憎、好恶、映射着真假、美丑、洋溢着温馨、冷酷、宣泄着愤怒、淡漠……因此，人们常说情绪是人类精神世界和心灵海洋中无处不在的"精灵"。

通过本章内容的学习，同学们将进一步明确情绪的含义、产生、分类及表现形式；深入地了解学生的情绪特点、常见的不良情绪表现及自我调适的方法；进而优化情绪各方面的品质，提高耐受力、适应性和灵活性。

一、情绪概述

在人们的日常生活中，总会表现出喜、怒、哀、乐等人之常情，人们的一切活动都有情绪的印迹。它就好像催化剂一样，使人们的生活色彩斑斓。我们应成为情绪的主人，有效地运用积极情绪，调控好消极情绪，提高情绪的自我管理能力，发挥积极情绪的正面效能，控制好消极情绪对个体产生的不良影响，但在生活中真正了解情绪的人并不多，因情绪调控不当而引起的各种问题也不鲜见。作为学生，你了解情绪吗？

（一）情绪的内涵

"笑一笑，十年少；愁一愁，白了头。""人非草木，孰能无情。"这是人们普遍认可的俗语，"喜伤心、怒伤肝、忧伤肺、思伤脾、恐伤肾"是《黄帝内经》告诉我们的真理。这些给了我们一个启示：个体的情绪与其身心健康有着十分密切的关系。

《礼记》中说：何谓人情？喜、怒、哀、惧、爱、恶、欲，七者弗学而能。这是情绪最早的分类。七情之说让我们看到，情绪的内涵极为复杂。

由于情绪和情感的极端复杂性，至今还没有得到一致的结论。一般认为，情绪和情感是人对客观事物的态度体验及相应的行为反应。

情绪是以个体的愿望和需要为中介的一种心理活动。它反映的是一种主客体的关系，是主体需要和客体事物之间的关系。比如说，久旱逢甘霖，这场雨就会符合人们的主观需要，人们就会对它采取肯定的态度，产生满意、愉快等的内心体验。

情绪具有明显的外部表现。情绪发生时人身体各部位的动作、姿态也会随之发生明显变化，这些行为反应被称为表情。人类的表情主要有面部表情、身体表情与言语表情三种。人们高兴时的"眉开眼笑",悲伤时的"两眼无光",愤怒时的"怒目而视",恐惧时的"目瞪口呆"等都是面部表情的反映。据心理学家埃克曼研究,人的面部表情由 43 块肌肉控制,这些肌肉的不同组合使人能同时表达出各种情绪来。人们高兴时的"手舞足蹈",悔恨时的"顿足捶胸",惧怕时的"手足失措",羞怯时的"扭扭捏捏"等,以点头代表同意,摇头表示反对,低头意味着屈服,垂头意味着灰心丧气等都是身体表情的体现,而言语表情是情绪在言语的声调、节奏和速度上的表现。一般来说,人在高兴时的音调就较为轻快,而悲哀时的音调往往会比较低沉,节奏缓慢,愤怒时音量会较大,且急促而严厉。由于语气和音调的不同,同样一句话用不同的方式讲出来,就可以表示不同的意思。在情绪发生时,除了机体外部表现外,还同时伴有一系列的体生理变化。在某些情绪状态下,呼吸的频率、深度及均匀性等都会发生改变。如突然惊恐时,呼吸会出现暂时中断;愤怒时,呼吸频率加快,呼吸深度加大;悲伤时,呼吸频率变慢。

(二)情绪表现的三种状态

情绪状态是指在某种事件或情境的影响下,在一定时间内所产生的某种情绪,它对人的生活有重大的意义,其中较典型的情绪状态为心境、激情、应激。

1. 心境

心境是指人比较平静而持久的情绪状态。心境是一种非定向的弥散性的情绪体验,它并不是对某一事物的特定体验,而是以同样的态度体验对待一切事物,似乎在人的心理活动上形成一种淡泊的背景,是一种带值染性的情绪状态。

良好的心境使人对许多事物产生欢乐的情绪,而不良的心境则会使人感到愁云惨月。心境对人的工作、学习和健康有很大的影响。积极的心境有助于工作和学习,使人朝气蓬勃,勇于克服困难,促进人的主观能动性发挥,提高人的活动效率,并且有益于人的健康。消极的心境使人意志消沉,降低人的活动效率,妨碍工作和学习,使人对工作不感兴趣,容易被激怒,不能克服困难,并且有害于人的健康。因此,要善于调节和控制自己的心境,形成和保持积极、良好的心境是顺利完成各种活动的共同要求。

2. 激情

激情是一种强烈的、爆发性的、为时短促的情绪状态。这种情绪状态通常是由对个人有重大意义的事件引起的。重大成功之后的狂喜、惨遭失败后的绝望、亲人突然故去引起的极度悲哀、突如其来的危险所带来的异常恐惧,等等,都是激情状态。激情状态往往伴随着生理变化和明显的外部行为表现,有激动性和冲动性,并且具有强烈的力量。发作的时间较短,冲动一过迅速弱化或消失。

激情状态下人往往出现"意识狭窄"现象,即认识活动的范围缩小,理智分析能力受到抑制,自我控制能力减弱,进而使人的行为失去控制,甚至做出一些鲁莽的行为或动作。激情有双重作用:积极的激情推动人的活动,成为人行为的巨大动力;消极的激情会产生不良后果。要善于控制自己的激情,做自己情绪的主人。培养坚强的意志品质、提高自我控制的能力可以达到这个目的。

3.应激

应激是指人对某种意外的环境刺激所做出的适应性反应。人们遇到某种意外危险或面临某种突然事变时,必须集中自己的智慧和经验,动员自己的全部力量,迅速做出选择,采取有效行动,此时人的身心处于高度紧张状态,即为应激状态。例如正常行驶的汽车意外地遇到故障时,司机紧急刹车;战士排除定时炸弹时的紧张而又小心的行为;地震、火灾等时刻,人们所产生的一种特殊紧张的情绪体验,都属于应激状态。

应激状态的产生与人面临的情景及人对自己能力的估计有关。当情景对一个人提出了要求,而他意识到自己无力应付当前情境的过高要求时,就会体验到紧张而处于应激状态。人在应激状态下,会引起机体的一系列生物性反应。因此人长期处于应激状态下,对健康不利,甚至会有危险。加拿大生理学家谢尔耶等研究表明:人长期处于应激状态会击溃一个人的生物化学保护机制,使人的抵抗力降低,容易得病,引起"一般适应综合征"。

（三）情绪情感的功能

1.适应功能

有机体在生存和发展的过程中,有多种适应方式。情绪和情感是有机体适应生存和发展的一种重要方式。如动物遇到危险时产生怕的呼救,就是动物求生的一种手段。

情绪是人类早期赖以生存的手段。婴儿出生时,还不具备独立的维持生存的能力,这时主要依赖情绪来传递信息,与成人进行交流,得到成人的抚养。成人也正是通过婴儿的情绪反应,及时为婴儿提供各种生活条件。在成人的生活中,情绪直接地反映着人们生存的状况,是人们心理活动的晴雨表,如通过愉快表示处境良好,通过痛苦表示处境困难;人们还通过情绪、情感进行社会适应,如用微笑表示友好;通过移情维护人际关系,通过察言观色了解对方的情绪状况,以便采取适当的、相应的措施或对策等。也就是说,人们通过各种情绪情感,了解自身或他人的处境与状况,适应社会的需要,更好地生存和发展。

2. 动机功能

情绪情感是动机的源泉之一,是动机系统的一个基本成分。它能够激励人的活动,提高人的活动效率。适当的情绪兴奋,可以使身心处于活动的最佳状态,进而推动人们有效地完成工作任务。研究表明:适度的紧张和焦虑能促使人积极地思考和解决问题。同时,情绪对于生理内驱力也具有放大信号的作用,成为驱使人们行为的强大动力。如人们在缺氧的情况下,产生了补充氧气的生理需要,这种生理驱力可能没有足够的力量去激励行为,但是,这时人们产生的恐慌感和急迫感就会放大和增强内驱力,使之成为行为的强大动力。

3. 组织功能

情绪是一个独立的心理过程,有自己的发生机制和发生、发展的过程。科学家认为,情绪作为脑内的一个检测系统,对其他心理活动具有组织的作用。这种作用表现为积极情绪的协调作用和消极情绪的破坏、瓦解作用。中等强度的愉快情绪,有利于提高认知活动的效果。而消极的情绪如恐惧、痛苦等会对操作效果产生负面影响,消极情绪的激活水平越高,操作效果越差。

情绪的组织功能还表现在人的行为上,当人们处在积极、乐观的情绪状态时,易注意事物美好的一方面,其行为比较开放,愿意接纳外界的事物。而当人们处在消极的情绪状态时,容易失望、悲观,放弃自己的愿望,有时甚至产生攻击行为。

4. 信号功能

情绪情感在人际间具有传递信息、沟通思想的功能。这种功能是通过情绪的外部表现,即表情来实现的。表情是思想的信号,在许多场合,只能通过表情来传递信息,如用微笑表示赞赏,用点头表示默许等。表情也是言语交流的重要补充,如手势、语调等能使语言信息表达得更加明确和确定。从信息交流的发生上看,表情的交流比言语的交流要早得多,如在前言语阶段,婴儿与成人相互交流的唯一手段就是情绪,情绪的适应功能也正是通过信号交流作用来实现的。

二、常见的情绪问题与自我调适

(一)情绪行为的特征

作为特殊群体的学生,由于心理尚未完全成熟,因而易受外界的干扰,对人、事、物、社会等各种现象特别关注,对新鲜事物容易产生好奇,对自己的学业和未来充满信心,思想活跃,思维敏捷,朝气蓬勃,积极进取,拥有许多积极的情绪。他们的心理和行为都是在某种特定的情绪背景下进行并受其影响和调节。学生特有的年龄阶段上的生理状况，使学生有着某些特殊的需要，从而也使得他们的情绪带有自己的特色。学生只有了解了自己的情绪特点，才能有效地管理好自己的情绪。

学生的情绪特点主要表现为以下几个方面。

1. 冲动性与爆发性

心理学家霍尔提出的"复演论"认为人类个体的发展完全重复着人类种族进化的历程，青年期是处于"蒙昧时代"向"文明时代"演化的过渡期，其特点是动摇的、起伏的，他把这一时期称为"狂风暴雨"时期。也就是说青年期人的情绪具有冲动性与爆发性。

在学校里，随着社会活动范围的逐步扩大和文化水平的不断提高，学生的自我认识和社会知识越来越丰富，对各种活动参与的积极性也越来越高，同时也产生了多种多样的情绪体验。如家庭经济情况方面产生的自卑、自傲、自负或者以自我为中心的情绪体验，在个人荣誉方面产生的自大或自惭的情绪体验等。由于学生的兴趣广泛，对外界事物较为敏感，加之年轻气盛，因而在许多情况下，其情绪也极其容易被激发，犹如急风暴雨不计后果，带有很强的冲动性和爆发性。他们往往会对与自己兴趣、观点相吻合的事件或行为迅速产生积极肯定的情绪，相反就出现否定的情绪。学生的情绪冲动性是与其生理和心理基础有关的。由于性的成熟，性激素分泌的旺盛，而心理发展相对缓慢，心理的调节机制还不完善，缺乏对外界变化的应变能力和对心理活动调节与支配的意志和能力，影响了情绪的表现，容易冲动。有时一旦情绪爆发，自己控制不了，就会出现极端的言行，给自己及他人带来严重的伤害，甚至走上违法犯罪的道路。因此，学生一定要掌握情绪调控的技巧，适度调控自己的情绪，不要成为自己情绪的奴隶。

【经典案例】

2009 年 10 月 19 日，年仅 19 岁的四川某学校的学生部某故意杀人案由重庆市第一中级人民法院做出一审宣判，被告人邹某犯故意杀人罪等数罪并罚，决定执行死刑，剥夺政治权利终身。事情经过是这样的：2008 年 10 月，邹某认识了被害人杨某后，便对杨某展开疯狂的追求，但均遭到杨某拒绝，当得知杨某在与他人交往后，早已心生不满的部某产生了报复心理。2009 年 7 月 13 日 13 时许，邹某与杨某见面后，向其提出去吃午餐，但遭拒绝，恼羞成怒的邹某便手持随身携带的刀具朝杨某的颈部、头部、腰部、手部等处猛政、猛刺数十刀，导致杨某当场死亡。经法医检验鉴定，杨某系失血性休克死亡。邹某的犯罪，显然是受到他冲动性与爆发性的情绪支配。

2. 复杂性和丰富性

从生理发展的分段来看,学生正处于情绪复杂的年龄段,几乎人类所有的情绪都可在学生身上体现出来,且表现的情绪强度不一。从自我意识的发展来看,学生表现出较多的自我体验,自我尊重的需要强烈,容易出现自卑、自负等情绪体验;从社交方面来看,学生的交际范围日益扩大,人际交往也更细腻、更复杂,有的学生还开始体验一种更突出的情感——恋爱,而恋爱行为又伴随着深刻的情绪体验;在情绪体验的内容上,学生的情绪又呈现丰富多彩的特征。

学生情绪的表现形式多种多样。首先,学生在自我情绪方面敏感丰富,具有较强的独立意识、自尊心、自信心和好胜心,有强烈的求知欲好奇心。他们对祖国、社会和集体有深厚的情感,他们疾恶如仇,喜恶分明,正义感强。这些情感通过情绪在自己的日常行为中表现出来,使其情绪复杂多样;其次,丰富的情绪情感呈现出外显和闭锁、克制和冲动交错的特征。通常,学生对外部刺激的反应迅速、敏感,喜怒哀乐溢于言表,呈现出外显性特点。例如,因学习成绩的优异而兴高采烈,因考试的失败而垂头丧气等。

然而,在一些特定场合其外在表现和内心体验又存在不一致的现象。例如,希望自己具有独特性和希望依赖于他人的需要并存;既对自己的行为不满,同时又不想承担责任的同时存在;既希望得到他人的理解,又不愿意接受他人的关心等错综复杂心态纠结在一起;有时还会把自己真实的情绪情感伪装起来,掩饰自己内心的情绪情感。

总的来说,学生随着年龄的增长,情绪越趋丰富,不同的个体在情绪表现上也呈现出一定的差异性,男女性别的不同,其情绪也各有自己的特点。这就使学生这一群体的情绪表现既纷繁复杂又丰富多彩的特征。

3. 波动性和弥散性

学生的情绪很容易变化,具有明显的波动性与两极性,时常会从一个极端迅速发展到另外一个极端,情绪跌岩起伏,时而平静时而激动,时而积极时而消极,时而肯定时而否定,时而外显时而内隐等,并伴随着情景的变化而变化,表现出动荡不安的情况,他们的言行也往往随情绪起伏而涨落。引起情绪剧烈波动的因素很多,学习成绩、同学关系、身体健康状况、朋友的来信、恋爱,等等,都会引起学生情绪的波动。

同时,学生的情绪还具有较强的弥散性。一种情绪一经产生,就可能超越出原先的对象而扩散开来,具有较明显的情绪迁移性和很强的弥散性。如:自己的好朋友失恋时情绪的低落,会导致自己的不愉快;而自己遇到不愉快事情的时候和几个知己交流，被快乐的情绪所感染，心也就会舒畅起来，觉得周围的人和事都是美好的。正因为如此，学生有时就很难保持实事求是的客观态度，正确处理好问题。

引起情绪波动性与弥散性的原因，主要有三个方面：一是由于学生知识经验的不足，对事物的认识还不稳定，因而往往轻易地加以绝对的肯定或否定，走向极端。同时他们在对事物的认识过程中，往往伴随着强烈的情绪，从而难以准确地看待外界，容易出现各种各样的误区；二是学生的内在需要正处在不断变化过程中，他们的人生观、价值观正在逐步确立，他们的情绪会随着对需要的认识而不断变化，表现出情绪弥散性的特征；三是由于学生的生理成熟（尤其是性成熟）而引发的一系列情绪骚动。这种情绪的骚动，会因为个体的主观评价而被放大、扩散，导致认识的误差，直接影响自己的行为。

（二）常见的不良情绪表现

1. 过激的不良情绪

狂喜，喜悦本是一种良好的情绪反应，但有部分学生的表现却可以用"狂"来表达，即碰到高兴的事就欣喜若狂、手舞足蹈、忘乎所以。如某学校过泼水节，同学们纷纷拿出锅碗瓢盆接满水，把所谓的祝福之水整盆整桶地往过往行人身上泼，弄得校园内外一片惊慌，阻塞了交通，让人哭笑不得。

狂热，热情本是积极上进的源头，事业进步的前提。但如果热情不用在正处，再加上"狂"，就会带来不利，引出麻烦。现代学生的狂热主要表现在网络游戏、恋爱和追星等方面。如某女学生因为网恋，竟然不顾学业和家人，卖掉自己值钱的物品作为路费，千里迢迢去与所谓的网中情人相会，让家人和老师为其担心。

大悲，悲欢离合本是人间寻常事，悲痛也是每个人都曾经历过的情绪体验，但少数学生悲无止境，一旦陷入悲痛之中就长期无法缓解，甚至会因为芝麻小事而悲痛欲绝，甚至酿成恶果。如某女生因为男朋友移情别恋，一口气吞下大把的安眠药差点儿丧了性命。

大怒，喜怒哀乐，人皆有之。但部分学生怒无节制，一旦发怒，做起事来不计后果。小则唇枪舌剑、争吵不休、谩骂不止，大则挥拳动脚、大打出手，甚至毁坏公物，酿成严重后果。如某校要求一个班级的学生换教室，结果学生集体发威，怒气之下挥拳将教室的桌椅毁坏，隔音设施全部捣毁，造成较大损失和极坏影响。

2. 焦虑

焦虑是一种紧张、害怕、担忧、焦急混合交织的情绪体验，当人们在面临威胁或预料到某种不良后果时，便会产生这种情绪体验。焦虑是人处于应激状态时的正常反应,适度的焦虑是有利的,可以唤起人的警觉,使人集中注意力,激发斗志。例如考试对学生而言,是一种紧张刺激,因而引起焦虑反应是正常的。教育心理学的研究表明:中等程度的焦虑最有利于考生水平和能力的发挥,而过高的焦虑或无焦虑则不利于考生能力的正常发挥。所以说,不适当的高焦虑才会影响学生的学习和生活,对身心健康造成不利影响。被焦虑感困扰的学生内心感到紧张、惶恐害怕、心烦意乱、注意力难以集中、思维迟钝、记忆力减弱,同时常伴有头痛、心律不齐、失眠、食欲不振及胃肠不适等身体反应。引发学生产生焦虑情绪并深受其困扰的原因主要来自社会、学校和个人三个方面。

3. 恐惧

恐惧是指对一般人眼中的平常事感到担心和害怕,或者恐惧体验的强度和持续时间远远超出常人的反应范围。它是对某一类特定的物体、活动或情境产生持续紧张的、难以克服的情绪体验。这种情绪往往伴随着各种焦虑反应,如担忧、紧张和不安,以及逃避等行为。具有明显的强迫性,即自知这种恐惧是过分的、不必要的,但却难以抑制和克服。常见的学生恐惧情绪主要表现在社交方面,这是一种在学生人际交往,特别是与异性交往过程中产生的极度紧张、畏惧的情绪反应。有些学生在与人交往,特别是与老师或陌生人交往时,会不自觉地感到紧张、害怕,以致手足无措、语无伦次,有些甚至发展到害怕见人的地步。当他们意识到将要接触到其所恐惧的交往情境时,先产生紧张不安、心慌、胸闷等焦虑症状。随着症状的加重,恐惧对象还会从某一具体的异性或情境泛化到其他异性,甚至其他无关的人或情境。恐惧是学生身心健康的一道巨大屏障,产生恐惧症状的原因比较复杂,但一般都与成长中的不良经历有关,或者是通过条件反射作用而建立的一种不适应的行为。

4. 淡漠

一般来说,学生正处于青春年少时期,情感丰富而强烈是其基本特征。但有的学生却表现出对一切都漠不关心:厌倦学习,对成绩毫不在乎;懒于生活,对环境无动于衷;逃避责任,对集体漠不关心。心理学家把这种对人对事过分冷淡,甚至冷酷无情的表现称之为"感情冷漠症"。研究表明,产生淡漠情绪的主要原因是人的生理、心理与外界客观环境的矛盾冲突。政治、经济、社会、道德、文化、环境等因素对冷漠情绪的产生也有一定的影响。情绪淡漠的学生通常还与其独特的个人经历和个性特征密切相关,如成长经历中缺乏关爱、缺乏沟通技巧等。

5. 自卑

自卑是轻视自己或对自己不满意,认为无法与别人相比的一种情绪体验。这种自卑情绪一般表现为忧郁、沮丧、悲观、孤僻。具有自卑感的学生往往表现出自信心不足、不愿谈吐、少有笑颜、不愿意或干脆拒绝在公共场合露面。认为自己是无能者，是注定要失败的，甚至还会将一切失败、过失归因于自己，就连集体活动的失利也会认为是自己的过错。这种情绪一经产生，若任其发展，便会影响人的社会交往，抑制人的能力发展，限制人的潜能开发。大量事实和研究表明，自卑产生的原因有：一是缺乏成功的体验；二是社会对个人缺乏正性强化；三是消极的自我暗示抑制了自信心；四是生理或心理上的缺陷、恶劣的生活环境导致。

6. 抑郁

抑郁是学生中常见的情绪困扰，是一种无力应对外界压力而产生的不良情绪，这种消极情绪往往会伴有厌恶、痛苦、羞愧、自卑等情绪体验。偶尔短暂的抑郁如能够很快消失即为正常的。但有少数人会让这种抑郁情绪长期保持，进而长时间的一蹶不振，闷闷不乐，甚至导致抑郁症。学生情绪抑郁的主要表现是：情绪低落、兴趣丧失、郁郁寡欢、注意力涣散、反应迟钝、性格孤僻、不爱谈吐、对生活缺乏热情和信心，并伴有食欲减退、失眠、做噩梦等症状。有抑郁情绪的学生看上去疲乏无力、表情冷漠、目光茫然、脸色灰暗、精神萎靡。性格内向、孤僻、多疑多虑、不爱交际的学生，生活中遭遇意外的挫折、长期努力不能实现目标的学生容易产生抑郁情绪。长期抑郁会使人的身心受到严重的损害，会使学生的学习效率下降，生活质量降低，甚至容易产生轻生念头。

7. 嫉妒

嫉妒是个体感到别人超过自己而产生的一种恐惧、痛苦、不满、自责和怨恨的情绪体验。心理学家分析说，嫉妒是人类的一种本能，是一种企图缩小和消除差距，实现原有关系平衡、维持自身生存与发展的一种心理反应。容易引起学生嫉妒的因素主要有外表的突出、成绩的优秀、智力的超常、物质条件的优越以及恋人的移情等。通常情况下，那些自尊心、虚荣心过强，自信心不足，心胸狭窄，以自我为中心的学生更容易产生嫉妒。嫉妒情绪一旦产生，往往会保持持久而多样，表现为嫉妒对象的不固定性的广泛性。嫉妒情绪产生不仅与个体的性格缺陷、自我意识有关，也与特定的社会文化环境有关。嫉妒情绪会影响学生的人际关系，造成同学间的隔阂、对立甚至冲突，同时使自己处于烦躁、痛苦的情绪折磨中，甚至酿成极端事件的发生。

8. 厌学

厌学，是学生消极对待学习的心理和行为反应模式，其表现为对学习的认识存在偏见，情绪表现消极，行为上远离学习活动。厌学情绪产生的原因有很多，有些学生因为没有正确认识到学习的价值，对学习缺乏动力；有些学生因为长久以来在学业上的失败，受到来自老师、同学和亲人的压力、责怪和鄙视；有些学生因为学业负担过重，产生逆反心理；有些学生由于人际关系差，不适应学校环境，进而发展为讨厌学习。总之，在学生这一特殊的群体中，厌学情绪是比较突出的，影响着学校的办学质量和学生的成长成才。

（三）情绪对学生的影响

1. 情绪对学生健康的影响

现代生理学和医学研究表明：情绪对人的身心健康有直接影响。不良情绪的表现为过度的情绪反应与持久性消极情绪。不良情绪对学生的身心健康具有危害，干扰一个人的心理活动，导致心理障碍，引发生理疾病；而良好情绪对学生心理健康成长有促进作用。

调查发现，学生中常见的消化性溃疡、紧张性头痛、心律失常、月经失调、神经性皮炎等病症都与消极情绪有关。

2. 情绪对学生学习的影响

在生活中常有这种现象：有的学生在考试时过分紧张，结果出现"晕场"现象；反之，有的学生对考试采取不以为然的态度，考试成绩也不高。研究发现，精神愉快、心情舒畅、积极主动是思考和创造的最佳状态，也只有这样，才能有效地进行智力活动。

3. 情绪对学生人际关系的影响

情绪具有感染性和传染性。乐观、热情、自尊、自信的人，在人群中更受欢迎，更容易获得别人的赞赏，同时也更容易形成良好的人际关系。而自卑、情绪压制、爱发怒的人，往往不能与他人正常相处，难以沟通使人与人之间关系疏远。

4. 情绪对学生行为目标的影响

研究表明，当体验到的是积极的情绪时，学生的行为目标也往往是积极、生动的，对新经验的接受和开放、对周围人的尊重和理解、对价值和长远目标的献身精神等，都有明显增强。

当学生体验到的是消极情绪时，一部分学生的社会兴趣下降，反社会行为增加，对新经验持审慎甚至闭锁的态度；另一部分学生的行为没有向消极方面转化，而是汲取教训，准备迎接挑战。

（四）不良情绪的自我调适

不良情绪会严重影响学生的身心健康，造成心理上的疾病，还会引起突发性的身体疾病或意外事端。中国科学院心理研究所王极盛教授曾对青少年的情绪不良问题做过一项调查，结果显示，半数以上的学生情绪不良。可见，人们常常需要与各种不良情绪做斗争，这样才能保持良好情绪，以保证自我的身心健康。学生应该如何对不良情绪进行调节呢？下面介绍几种经常使用的调节方法。

1. 自助宣泄法

自助宣泄法就是借助自身的力量，调整心态，排除不良情绪以达到身心健康的目的。

自助宣泄法中包括哭泣法，即在不良情绪产生时适当地通过眼泪的排出，减轻乃至消除人的压抑情绪；转移注意法，如在情绪不佳时，找一本自己喜欢的书读一读，外出散散步、爬爬山等，均可起到控制情绪的作用；文饰法，又称"合理化"，即援引合理的理由和事实来解释所遭受的挫折，以减轻或消除心理困扰；喊叫法，即个体情绪不好时，选择一个相对安全适宜的场所（如空旷的田野、茂密的树林、巍峨的高山等）大声地叫喊，将内心压抑的事情喊出来。

2. 他助宣泄法

他助宣泄法就是借助外界的力量，调整心态，排除不良情绪以达到身心健康目的的心理调适方式。

他助宣泄法包括倾诉法，当遇到不愉快的事情时，不要自己生闷气，而要将自己积郁的消极情况找到适当的时机、安全的环境，向信任的朋友或家人倾诉出来，以便得到他人的同情、开导和安慰；模拟宣泄法，即将自身的不良情绪通过击打辅助宣泄工具（橡皮人、拳击靶子）发泄出来，而不因发泄而损害了自己或他人。

3. 升华法

升华法就是通过开展对自身有益的、具有建设性的活动来调整心态，排除不良情绪。如运动法，据有关研究表明：体育运动能使人的不良情绪得到合理的宣泄，使人的注意力发生转移，紧张程度得到松弛，情绪趋向稳定，为郁积的各种消极情绪提供一个合理的发泄口，从而消除情绪障碍，达到心理平衡；艺术调节法，通过欣赏音乐、演唱歌曲、绘制图画、撰写散文、制作手工艺品等方式，把人们从不同的病理情绪中解脱出来，缓解紧张、不满情绪；理性情绪疗法，认清思想中不合理的信念，建立合乎逻辑、理性的信念，缓解焦虑与其他不良情绪，减少自我挫败感，提升对自我和他人的接纳容忍程度；幽默法，通过自我解嘲或幽他人一默的方式，智慧地化解危机，保持自身的心理平衡,维护和谐的人际关系;微笑法,个体觉知自己有不良情绪时,照着镜子反复做微笑的表情,利用表情情绪的唤醒作用使自己恢复良好心情。

4.放松法

放松法就是通过个人有意识的调节,以生理上的放松状态来影响和排除心理上的不良情绪。如深呼吸放松法、腹式呼吸放松法、想象放松法、肌肉放松法等都是较为常用的放松方法。

三、良好情绪的培养

(一)情绪健康的标准

要培养学生的健康情绪,就要知道什么样的情绪才是健康的情绪,即学生健康情绪有哪些标准?关于健康情绪的标准,不同的学者根据自己的认知,提出了不同的观点。

1.国外专家对健康情绪的评价标准

美国心理学家马斯洛在阐述关于"自我实现者"的情绪特点中,曾经提出了健康情绪主要包括六个方面的特征:

(1)平和、稳定、愉悦和接纳自己;

(2)有清醒的理智;

(3)有适度的欲望;

(4)对人类有深刻、诚挚的感情;

(5)富于有哲理、善意的幽默感;

(6)有丰富、深刻的自我情感体验。

心理学家索尔提出了健康情绪的八个特点:

(1)独立,不依赖父母;

(2)增强责任感及工作能力,减少对外界接纳的渴望;

(3)去除自卑情结、个人主义及竞争心理;

(4)适度的社会化与教化,能与人合作,并符合个人良心;

(5)成熟的性态度,能组织幸福家庭;

(6)培养适应,避免敌意与攻击;

(7)对现实有正确的了解;

(8)具有弹性以及适应力。

2.我国专家对健康情绪的评价标准

目前，我国也有许多心理学工作者根据本国的实际情况，从不同侧面对学生健康情绪的表现进行了探讨，出现了不同的观点，归纳起来学生健康情绪应包括以下方面：

（1）情绪活动必须有的放矢

学生的情绪很丰富，关键是他们所拥有的情绪是否是有的放矢。如果在某些时候学生莫名其妙地产生悲伤、恐惧、喜悦、愤怒、愉悦等情绪，这就是一种不健康的情绪反应。情绪产生必然是事出有因，有的放矢，也就是世界上没有无缘无故的爱，也没有无缘无故的恨。例如，高兴的情绪，它产生的原因应当是可喜的事情，悲哀情绪产生的原因应当是不幸的事件。

（2）保持乐观、宽容的心态

乐观、大度是积极情绪的表现。学生需要保持好奇心，善于关注和发现生活、学习中的积极事物，并能够充分地享受快乐，主动创造能使自己感到快乐的生活和事业，乐观地面对挫折，宽容地对待别人对自己的不公正、不公平。如果学生为人处事时能一直做到保持乐观、宽容的心态，就一定能拥有健康的情绪。

（3）情绪反应适度

情绪反应适度是指情绪的强度应当与引起情绪的原因保持一致，也就是说，强烈的刺激就应当引起强烈的情绪反应，较弱的刺激就应当引起较弱的反应，而不是强烈的刺激引起较弱的情绪反应，或者较弱的刺激引起强烈的情绪反应。但是，这也并不是绝对的，因为情绪反应除了受刺激的影响以外，还要受其他因素的影响，对于同一种刺激强度，不同的人会有不同的反应。总体上说，情绪的反应要适度，不能太强烈或太微弱。

（4）情绪平和与稳定

出现不良情绪是正常的现象，关键是能否及时调整自己的不良情绪。如果能够经常保持正确、客观、理性的认知，善于采用多种方式及时宣泄自己的情绪，在遇到生活的挫折时能够积极地自我暗示，或使自己的情感升华，就可以使自己的情绪保持平和与稳定。对于学生来说，情绪保持平和与稳定，避免波动和暴发，是十分有益于自身发展的。

（5）心情愉快

心情愉快是每个人都要追求的生活目标之一，心情愉快的人做什么都会感到信心十足，精力充沛。心情愉快说明一个人的身心健康，对许多方面都感到满意，心身处于积极的状态。与此相反，情绪不健康的人总是表现出情绪低落、愁眉苦脸、心情郁闷等现象。学生面临着许许多多的问题，如环境适应问题、人际关系问题、学业问题、情感问题、就业问题，等等，容易因此产生紧张、焦虑、伤心等消极情绪，出现心情不愉快，影响其言行和发展。有效地调节消极情绪，保持愉快心情，就可以增强学生的信心，提高行为效率。

（6）自我控制

情绪健康的表现应当是能够对自己的情绪进行自我调节和控制，这种自我控制与调节尤其表现在危机时刻。当一个人遭遇到危险时，应当沉着冷静，积极调控自己的情绪，使紧张激动的情绪趋于缓和，动员全身的力量去应对面前的危险情境。情绪健康的人往往是个人情绪的主宰，不会被情绪左右。只要学生掌握一些情绪管理技术，就可以拥有健康情绪。

（二）情绪健康应具备的特征

情绪的基调是积极而乐观的；情绪的表现是适度而和谐的；能够及时分辨和调适不良情绪；能够不断提升自己、优化情绪；能使理智的、道德的、具有美感的良好情绪得到良好的延伸和发展。

（三）良好情绪的培养

学生头脑聪慧，思维敏捷，求知欲强，思想活跃，接受新事物快，创造能力强，身心基本成熟，能够完成多种学习和工作任务。

不过，学生没有独立生活和工作的经验，生活上要依赖家庭的支持，对于社会认识主要是通过间接途径如书本，网络等，是表层的、宏观的和抽象的，思想容易受到各种社会思潮的影响而出现偏差。这就导致学生容易出现不良的情绪，给他们的发展带来消极影响。因此，培养学生的健康情绪就要提高其情绪的自我觉知能力和自我管理能力。可以把增强自信心、培养乐观情绪、培养广泛兴趣爱好、正确地评价自己、学会悦纳自我、辩证地看待问题、学会换个角度看问题、学会宽容、懂得适度比较、建立良好的人际关系、亲近大自然、合理膳食等作为切入点。

培养学生情绪管理能力，主要从如下几方面着手：

1.培养正确的人生观和价值观

科学、进步的人生观和价值观是良好情绪和情感的基础。只有树立了正确的人生观和价值观，才能经常保持乐观、心情舒畅，管理好自己的情绪。面对所遇到的问题，要正视它，要向前看，要在困难中看到光明和希望，并泰然处之，从容对待。具有正确人生观和价值观的学生，必然胸怀宽广，目标远大，不计较个人得失，在任何艰难困苦的条件下，都有着巨大的热情和忘我的献身精神。因此，要使学生具备情绪的自我管理能力，首先就必须加强培养学生正确的人生观和价值观，使学生树立远大的理想和志向，把自己的学习同民族的振兴、国家的富强联系起来，并在此引导下保持情绪的愉快、稳定，形成充满热情和朝气的生活态度，尤其是在遇到挫折和失败时，不要消极悲观，苦闷烦恼，而应积极乐观地正视困难，相信自己能够战胜它。此外，在正确人生观的指导下，学生也要满足自己个人的合理需要。需要是情绪和情感产生的基础，具有多样性，其中既有合理的，又有不合理的。学生应当学会发展并适当满足自身的合理需要，如交往的需要、尊重的需要、成就的需要等，避免因不能满足合理需要而产生的消极情绪体验。在正确的人生观和价值观支配下，通过经常性情绪调控的训练，就可以增强情绪自我管理能力。

2. 培养热爱生活和学习的态度

对生活意义有着正确认识的学生，才会热爱生活，感觉和体验到生活的这种学生往往情绪稳定，充满乐观主义精神。对学习感兴趣的学生，在学习过程中不断体验到学习成功的满足感，就会产生强烈的上进心，能避免精力消耗在生活琐事上，精神生活也就变得很充实。热爱学习和生活的学生，在遇到困难或挫折时，也会正确地对待困难，积极地克服困难，不会整天无所事事，患得患失，怨天尤人，情绪苦闷。可见，培养学生热爱生活的情绪情感和自主学习的态度，有利于对学生进行情绪自我管理能力的训练和提高，控制消极情绪对自己产生的不良影响。

3. 提高学生的情绪认知水平和调节能力

情绪是一种复杂的心理活动，具有社会性，通常表现出来的情绪往往是经过掩饰和伪装的，这就妨碍了人们真正去了解自己的情绪。情绪就其心理活动而言无好坏之分，任何一种情绪都有其价值，我们都要了解和接纳，并学会如何与之相处。但情绪对学生身心发展和言行的影响又是有积极和消极之分的。情绪对学生的消极影响，往往是由学生的认知误区所引起。因此，学生有必要采取各种行之有效的措施，提高认知水平和调节能力，掌握情绪管理的知识，形成正确的观点，控制消极情绪对自身的影响，增强情绪自控力，保持健康的情绪。

4. 重视团体辅导，对学生进行情绪管理干预

情绪虽然是对事物的短暂的反应，但若不能及时进行调控，长期积存，容易导致抑郁、焦虑、强迫、自卑等心理问题。学生对单独的心理辅导会比较排斥，而通过团体成员间的互动，个体在与他人的交流中能够更正确地评价自我并掌握自我心理调节的方法，提高情绪调适的能力，从而具有健康的态度行为和主动发展的意识和能力。

通过团体辅导,提前对学生进行情绪管理的干预,避免不良问题的发生。

5.培养处理好人际关系的技能

人与人之间的关系最易引起人的情绪变化。人与人之间关系友好就会引起满意的、愉快的情绪反应,使人心情舒畅,有利于身心健康;人与人之间关系紧张,就容易引起不满意、不愉快的情绪反应,使人心情抑郁不快,不利于身心健康。因此,要注意培养学生处理好人际关系的技能,使学生学会尊重他人,适当地替他人着想,形成平等相待、真诚相处、心理互换与相容、合作协助、友好竞争、互帮互学、团结友爱、和睦相处的人际关系。学生人际关系和谐了,情绪也就会健康。

6.掌握调控情绪的技术,增强情绪自控力

人的情绪是受人的意识和意志控制的。因此,人都要主动地控制自己的情绪,进行自我心理调整,驾驭自己的情绪。不能任意放纵自己消极情绪的滋长,导致情绪失调。针对不同消极情绪的困扰,要采取相应的调控办法和技巧,及时恢复健康的情绪。调控消极情绪的办法和技巧很多,学生要掌握一些常用的方法,如为人幽默一些,积极锻炼身体,选择朋友、老师、咨询专家、网络等进行倾诉,合理地宣泄消极情绪,通过外出旅游等活动,及时调节消化情绪,维持健康的情绪。

二、职业心态与职业状态

职业,是指人们从事的作为主要生活来源的工作,即使是自由职业者,也不例外。无数事例告诉我们:在职业生涯中,决定成败的,绝不仅仅是才能和技巧,还有一个人面对职业的心态。

(一)认识职业心态

职业心态是指在职业当中,应该根据职业的需求,表露出来的心理情感。即职业活动中的各种对自己职业及其职业能否成功的心理反应。

好的职业心态是"营养品",会滋养我们的人生,积累小信心,成就大雄心,积累小成绩,成就大事业。有相当数量的人,分不清个人心态和职业心态,凭自己的情绪,用自己的心态来对待工作,这是不利于职业发展的。区分个人心态与职业心态,能够更好地胜任职位。

以下的故事或许能给你一些启示。

问:"某某,请问你在什么公司上班啊?"

甲回答:"我啊,哦,我是在那个……科技什么的,一个电子厂。"

乙回答:"呵呵,你是问我做什么的吗?""是问我在什么公司上班?""哦,明白了,我在××镇××村的那个偏僻的地方,别提了。"

丙回答："小公司,没什么名气的小公司。"

丁回答："我们公司是××公司。不知道你听说过没有?"

戊回答："我们公司是××。干我们这行的都知道。"

试分析一下他们各自的心态。

甲——中庸者,乙——鼠目寸光者,丙——好高骛远者,丁——可造之才,戊——专业人士。

讨论:你觉得他们中谁有可能在工作中取得成功?为什么?

(二)在职场应该保持的心态

1.空杯心态

或许,你听过知了学飞的寓言故事。学飞是一件很辛苦的事。

知了怕吃苦,一会儿东张西望,一会儿跑东窜西,学得很不认真。

大雁给它讲怎样飞,它听了几句,就不耐烦地说:知了!知了!大雁让它多试着飞一飞,它只飞了几次,就自满地嚷道:知了!知了!秋天到了,大雁要到南方去了。知了很想跟大雁一起展翅高飞,可是,它扑腾着翅膀,却怎么也飞不高。

这时候,知了望着大雁在万里长空飞翔,十分懊悔自己当初太自满,没有努力练习。可是,已经晚了,它只好叹息道:迟了!迟了!

可见,空杯心态是一种挑战自我的永不满足。空杯心态是对自我的不断扬弃。

空杯心态就是忘却过去,特别是忘却成功。

空杯心态就是不断学习,与时俱进。

2.阳光(积极)心态

事物永远是阴阳同存,用积极的心态看到的永远是事物好的一面,而以消极的心态只看到不好的一面。积极的心态能把坏的事情变好,消极的心态能把好的事情变坏。当今时代是悟性的赛跑。华尔街致富格言:要想致富就必须远离蠢材,至少50米以外。

阿甘的故事很多人都知道。

电影《阿甘正传》讲述了一个名叫阿甘的美国青年的故事,他的智商只有75,进小学都困难,但是,他几乎做什么都成功:长跑、打乒乓球、捕虾,甚至爱情,最后,他成为一名成功的企业家。而比他聪明的同学、战友却活得并不成功。这是对聪明的一种嘲弄。

阿甘常爱说的一句话是:"我妈妈说,要将上帝给你的恩赐发挥到极限。"这部电影表达了美国人的一种成功理念：成功就是直面挫折和失败，将个人的潜能发挥到极限。

拿破仑·希尔说过：人与人之间只有很小的差异，但这种很小的差异却往往造成了巨大的差异！很小的差异就是所具备的心态是积极的还是消极的，巨大的差异就是成功与失败。

3. 付出的心态 —— 把老板的钱当成自己的钱，把老板的事当成自己的事

付出的心态是一种因果关系。付出的心态是老板心态，是为自己做事的心态，要懂得舍得的关系。舍就是付出，舍的本身就是得，小舍小得，大舍大得，不舍不得，有的人有打工的心态，即应付的心态。不愿付出的人，总是省钱、省力、省事，最后很难成功。

4. 坚持（执着）的心态

90% 以上的人不能成功，为什么？因为 90% 以上的人不能坚持。马云说过："今天很残酷，明天很残酷，后天很美好，但很多人死在明天晚上。"坚持的心态大多是在遇到坎坷的时候反映出来的，而不是顺利的时候。遇到"瓶颈"的时候还要坚持，直到突破"瓶颈"达到新的高峰。要坚持到底，不能输给自己。

坚持是非凡的意志力；

坚持是一定程度上对理想和生命意义追寻的偏执；

坚持就是专注和独特。

英特尔主要"专注"与"独特"于微处理器领域，所以他成功。

贾金斯的故事能给我们一些启示。

在好多年前，当时有人正要将一块木板钉在树上当搁板，贾金斯便走过去，说要帮他一把。他说："你应该先把木板头子锯掉再钉上去。"于是，他找来锯子之后，还没有锯两三下又撒手了，说要把锯子磨快些。于是他又去找锉刀。接着又发现必须先在锉刀上安一个顺手的手柄，于是，他又去灌木丛中寻找小树，可砍树又得先磨快斧头。磨快斧头需将磨石固定好，这又免不了要制作支撑磨石的木条。制作木条少不了木匠用的长凳，可这没有一套齐全的工具是不行的。于是，贾金斯到村里去找他所需要的工具，然而这一走，就再也不见回来了。

贾金斯曾经废寝忘食地攻读法语，但要真正掌握法语，必须首先对古法语有透彻的了解，而没有对拉丁语的全面掌握和理解，要想学好古法语是绝不可能的。贾金斯进而发现，掌握拉丁语的唯一途径是学习梵文，因此便一头扑进梵文的学习之中，可这就更加旷日废时了。

贾金斯的先辈为他留下了一些本钱。他拿出十万美元投资办一家煤气厂，可是煤气所需的煤炭价钱昂贵，这使他大为亏本。于是，他以九万美元的售价把煤气厂转让出去，开办起煤矿来。可这又不走运，因为采矿机械的耗资大得吓人。因此，贾金斯把在矿里拥有的股份变卖成八万美元，转入了煤矿机器制造业。从那以后，他便像一个内行的滑冰者，在有关的各种工业部门中滑进滑出，没完没了。

他对一位姑娘一见钟情，十分坦率地向她表露了心迹。为使自己匹配得上她，他开始在精神品德方面陶冶自己。他去一所星期日学校上了一个半月的课，但不久便自动逃掉了。两年后，当他认为问心无愧、无妨启齿求婚之日，那位姑娘早已嫁给了一个愚蠢的家伙。不久他又如痴如醉地爱上了一位迷人的、有五个妹妹的姑娘。可是，当他到姑娘家时，却又喜欢上了二妹。不久又迷上了更小的妹妹，到最后一个也没谈成功。从此孤独一生。

生活中不乏贾金斯式的人，盲目地追求完美，不知道自己在做什么，要做什么，把握不了重点的人，做事不能持之以恒，不知道如何取舍，更没有学会放弃。

5. 合作（共赢）的心态

合作是一种境界。合作可以打天下，强强联合，合力不只是加法之和。用一个特殊的算式表示：i+i=ii 再加 1 是 m，这就是合力。但 m 中的第一个 1 倒下了就变成了 -11，中间那个 1 倒下了就变成了 1-1。成功就是把积极的人组织在一起做事情。

6. 感恩的心态

感恩周围的一切，包括坎坷、困难，甚至是我们的敌人。事物不是孤立存在的，没有周围的一切就没有你的存在。首先要感恩我们的父母，是他们把我们带到了这个世界；其次要感恩公司，是公司给了我们这么好的平台；再次是感恩我们的伙伴，是大家的努力才有我们的成功。

（三）职业心态决定成败

你的心态将直接决定你努力的结果，当我们开始投简历的那一刻，记得你不再是学生，而是将要成为一名职业人，你的表达方式要职业化，你要让你的主管知道，你已经有了足够的心理准备来面对未来的职业生涯，而不是让他觉得你还是一个理想化的稚气未脱的学生。

而我们的职业心态又是如何培养起来，如何锻炼出来的？若我们进入校门后很少在学校以外的环境中活动，那么，在我们身上所体现出来的一定是一股浓浓的学生气质而非职业气质。智联招聘资深咨询顾问说："你去实习时是在做什么？不要仅仅看到工作本身，而应该看到的是，你在培养职业的心态、气质和职业意识，这才是最重要的!"职业心态和职业意识是很多学生所欠缺的,而它们对于让你在今后的求职面试中脱颖而出是非常重要的。

假设你是一名主管,放在你面前有两个求职者:A.浓浓的学生气,带着明显的优越感,过分自信;B.有一些社会实习经历,沉着冷静给人一种信任感。毫无疑问,我们都会选择 B,原因很简单,每个公司或者每个用人单位都希望所招聘的人能够立刻开始工作,公司不同于学校,他希望你在进来的时候,已经具备了公司所要求的素质。

站在公司的角度看,他们的要求并不苛刻。如果你是 A 一样的人,那么不要埋怨公司不给你机会,也不要埋怨这家公司没有慧眼识金。真正应该审查的是自己有没有做到,或者有没有具备一种他们所需要的职业精神。而这种职业精神的培养,最好的途径无疑就来自实习。对于我们每一位应届毕业生来说,我们的第一身份可能就是学生,然而,在面对你的其他求职竞争者的时候,请你要提醒自己,不要用学生的心态来思考问题,而是要用求职者的心态来看待问题。

当我们以学生的角度去思考的时候,也许我们会为没有做好一件事情而给自己一个托词:"反正我是学生嘛,在这个方面经历少,也不能怪自己!"然而,当你正式地走到面试官前面去展现你自己的时候,没有人会为你表现不好而寻找借口。面试官的假定就是:站在我面前的这个人已经做好了要接受这份工作的准备,那么,让我来测验一下他是否合格吧!有一位受访者在总结求职经验时说:"当你去求职的时候,当你走出学校的时候,你要忘记自己是个学生,因为学生的身份对于你的求职很不利,你要把自己看作一个社会求职者。"

你是否能够顺利地完成这种从学生到职业人的转变,对于你今后的求职路有着不小的影响,每一次蜕变都是痛苦的,然而只有当你顺利地完成了从毛毛虫到蝴蝶的蜕变,你才能张开你美丽的翅膀,迎风飞翔。

当我们开始通过实习接触社会的时候,也许会发现这样一个问题:那就是做学生太久了,很难适应以一种职业人的感觉来上班下班,每天早上起得很早赶去公司上班,又常常会因为开会或部门没有完成业绩而加班。对于学生实习,我们每个人也许都有着这样的第一次经历,而这经历,正是能够使人完成一种从学生到职业人的过渡,倘若能把握好这种过渡的机会,将非常有利于今后实习或工作中生涯角色的认定,能够更快更好地进入状态,投入工作。

🐟 【拓展阅读】

销售员成功口诀

我喜欢我自己,我热爱我的工作。

我可以在任何时间销售任何产品给任何人，所有的公司都主动请我去说明产品。所有的顾客都主动向我购买产品。

我是全世界最顶尖的演说家。

我是全世界最棒的人。

我是全世界最有魅力的人。

全世界所有的人都非常喜欢我。

我的朋友都是世界一流人物。

我是全世界最有自信的人。

我是全世界最有行动力的人。

我是全世界最有说服力的人。

我是全世界最有决断力的人。

我每天神采飞扬。

我拥有成功的习惯。

我的时间管理真是好的没话说。

我的收入每年以十倍以上的速度快速增长。

第 二 章 职业素养之职业意识

第一节　职业素养概述

【经典案例】

敲石头的工人

一位心理学家为了了解同一个工作在不同的人心理上所反映出来的个体差异，来到一所正在建造中的学校，对现场忙碌的敲石工人进行访问。

心理学家问他遇到的第一位工人："请问您在做什么？"工人没好气地回答："在做什么？你没看到吗？我正在用这个重得要命的铁锤，来敲碎这些该死的石头。而这些石头又特别硬，害得我的手酸麻不已，这真不是人干的活。"

心理学家又找到第二位工人："请问您在做什么？"第二位工人无奈地答道："为了每天 100 元的工资，我才会做这份工作，若不是为了一家人的温饱，谁愿意干这份敲石头的粗活？"

心理学家问第三位工人："请问您在做什么？"第三位工人眼光中闪烁着喜悦的神采："我正参与兴建这座美丽的学校，学校落成之后，可以让更多的孩子来这里上学。虽然敲石头的工作并不轻松，但当我想到，将来会有无数的孩子从这里接受教育，走向社会，获得人生的成功，心中就会激动不已，也就不感到劳累了。"

【讨论】

如何对待工作才能在职场中取得成功？

【提示】

第一种工人，是无可救药的人。在不久的将来，他们可能不会得到任何工作的眷顾，甚至完全丧失了生命的尊严；第二种工人，是没有责任感和荣誉感的人。他们抱着为薪水而工作的态度，为了工作而工作，不是企业可信赖、可委以重任的员工，很难得到升迁和加薪的机会，也很难赢得社会的尊重；第三种工人，没有丝毫抱怨和不耐烦的情绪，具有高度的责任感和创造力，真正体会到了工作和生命的乐趣，是最优秀的员工，是社会最需要的人。他们充分地享受着工作的乐趣和荣誉，工作会带给他们足够的尊严和实现自我的满足感。让我们像第三种工人那样，为拥有一个工作机会而心体感激，为生命的尊严和人生的幸福而努力工作。

一、职业与职业教育

职业是指人们从事的比较稳定的有合法收入的工作。职业教育是国家教育的重要组成部分，是以培养具有一定理论知识和较强实践能力，面向基层、面向生产、面向服务和管理第一线职业岗位的实用型、技能型专门人才为目的的教育。

📖【拓展练习】

班级学生自由组合，成立工作学习小组。每个工作学习小组人数为6~10人，实现学生员工化，提高学生的自主学习能力、团队协作能力、表达沟通能力和自我评价能力，使学生学会学习，学会工作，学会与人相处。

1. 教师身份改变。推行一体化课程教学改革，运用企业化管理模型，引入企业文化理念，加强班级企业化管理，将班主任、一体化教师和企业兼职教师进行整合，充当师傅或车间主任的角色，成为知识、技能的传授者、指导者。

2. 教学组织改变。实现车间主任、小组长二级管理模式，小组长由本组成员推荐，全面负责本组活动安排，要有组名、口号、分工和目标。采用车间、小组二级管理模式，实现综合职业能力的提高，逐步向"职业人、企业准工人"转变。

3. 学生身份改变。学生从第一课开始就要有工人的身份意识，担任不同的角色，承担相应的任务，自觉按照职业道德的要求来约束自己的行为，形成职业习惯。

4. 考核办法改变。按照车间生产管理模式对学生每天的学习任务和工作进程进行检测和评估，考核标准参照企业工人的考核办法，从考勤、纪律、学习、安全等各环节的参与情况进行全面考核。

（一）职业和职业特征

1. 职业概念。职业是指人们由于社会分工而从事的具有专业业务和特定职责并以此作为主要生活来源的工作，是指不同性质、不同内容、不同形式、不同操作的专门劳动岗位。

🔖 【经典案例】

职业乞丐

职业乞丐是指以各种方式伪造困难情况、出卖个人尊严来获取利益的人,真实目的是赚钱。从某种意义上来说,职业乞丐是打着乞讨的名义骗钱的人。他们靠可怜的外表博得人们同情,达到成功行乞的目的,他们收入不菲,薪水超过白领。根据救助站多年的调查了解,这些"职业乞丐"通过可怜扮相博取同情,往往能够"外出磕头乞讨,回家盖房盖楼"。

现在越来越多的人觉得乞讨是一项不错的行业,更有一部分人把它当成了一份终身职业。他们认为乞讨不用投资,更不用做苦力,简简单单、轻轻松松就有收入。

🔖 【讨论】

乞丐是职业吗?

2. 职业分类。《中华人民共和国职业分类大典》将我国职业归为 8 大类、66 个中类、413 个小类、1838 个细类(职业)。第一大类为国家机关、党群组织、企业、事业单位负责人;第二大类为专业技术人员;第三大类为办事人员和有关人员;第四大类为商业、服务业人员;第五大类为农、林、牧、渔、水利业生产人员;第六大类为生产、运输设备操作人员及有关人员;第七大类为军人;第八大类为不便分类的其他从业人员。

3. 职业特征。职业具有社会性、经济性、技术性、规范性、时代性和稳定性的特征:人们在社会生活中各自承担一定的职责,获得社会角色,为社会承担一定的义务和责任,从事专门的业务,并获得相应的报酬。

(二)职业人生的价值

1. 职业功能。职业的人生功能和社会功能在人生成长和社会发展中有重要的意义。

2. 个人价值。职业是个人谋生、实现人生价值的基本手段。美国石油大王洛克菲勒在给儿子的信里提到"天堂与地狱比邻"的比喻,他告诫自己的儿子:"如果你视工作为一种乐趣,人生就是天堂;如果你视工作为一种义务,人生就是地狱!"

3. 社会价值。职业是社会分工的必然产物,是社会交换劳动、合理配置人力资源的主要途径。

🔖 【经典案例】

等级夏令营

某年暑假,某地举办了一个夏令营。组织者别开生面地给全体营员一个新概念:吃饭要分成三个等级,即上、中、下三等。上等人吃美味佳肴;中等人排队打饭,属于快餐，饭后自己洗餐具；下等人要先侍候上等人，还要给上等人表演节目。第一天，全体 9 个小组实行抽签确定等级，意味着每个人的出身是由不得自己选择的，但是以后每天就凭借表现来决定身份。结果，第一天靠抽签分别做了三个等级的人，都尝试了不平等、受尊重和受屈辱的感受。评选持续了多日以后，大家对此渐渐习以为常，也能够以平常心来对待了。上等人不再兴高采烈，下等人也不再沮丧万分了。

【点评】

职业没有高低贵贱之分，但职业心态却体现了人的职业素养。

（三）职业教育的意义

职业教育是现代国民教育体系的重要组成部分，在实施科教兴国战略和人才强国战略中具有特殊的重要地位。党中央、国务院高度重视发展职业教育，党的十八届三中全会明确了我国职业教育全面深化改革的发展方向，要求"加快现代职业教育体系建设，深化产教融合、校企合作，培养高素质劳动者和技能型人才"。

1. 经济发展的柱石。大力发展职业教育，是推进我国工业化和现代化的迫切需要。技能人才是我国人才队伍的重要组成部分，在加快产业优化升级、提高企业竞争力、推动技术创新和科技成果转化等方面具有不可替代的作用。没有一支高技能、专业化的劳动大军，再先进的科学技术和机器设备也很难转化为现实生产力。

2. 民族生存的基础。就业是谋生之本，职业技能是从业人员完成岗位任务所需要的实际工作能力，是就业的必要条件。为了对劳动者从事某种职业所应掌握的技术理论知识和实际操作能力做出客观的测量和评价，国家建立了职业资格证书制度。现代职业呈现出专业化、智能化和复合型、创新型的发展趋势，一名现代从业人员不经过职业培训很难胜任现代职业。

3. 教育体系的要求。大力发展职业教育，是完善现代国民教育体系的必然要求。职业教育是以培养职业技能、增强岗位适应性为目标的教育，分为初、中、高等职业教育层次，包含学制教育和短期培训。我国人力资源丰富，但人才结构不尽合理，毕业生就业难的问题越来越突出，而社会对各类技能型人才需求量近些年来一直持续增长。因此，必须加快职业教育发展，合理配置教育资源，最大限度地满足社会成员多样化的求学愿望，适应经济社会发展对技能型人才的需求，构建和谐社会。

二、职业素养的构成

职业素养是社会工作对人们个人素质培养的内在要求，是个人在职业过程中表现出来的综合品质，是职场成功的关键。职业素养由人们从事某种职业所具备的知识、素质和技能构成,包含专业知识、职业技能、职业习惯、职业道德、职业意识和职业态度等多个方面,是一个有机的整体。

📖【经典案例】

世界 500 强企业招聘员工有 80% 的试题是考职业素养。

有人通过调查,发现一个现象,那就是越来越多的世界 500 强企业在招聘员工考试的时候有超过 80% 的试题是考职业素养,只有 15%~20% 的试题是考专业技术。这些企业的人力资源负责人解释说,职业素养这一项要着重了解,打造职业素养对于职场人士尤其重要。

他们说,做了这么多年的管理工作,也分析了应聘者后来职业的发展,发现专业技能其实不是最重要的,更重要的是他的职业素养,以及职业素养的再造能力,即可塑性。所以,员工进入公司以后,也会把职业素养作为很重要的一项,不断地强化和提升它。拥有好的职业素养,角色转换和能力提升的速度都是很快的。强化职业素养的再造能力,能非常快地发挥潜能,可以在工作中掌握专业技术能力,提升沟通协调和承上启下的能力。

(一)职业素养的两种属性

职业素养由显性职业素养和隐性职业素养共同构成。

1. 显性职业素养。显性职业素养是人们看得见的个体行为总和构成的外在表象,代表形象、资质、知识、职业行为和职业技能等方面,可以通过各种学历证书和职业证书来证明,或者通过专业考试来验证。

2. 隐性职业素养。隐性职业素养是人们看不见的,如职业意识、职业道德、职业作风和职业态度等方面。

3. 显性职业素养是隐性职业素养的外在表现。职业素养可以看成是一座冰山,浮在水面以上的只有很小一部分,而隐藏在水面以下的是绝大部分,隐性职业素养决定、支撑着外在的显性职业素养。因此,职业素养的培养应该以培养显性职业素养为基础,重点培养隐性职业素养。

📖【经典案例】

老木匠的故事

一位上了年纪的木匠准备退休了,他告诉雇主,他不想再盖房子了,虽然很留恋那份报酬,但他觉得自己该退休了。

雇主看到他的好工人要走,感到非常惋惜,就问他能不能再建一栋房子,就算是给他个人帮忙，木匠答应了。可是，木匠的心思已经不在干活上了，不仅手艺退步，而且还偷工减料。房子完工后，雇主来了，他拍拍木匠的肩膀，诚恳地说："房子归你了，这是我送给你的礼物。"木匠感到十分震惊，要是他知道他是在为自己建房子，干活的方式就会完全不同了。

📖【点评】

职业素养决定工作质量。

4. 隐性职业素养的重要因素。职业素养至少包含两个重要因素：敬业精神及合作的态度。敬业精神就是在工作中将自己作为企业的一部分，不管做什么工作一定要做到最好，发挥出实力，对于一些细小的错误一定要及时地更正。敬业不仅仅是吃苦耐劳，更重要的是用心去做好企业分配的每一份工作。态度是职业素养的核心，好的态度（如负责、积极、自信、建设性、欣赏、乐于助人等）是决定成败的关键因素。

📖【经典案例】

送古董的两名快递员

约翰和道思是某快递公司的两名快递员，他俩负责把一件很贵重的古董送到码头，老板反复叮嘱他们要小心，没想到，送货车开到半路却坏了，此时距离码头已经很近了，为了赶时间，约翰背起古董，一路小跑，终于按规定的时间赶到了码头，这时，道思说："我来背吧，你去叫货主。"当约翰把古董递给道思的时候，他却没有接住，古董掉在地上，"哗啦"一声碎了。

他们二人都知道，古董碎了意味着什么。

"老板，不是我的错，是约翰不小心弄坏的。"道思偷偷来到老板的办公室对老板说。老板平静地说："谢谢你，道思，我知道了。"

随后，老板把约翰叫到办公室。约翰就把事情的原委告诉了老板，最后约翰说："这件事情是我们的失职，我愿意承担责任，另外，道思的家境不太好，如果可能的话，他的责任由我来承担，我一定会弥补货主的损失。"

处理的结果出乎他们俩的预料。

老板对他们俩说："公司一直对你们很器重，想从你们当中选择一个人担任客户部经理，没想到却出了这么一件事情，不过这也让我们更清楚哪一个人是最合适的人选。我们决定请约翰担任公司的客户部经理。道思，你自己想办法偿还客户，明天就不用来上班了。"

【点评】

一个能够承担责任的人是值得信任的。约翰负责、积极、乐于助人的态度是职业对个人素养的内在要求,是公司决定请他担任客户部经理的关键因素。

（二）职业素养的三大核心

职业素养的三大核心是职业信念、职业知识技能和职业行为习惯。

1.职业信念。良好的职业素养包含了良好的职业道德、正面积极的职业心态和正确的职业价值观意识,是一个成功职业人必须具备的核心素养。良好的职业信念由爱岗、敬业、忠诚、奉献、正面、乐观、用心、开放、合作和始终如一等关键词组成。

【经典案例】

救援队员内疚辞职

在汶川大地震中,一支救援队参加了救援,在救援过程中遇到了不少实际困难。5月19日,由于决堤和余震的危险,救援队被迫中止救援工作,返回成都,协商后决定结束救援工作。救援队员在返回驻地时,面对掌声和致谢,却没有一丝欣喜之情,每个救援队员的脸色都是铁青的。与此同时,网友在浏览新闻网站上有关救援队撤退的消息时发现,有位救援队成员在新闻跟帖中说:"我的一个同事对这次的事感到内疚,精神上很受打击,已决定辞职。"

【点评】

这位救援队队员的留言体现了他良好的职业信念。

2.职业知识技能。职业知识技能是做好一个职业应该具备的专业知识和能力。研究发现:一个企业成功的30%靠战略,60%靠企业各层的执行能力,只有10%的其他因素。执行能力是每个成功职场人必须修炼的一种基本职业技能,除此之外还有很多需要修炼的基本技能,如职场礼仪、时间管理能力和情绪管控能力等。

3.职业行为习惯。职业行为习惯就是在职场上通过长时间的学习、改变、形成而最后变成习惯的一种职场综合素质。信念可以调整,技能可以提升,要让正确的信念、良好的技能发挥作用,就需要不断地练习、练习、再练习,直到成为习惯。

【经典案例】

好人缘的邮递员

有一位非常有名的邮递员,他工作得很出色,几乎拥有最完美的人际关系氛围。在这个邮递员所负责的街区里,有187个家庭,按照平均一个家庭按三个人来计算,这位邮递员每天的工作就是与这561个人打交道。这是一个多么庞大的群体！有些人可能会因此感到头疼不已，认为与这么多人打交道实在是一件困难的事情，但是邮递员却受到这个街区所有家庭的欢迎。曾有人疑惑不解地问他："你为什么会拥有如此好的人缘？"邮递员轻松地说："其实没什么，只不过我每天在送信的时候，都会与他们打个招呼，向他们微笑。"

【点评】

好人缘的邮递员良好的人际关系是不经意创造出来的，他的职业知识技能已经成为职业行为习惯。

（三）职业素养的四个方面

1. 职业道德。职业道德是人们在职业活动中应遵循的基本道德，即一般社会道德在职业活动中的具体体现，是职业品德、职业纪律、专业胜任能力及职业责任等的总称。它既是对本职人员在职业活动中的行为标准和要求，同时又是职业对社会所负的道德责任和义务。

2. 职业意识。职业意识是人们对职业劳动的认识、评价、情感和态度等心理成分的综合反映，是支配和调控全部职业行为和职业活动的调节器。

3. 职业行为。职业行为是指人们对于职业劳动的认识、评价、情感和态度等心理过程的行为反映，是职业目的达成的基础。从形成意义上说，它是由人与职业环境、职业要求的相互关系决定的。

4. 职业技能。职业技能是一个人对职业的掌握能力，也就是人所掌握的某种技术或能力的体现，例如计算机、英语、建筑等技能。职业技能还表现为与人交际的能力、处理问题的能力和对于突发事件的应变能力等。

职业素养的四个方面中，前三项是最根基的部分，属世界观、价值观、人生观范畴的产物，而职业技能是支撑职业人生的表象内容，是通过学习、培训比较容易获得的。在衡量一个人的时候，企业通常将二者的比例以 6.5∶3.5 进行划分。

【经典案例】

考的是诚信

一位年轻人到一家大公司应聘。笔试的当天，他发现应聘者中他的学历是最低的。他学的是成人夜校，而其他人学历最低的也是本科。题目难度很大，这年轻人虽无把握，但还是认真做下去。

考到一半，主考官手机突然响起，于是离开考场到屋外接电话。屋内没有了主考官，应聘者开始不安分起来，纷纷交头接耳，而这位年轻人没有任何动作，仍然安静地答题„这时坐在他旁边的另一应聘者侧过身对他说："哥们，别这么认真，赶紧抄点吧。"这位年轻人冲他一笑，没有回答，仍然自顾自地埋头答题。考试结束，这位年轻人已不抱任何希望，因为题目太难，他考得一塌糊涂！

谁知第二天却接到录取通知，让他准备上班。他又高兴又惊愕地到了公司，进办公室看到上司，觉得很面熟，好像似曾相识，却不知在哪儿见过。这时他的主管上司微笑着对他说："你不认识我了吗？我就是那天坐在你旁边，提醒你可以抄一下的应聘者啊。"

【点评】

小胜凭智，大胜靠德。品德就是最好的通行证！

三、职业素养的特征

一般说来，职业素养高的人能顺利就业并取得成就，获得成功的机会多。做好自己的本职工作，就是具备了最好的职业素养。职业素养具有下列一些主要特征。

（一）职业性

不同的职业，职业素养是不同的。对建筑工人的职业素养要求，不同于对护士的职业素养要求；对商业服务人员的职业素养要求，不同于对教师的职业素养要求。

【经典案例】

李素丽的职业感言

李素丽说："如果我能把十米车厢、三尺票台当成为人民服务的岗位，实实在在去为社会做贡献，就能在服务中融入真情，为社会增添一份美好。即便有时自己有点烦心事，只要一上车，一见到乘客，就不烦了。"

【点评】

李素丽的职业素养始终是和她作为一名优秀的售票员联系在一起的。

（二）稳定性

一个人的职业素养是在长期从业时间中日积月累形成的，一旦形成，便产生相对的稳定性。一位教师，经过三年五载的教学生涯，就逐渐形成了怎样备课、讲课、热爱学生、为人师表等一系列教师职业素养，并保持相对的稳定性。随着教师的继续学习，以及工作和环境的影响，职业素养在相对的稳定中还可以继续提高。

【经典案例】

诚实守信的教师

从律师楼出来，在我正要开车门时，几步远一个年轻女子向我走来："请问，这是您的车吗？""是。"我机械地回答。"很抱歉，我把您的车碰坏了。"她指给我看，车的左侧尾灯碎了。"咋搞的，刚买的新车。"我不悦。"对不起，我应该赔偿。"她一脸歉意。我随口说："咋赔偿？"她说她身上没带多少钱，能不能明天到修车行，她付修理费。我在考虑如何了结这件事，忽觉蹊跷，便问："你一直都在等我？"她点点头。我说："算了，你也是无意的，修车的事我自己来吧，以后你也当心点。"她并没有离开，再三征求我的赔偿条件。我便随口说："就按你说的，明天下午，电影院后面的修车行，我的车都在那儿修。"她说她知道那个地方，到了再见，骑上自行车走了。

隔了两天，修车行黄经理给我打电话，说我修车的事把他弄糊涂了。他说，一个女人知道我在他那儿修车，问花了多少钱，留给我一个信封。我很快取回了那信封，里面是她留下的钱和一张字条。看完字条上的话，我真被感动了，说实话，这样的感动已经多少年不曾有过了。信封里装着480元钱，还有一张字条："给您添了麻烦，再次向您表示歉意。请收下我应付的赔楼。我这样做从根本上是为了我自己，为我自己能够坦然地面对我的学生，教他们做诚实的人，做一个对自己行为负责的人。否则，我会一辈子害怕学生们的目光——那每天投给我的充满信任和尊敬的目光，仅此而已。"几年来，那位女教师的形象一直在我心底深深珍藏。

【点评】

民无信不立。诚实守信被视为"立人之本"和"进德修业之本"。

（三）内在性

从业人员在长期的职业活动中，经过学习、认识和亲身体验，知道怎样做是对的，怎样做是不对的。这种有意识地内化、积淀和升华的心理品质，就是职业素养的内在性。

【经典案例】

三个小贩卖水果

一位老太太每天去菜市场买菜买水果，一天早晨，她提着篮子来到菜市场，遇到的第一个卖水果的小贩问她："您要不要买一些水果？"老太太说："你有什么水果？"小贩说："我这里有李子、桃子、苹果、香蕉，您要买哪种呢？"老太太说："我正要买李子。"小贩赶忙介绍："我这个李子，又红又甜又大，特好吃！"老太太仔细一看，果然如此,但她却摇摇头,没有买,走了。

老太太继续在菜市场转,遇到第二个小贩问她买什么水果,她说买李子。小贩接着问:"我这里有很多李子,有大的,有小的,有酸的,有甜的,您要什么样的呢?"老太太说要买酸李子,小贩说:"我这堆李子特别酸,您尝尝?"老太太一咬,果然很酸,但越酸越高兴,老太太马上买了一斤李子。

老太太继续在市场转,遇到第三个小贩问她买什么,她说买李子。小贩问:"您买什么李子?"老太太说要买酸李子。他很好奇,接着问:"别人都买又甜又大的李子,您为什么要买酸李子?"老太太说:"我儿媳妇怀孕了,想吃酸的。"小贩马上说:"老太太,您对儿媳妇真好!儿媳妇想吃酸的,就说明她想给您生个孙子,所以您要天天给她买酸李子吃,说不定真给您生个大胖孙子。"老太太听了很高兴。小贩又问:"那您知不知道孕妇最需要什么样的营养?"老太太不懂科学,说不知道。小贩说:"其实孕妇最需要的是维生素,因为她需要供给胎儿维生素。所以光吃酸的还不够,还要多补充维生素。"他接着问:"那您知不知道什么水果含维生素最丰富?"老太太还是不知道。小贩说:"水果之中,猕猴桃含维生素最丰富,所以您要经常给儿媳妇买猕猴桃才行!这样就能确保您儿媳妇生出一个漂亮健康的宝宝。"老太太一听,更高兴了,马上买了一斤猕猴桃。当老太太要离开的时候,小贩说:"我天天在这里摆摊,每天进的水果都是最新鲜的,下次来就到我这里买,还能给您优惠。"从此以后,这个老太太每天在他那里买水果。

【讨论】

第三个小贩在销售工作中脱颖而出的内在因素是什么?

(四)整体性

职业素养一个很重要的特点就是整体性。一个从业人员的职业素养与其整体素质有关。职业素质是指劳动者在一定的生理和心理条件的基础上,通过教育、劳动实践和自我修养等途径形成和发展起来的,在职业活动中发挥作用的一种基本品质,主要包括思想政治素质、职业道德素质、科学文化素质、专业技能素质和身体心理素质。说某人职业素养好,不仅指他的思想政治素质和职业道德素质好,而且还包括他的科学文化素质、专业技能素质和身体心理素质好,这就是职业素养的整体性。

【经典案例】

要坐金板凳,先坐冷板凳

一大公司副总裁职位空缺,两位经理旗鼓相当、暗暗较劲,都希望被提升为副总裁。总裁决定：两位经理一位外派偏远分公司任职，一位去看管仓库。外派者，满腹牢骚，弄得人心惶惶。看管仓库者，毫无怨言，工作井井有条。

四个月后，总裁决定：看管仓库的经理升任副总裁。

【点评】

否定、冷落、坐冷板凳，这正是考验一个人真正水平的时候。考验通过，才有资格坐金板凳。

（五）发展性

一个人的职业素养是通过教育、自身社会实践和社会影响逐步形成的，它具有相对性和稳定性。但是，随着社会发展对人们不断提出新的要求，人们为了更好地适应、满足、促进社会发展的需要，总是要不断提高自己的职业素养，所以，职业素养具有发展性。

四、职业素养的提高

【经典案例】

小丽的故事

前一天晚上兴奋过头了，第一天上班居然差点迟到，大家看到小丽的时候，都觉得她特孩子气，虽然穿着米色的套装，长发却编成辫子，而脸上一点妆也没有。

小丽迎着大家探寻的目光看看自己，再看看别人，羞涩地笑了。她的上司，一位30来岁的精明男子，不露痕迹地笑了笑，然后带她到座位上坐下，打开桌上的计算机，让她先看看公司的相关资料。

小丽礼貌地点点头，不多说一句话，专心地看了起来。办公室里安静极了，只有手指轻轻敲击键盘的声音和同事们不紧不慢地用电话与客户交谈的声音。

一个月后，小丽融入了这个新的工作环境，也有了自己的社交圈子，和同事们熟悉之后，小丽感到压力好大。同事们大多来自名牌学校，要不就是有丰富的工作经验，而自己来自一所不知名的一般学校，只有简单的工作经历。小丽想，既然来了，就要有所作为，于是决定先努力充实自己。

小丽现在只是普通的行政人员，每天的工作就是收发传真和邮件、打字、接电话、扫描等，小丽在简单的工作中努力寻求学习机会，在打字复印时，她阅读所有经手的文件，了解公司的具体运作和发展方向；在接听电话时，她努力掌握客户信息，经常浏览公司网页，仔细学习公司内部网上所有的培训材料；她还利用办公使用计算机的时间,自学了 Photoshop 等软件。

小丽知道自己在专业知识方面比不过其他同事,于是决定从各个方面充实自己。公司常会收到一些培训广告的传真件,大多数同事看过就丢掉了,只有她细心地收集起来,加以充分利用。

小丽的英语学得不错,只是口语还欠缺一点。有一天她看到一份英语沙龙广告,于是决定去参加,并成为那里的会员,定期参加活动,交到了一些爱好英语的朋友,同时使自己的口语突飞猛进。

小丽所在的公司是做外贸的,常与外国人打交道,小丽知道多掌握一门语言就多了一次机会,在查看公司相关资料后,小丽用一个月的工资报了一个日语进修班。公司有不少日本客户,可翻译只有一个,她觉得自己会有机会的。人力资源培训、国际商务与贸易培训、营销与推广培训,只要有机会、有能力参加的,小丽一个也不放过。

有一天,市场部的经理慌张地跑到各部门问有谁会日语,公司接待了一个日本客户,而公司唯一的日语翻译有其他客户,一时抽不出身来。眼看这笔生意要泡汤,市场部经理不得不向其他部门求援,同事们个个都摇头,一直坐着没有说话的小丽怯生生地说:"不如让我试试吧。"

小丽立了一功,签合同的那天,市场部经理向公司提出申请,将小丽调到市场部做助理。就这样,小丽在半年内成功地完成了一次转职和升职。

📖【讨论】

小丽是如何努力提高自己的职业素养的?

职业素养是实现就业并胜任工作岗位的基本前提,是用人单位选聘人才的首要考虑因素。因此,提高自己的职业素养,要培养职业意识,从提升自己的专业技能、通用技能和个人素质等方面着手,以优秀员工必备的职业素养要求自己。

📖【思考】

为什么有些人学历低收入却很高?为什么有些人总是能够得到赏识和重用?

为什么有些人工作时总是有激情,很快乐?

为什么有些人经历丰富,专业对口,求职却屡受打击?

为什么有些人总是得不到提升,也得不到高薪?

为什么有些人做事,老板总不满意?

为什么有些人工作很多年,却总是找不到前进的方向?

为什么有些人对工作总是没有成就感,总是厌倦工作?

为什么有些人总是缺少职业竞争力?

为什么有些人总是陷入人际关系的危机中？

为什么有些人频繁跳槽，可总是找不到感觉？

【提示】

这一切问题的答案就是是否具备优秀的职业素养。

（一）培养隐性职业素养

提高职业素养，要有意识地培养职业道德、职业态度、职业作风等方面的隐性素养。隐性职业素养是职业素养的核心内容，同时体现在很多方面，如独立性、责任心、敬业精神、团队意识、职业操守等。

【经典案例】

勤奋的送水工

小章只是一名普普通通的建筑公司送水工，但是凭着勤奋工作的美德，他从一名不起眼的送水工被提拔成公司的副总经理。

小章在当送水工的时候，并不像其他送水工那样一边搬水一边抱怨自己的工资太低。他每次给工人的水壶倒满水后，都会在工人闲暇之时，缠着他们讲解关于建筑的各项工作。很快，这位勤奋好学的送水工引起了建筑队长的注意。两周后，他当上了计时员。

当上计时员的小章更加勤奋，总是早上第一个来上班，晚上最后一个离开。由于他对建筑的各项工作如打地基、垒砖、刷泥浆等非常熟悉，当建筑队的负责人不在时，工人们总喜欢问他。一次，负责人看到小章把旧的红色法兰绒撕开包在日光灯上，以解决没有足够的红色光源来照明的困难，立即决定让这位勤恳的年轻人担任自己的助理。当上助理后，小章仍然勤奋工作，现在，他已经是该公司的副总经理了。

【点评】

小章凭着勤奋工作的美德，从一名不起眼的送水工被提拔为公司的副总经理，他的职业行为得到了认可。这说明，不管从事怎样的工作，只要勤勤恳恳地努力工作，就能得到认可，成为一名优秀的员工。

职业素养的自我培养应该加强自我修养，在思想、情操、意志、体魄等方面进行自我锻炼，同时，还要培养良好的心理素质，增强应对压力和挫折的能力，善于从逆境中寻找转机。

【经典案例】

不要看企业"浑身是毛病"

小萌毕业后来到一家中型企业工作，刚来那几天，充满着好奇，充满着骄傲。可是没几天，小萌开始不喜欢这家企业了，觉得与自己理想中的企业相差太远，好多事情都与自己设想的不一样。说管理正规吧，自己看还有好多漏洞，说不正规吧，劳动纪律抓得又太严，自己觉得很不舒服。

于是，小萌心态变坏，感到不愉快，常向一个同来的伙伴发牢骚，说："这个企业怎么浑身是毛病，干得真没意思"这些牢骚不知怎么传到上司耳朵里，还没等到小萌对这个企业真正有所认识，就被炒了鱿鱼。开始小萌还满不在乎，觉得反正自己也没看好他们，离职了也无所谓。可是，当她再次在求职大军中奔波了三个月，还没找到好于这样"浑身是毛病"的企业的时候，她心中才感到有些后悔，心想如果下次再有类似那个公司的企业接纳自己，一定要接受教训，好好干。

【点评】

小萌被炒鱿鱼是因为她没有注重职业素养的自我培养，没有注重加强自我修养，在职场中不具备良好的心态。

职业素养量化而成"职商"，可以说"一生成败看职商"。一个人在职场中能否成功取决于其"职商"，工作中需要知识，但更需要智慧，而最终起到关键作用的就是素养。缺少关键的职业素养，一个人将一生庸庸碌碌，与成功无缘；拥有职业素养，会少走很多弯路，同时以最快的速度通向成功。

【经典案例】

阿瑟·固佩拉托雷的品德

1935 年，美国经济大萧条。一个 10 岁的小男孩在一家糖果店工作，每天要向 100 家商店递送糖果。即使如此辛苦的工作，每天干 12 个小时的活，却只能挣到一个三明治、一杯饮料和 50 美分。

有一天，小男孩在桌子底下捡到了 15 美元，他毫不犹豫地将钱交给了上司。上司很感动，因为钱是他故意放在那里的，目的是想看看小男孩是否值得信任。小男孩一直在糖果店工作到上完高中，他的诚实使他在美国经济大萧条时期保住了自己的工作，后来这个小男孩还干过许多工作：侍者、停车场服务员、清洁工等。

这个小男孩名叫阿瑟·固佩拉托雷，后来成为新泽西—曼哈顿航运线兼 APT 卡车运输公司的总裁。

【点评】

人生中充满了考试，等待我们的，将是随时随地的考验。只有在种种考验中保留下来的，才是真正的素质，才是最难能可贵的品德，才是能够成就伟大事业的人生基石！

（二）培养显性职业素养

提高职业素养，要完成知识、技能等显性职业素养的培养。俗话说三百六十行，行行出状元"，没有过硬的专业知识，没有精湛的职业技能，就无法把工作做好，更不可能成为"状元"了。要把工作做好，必须关注行业的发展动态及未来的趋势走向，有良好的沟通协调能力，有高效的执行力，要具备宽厚扎实的基础知识，也要具备广博精深的专业知识，这样才能更好地打造个人的核心竞争力。因此，要针对社会需要和专业需要，获得系统化的基础知识和专业知识，加强对专业的认知和知识的运用，并获得学习能力，培养学习习惯。

【经典案例】

学习就是我的法宝

湖南株洲电力机车有限公司的宋威毕业于某技工学校焊接专业，分配进厂后，使用的是 KR350 型二氧化碳气体保护焊机，焊接的是壁厚两毫米的圆形管材，这对宋威这个从未在工厂工作过的毛头小伙子来说，真的有些不知所措，学校所学的知识已经远远不能满足本职工作的需要，手工电弧焊已逐渐淡出了机车产品的焊接。

"我年轻，青春就是我的优势；我好学，学习就是我的法宝。"这句话写在宋威日记本的首页。为了尽快地弄懂二氧化碳气体保护焊的操作方法，他每天都守在师傅身边，看着师傅焊接产品，将自己的业余时间全部用在了苦练操作技能上。上班时，他虚心向师傅和同事请教；下班后，他坚持用一个小时来练习圆管的正反手焊接；工余时，他找来焊接方面的专业书籍充实理论知识。

功夫不负有心人。半年时间里，他熟练掌握了二氧化碳气体保护焊的操作方法和焊机的一般故障处理，学会了本班组所有产品的组装、焊接、调修技能，成为班组中能独立完成产品从组装到调修的第一人，同事们都戏称他能提供"组焊调一条龙服务"。也正是因为操作技能水平的提高和辛勤的付出，他成为电焊班班长。

【点评】

宋威操作技能水平的提高，归功于他重视职业素养的培养，重视获得学习能力，培养学习习惯。他有把工作做好的意识，为满足本职工作的需要虚心学习，安排好自己的工作时间和业余时间,并坚持辛勤的付出。

专业技能是指将所掌握的专业理论知识综合地运用于实践的能力。专业技能的高低是求职就业成功与否的重要因素。职业行为和职业技能等显性职业素养比较容易通过教育和培训获得,但受到科学技术迅速发展的影响,各类职业对从业者的知识结构和技术能力的要求越来越高。

(三)以优秀员工必备的职业素养要求自己

1.像领导一样专注

一名一流的员工,不应只是停留在"为了工作而工作,单纯为了赚钱而工作"的层面上,而应该站在领导的立场上,用领导的标准来要求自己,像领导那样专注工作,以实现自己的职场梦想与远大抱负。

【经典案例】

齐瓦勃的工作心态

齐瓦勃是美国第三大钢铁公司伯利恒钢铁公司的创始人,他出生在美国乡村,少年时代一贫如洗。后来,他来到钢铁大王卡内基的一个建筑工地打工。一踏进工地,他就表现出与众不同的工作心态,当别人都在抱怨工作辛苦、薪水低并因此消极怠工的时候,齐瓦勃却一丝不苟地工作着,并为以后的发展而开始自学建筑知识。当有人讽刺挖苦齐瓦勃时,他回答说:"我不光是在为老板打工,更不单纯是为了赚钱。我是在为自己的梦想打工,为自己的远大前途打工。我只能在认认真真地工作中不断提升自己,才能使这份工作所产生的价值,远远超过所得的薪水。只有这样,我才能得到重用,才能获得发展的机遇。"

【点评】

事实证明,齐瓦勃的这种工作心态,给他带来了巨大的成功。然而,许多人直到职业生涯的尽头,不知道自己究竟是为谁工作。在工作中不仅可以学到经验,积累资源,同时还可以增加阅历,增长见识。

2.学会迅速适应环境

在就业形势越来越严峻、竞争越来越激烈的当今社会,不能够迅速地适应环境已经成了个人素质中的一块短板,这也是无法顺利工作的一种表现。善于适应环境是一种能力,具备这种能力的人,手中也有了一个可以纵横职场的筹码。

3.化工作压力为动力

压力是工作中的一种常态,对待压力不可回避,要以积极的态度去疏导和化解,并将压力转化为前进的动力。最出色的工作往往是在高压的情况下做出的，思想上的压力，甚至肉体上的痛苦都可能成为取得巨大成就的兴奋剂。

📖 【经典案例】

国王的鞋子

在没有发明鞋子以前，人们都赤着脚走路，不得不忍受着脚被扎被磨的痛苦。某个国家，有位大臣为了取悦国王，把王宫所有的房间都铺上了牛皮，国王踩在牛皮地毯上，感觉双脚舒服极了。

为了让自己无论走到哪里都感到舒服，国王下令把全国各地的路都铺上牛皮。众大臣听了国王的话都一筹莫展，知道这实在比登天还难。即便杀尽国内所有的牛，也凑不到足够的牛皮来铺路，而且由此花费的金钱、动用的人力更不知有多少。正在大臣们绞尽脑汁想如何劝说国王改变主意时，一个聪明的大臣建议说：大王可以试着用牛皮将脚包起来，再拴上一条绳子捆紧，脚就不会忍受痛苦了。国王听了很惊讶，便收回命令，采纳了建议，于是，鞋子就这样被发明出来了。

把全国的所有道路都铺上牛皮，这办法虽然可以使国王的脚舒服，但毕竟是一个劳民伤财的笨办法。那个大臣是聪明的，改变自己的脚，比用牛皮把全国的道路都铺上要容易得多。按照第二种办法，只要一小块牛皮，就和将全国所有道路都用牛皮铺垫起来的效果一样了。

📖 【点评】

国王下令把全国各地的路都铺上牛皮。众大臣听了国王的话都一筹莫展，一个聪明的大臣以积极的态度去疏导和化解这种压力，因此可以说，最出色的工作往往是在高压的情况下做出的。

4.低调做人，高调做事

在工作中，要学会低调做人，要善于高调做事。在低调做人中修炼自己，在高调做事中展示自己，这种恰到好处的低调与高调，可以说是一种进可攻、退可守，看似平淡、实则高深的处世谋略。

📖 【经典案例】

富兰克林的拜访

有一次，富兰克林去拜访一位老前辈，走进小门时，头被狠狠地撞了一下，出来迎接的那位老前辈看到了，对富兰克林说："很痛吧？可是，这将是你今天拜访我的最大收获。要想平安无事地活在世上，就必须时时记得低头！"

这对富兰克林启发很大,从此,富兰克林牢牢记着这句话,并把"低调"列入一生的生活准则之中,后来富兰克林成了政治家和科学家,也是《独立宣言》的起草人之一,在美利坚合众国创建时,建立了许多功绩,被后人称为"美国人之父"。

📖【点评】

善于高调做事,学会低调做人,才能看清道路,走得更远。

5. 设立工作目标,按计划执行

在工作中,首先应该明确了解自己想要什么,然后再去致力追求。一个人如果没有明确的目标,就像船没有罗盘一样。每一份富有成效的工作,都需要明确的目标去指引。缺乏明确目标的人,其工作必将庸庸碌碌。坚定而明确的目标是专注工作的一个重要原则。

📖【经典案例】

失败 1855 次的史泰龙

国际电影巨星史泰龙出身贫穷,童年十分悲惨,父亲是一个赌徒,母亲是一个酒鬼。史泰龙 10 岁时父母离异,因经常被同学欺侮成为练拳对象,13 岁便辍学在家。街坊邻居都看不起他,他自己也非常苦闷和自卑,浑浑噩噩到了 20 岁。一天,他突然下了决心,再也不能"混"下去了,要走一条与父母亲迥然不同的道路,活出个人样来。有一次,史泰龙看了一场电影之后便狂热地爱上了电影和健身,他想当一名演员,因为当时当演员不需要本钱,也不需要文凭,尽管他知道自己有口吃的毛病,又没有文化,长相也不出众,但是,他一旦有了想法和目标,就开始了行动。他找来好莱坞电影公司的名录,开始一个一个去推荐自己。

"你这个样子怎么可能做得了电影演员呢?""算了吧,我们才不会要你呢!""走远一点,这里不是你做梦的地方!"讽刺、挖苦、嘲笑、瞧不起,应有尽有,这些电影公司一个个都拒绝了他。越是这样,史泰龙越觉得:"我一定要成为好莱坞的电影明星。"他始终告诉自己:"过去并不等于未来,我并没有失败,我只是暂时没有成功,因为我在行动。"他鼓足勇气不断地重新推销自己,结果还是一样,500 家电影公司都拒绝了他,"你死了这条心吧""你不要再来了,我们公司不欢迎你",1000 次的拒绝丝毫没有阻止史泰龙去做电影明星的梦想和决心:他认真思考和分析一次次被拒绝的原因,一步步改正。在他遭受 1855 次拒绝之后,终于有一个导演对他说:"我不知道你能否演好,但我被你的精神所感动。我给你一次机会,先只拍一集,让你当男主角,看看效果再说。"史泰龙深深感到机会来之不易,不敢有丝毫懈怠。由他主演的电视剧第一集播放后,创下了当时全美最高收视率。史泰龙一炮打响,最终成为好莱坞超级巨星。

【点评】

史泰龙明确地了解自己想要什么,1855次的拒绝丝毫没有阻止他做电影明星的梦想和决心。这说明坚定而明确的目标是专注工作的内因,是成功的关键。

6. 做一个时间管理高手

时间对于每一个人来说都是有限的,只有善于管理时间的人,才能让有限的时间发挥最大效益。事实上,任何一个成功者,都是时间管理的高手。用人单位在招聘和选拔人才时,时间管理能力是一个重要的考虑因素。在有些岗位,这一能力还显得至关重要,比如营销人员、外派采购人员、经理人等。他们相对来说自由度较大,如果缺乏时间管理能力,不仅会浪费很多时间,还会浪费企业很多资源,所以,用人单位经常通过组织会议、处理信件、接待来访等方面的考题来考察一个人的时间管理能力。时间对每一个职场人士都是公平的,每个人都拥有相同的时间,但是在同样的时间内,有人表现平平,有人则取得了卓著的工作业绩,造成这种反差的根源在于每个人对时间的管理与使用效率存在巨大差别。因此,要想在职场中具备不凡的竞争能力,应该先将自己培养成一个时间管理尚手。

【经典案例】

时间管理

在一堂关于时间管理的课上,教授在桌子上放了一个透明的玻璃罐子。然后又从桌子下面拿出一些正好可以从罐口放进罐子里的鹅暖石。当教授把鹅暖石放完后,问他的学生:"你们说这个罐子是不是满的?""是!"所有的学生异口同声地回答。"真的吗?"教授笑着问。然后再从桌底下拿出一袋碎石子,把碎石子从罐口倒下去,摇一摇,再加一些,再问学生:"你们说,这个罐子现在是不是满的?"这回他的学生不敢回答得太快。最后班上有位学生怯生生地回答道:"也许没满。""很好!"教授说完后,又从桌下拿出一袋沙子,慢慢地倒进罐子里。倒完后再问班上的学生:"现在你们再告诉我,这个罐子是满的呢?还是没满?""没有满!"全班同学这下学乖了,大家很有信心地回答说:"好极了!"教授再一次称赞这些学生。称赞完了后,教授从桌底下拿出一大瓶水,把水倒在看起来已经被鹅暖石、小碎石和沙子填满了的罐子。当这些事都做完之后,教授正在问班上的学生:"我们从上面这些事情中得到什么重要的结论?"班上一阵沉默,然后一位自以为聪明的学生回答说:"无论我们的工作多忙,行程排得多满,如果抓紧一下的话,还是可以多做些事的。"这位学生回答完后心中很得意地想:"这门课到底讲的是时间管理啊!"教授听到这样的回答后,点了点头,微笑道:"答案不错,但并不是我要告诉你们的重要信息。"说到这里,这位教授故意顿住,用眼睛向全班同学扫了一遍说:"我想告诉各位最重要的信息是,如果你不先将大的鹅暖石放进罐子里去,你也许永远没机会把它们放进去了。"

【点评】

对于工作中林林总总的事件,可以按重要性和紧急性的不同组合确定处理的先后顺序,做到鹅卵石、碎石子、沙子、水都能放到罐子里去。对于人生旅途中出现的事件也应如此处理,也就是平常所说的处在哪一年龄段要完成哪一年龄段应完成的事,否则,时过境迁,到了下一年龄段就很难有机会补救。

7. 自动自发,主动就是提局效率

自动自发的员工,善于随时准备去把握机会,永远保持率先主动的精神,并展现超乎他人要求的工作表现,他们头脑中时刻灌输着"主动就是效率,主动、主动、再主动"的工作理念,同时他们也拥有"为了完成任务,能够打破一切常规"的魄力与判断力。显然,这类员工才能在职场中笑到最后。

【经典案例】

丽思卡尔顿酒店的故事

丽思卡尔顿酒店的一个行李员接到一个电话,原来有一位刚刚离店的客人将他的一份文件落在了酒店里。第二天九点,这位客人出庭的时候需要用到这份文件。无论他回来取或者酒店派人送到机场去都已经不可能了,因为再有半个小时这位客人就要登上从华盛顿飞往纽约的飞机了。

听着电话里客人焦急的声音,行李员下决心在开庭前一定要将文件送到客人手中,于是自费买了一张机票,搭乘当晚最后一班飞机飞往纽约。做这样的决定并不容易,因为他知道酒店是不可能给他出路费的,而且在工作时间自作主张跑到纽约去,他可能会因此被炒鱿鱼。但他认定了帮助这位客人也是他工作的一部分,虽然员工守则中并没有注明一个行李员要这样做。

客人在法庭门口接过文件时,那份感动和感激无法用语言来表达。当行李员忐忑不安地回到酒店时,让他没想到的是,自己受到了最隆重的接待:总经理和部门经理都站在门口列队等候。原来那位客人打电话到酒店,表达了自己的感激之情,说像行李员这样具有主动服务意识的员工真的很难得,并且表示以后到华盛顿去,一定

还要住在拥有这样优秀员工的丽思卡尔顿酒店里。这件事后来被《纽约时报》的一位记者知道了，于是写了一篇非常感人的报道，一时间大家都知道丽思卡尔顿酒店有这样一名主动帮助客人、积极服务的员工。声名为此大振的丽思卡尔顿酒店，特别开展了向这位普通员工学习的活动。

【点评】

这位行李员的身上体现出来的主动精神，值得每一个职场人士学习。只有真正将自己当成职位的主人，才能不斤斤计较，自动自发地做好每一件事情，甚至连自己分外的事都主动去做。如果能够做到这一点，又何愁没有大的发展，没有新的机会？

8.服从第一

服从上级的指令是员工的天职，在企业组织中，没有服从就没有一切，所谓的创造性、主观能动性等都只有在服从的基础上才能够产生。那些懂得无条件服从的员工，才能得到企业的认可与重用。

【经典案例】

把信送给加西亚

当西班牙和美国的战争即将爆发之时，最重要的就是让军队的首领得知古巴的情况。当时，加西亚将军隐蔽在一个无人知晓的偏僻山林中，无法收到任何邮件和电报，而美国总统要尽快与他进行合作，情况紧急！

该怎么办？

这时，有人报告总统："有一个名叫罗恩的人能帮您把信送给加西亚。"

就这样，罗恩带着总统致加西亚将军的信出发了。罗恩拿到信，用油布袋将它密封好，捆在胸前，然后乘敞篷船航行四天后，趁着夜幕降临在古巴海岸登陆，消失在丛林中，三周后来到古巴的另一端，接着步行穿过西班牙军队控制的领土，最终将信交给加西亚。

【点评】

罗恩能把信送给加西亚，原因之一是对总统的无条件服从。

9.勇于承担责任

德国大众汽车公司认为：没有人能够想当然地"保有"一份好工作，而要靠自己的责任感去争取一份好工作！世界上也许没有哪个民族比得上德国人更有责任感了，他们的企业首先强调的还是责任，他们认为没有比员工的责任心所产生的力量更能使企业具有竞争力的了。显然，那些具有强烈责任感的员工才能在职场中具备更强的竞争力。

【经典案例】

李芳的责任

早上 8 点，西安某饭店 8 楼的一间客房里，从美国纽约来的一支团队的几名主要负责人在商量一件事。这支团队共有 40 多人，大多是退休教师，是应我国有关部门邀请前来上海、西安等地旅游考察的。他们两天前到达西安，先后参观了兵马俑、法门寺等名胜古迹和几所中小学。预订当天上午 10 点离开酒店乘机前往北京。不巧的是，团里一位名叫罗杰斯的客人前天患了重感冒，并伴随发高烧。饭店医生陪他去过医院，虽打针服药，但仍然不见明显好转，体温还是 38.51。这可急坏了带队的李芳。万般无奈之下，李芳找到了客房部经理。经理很热情，在了解了情况以后，答应让生病的罗杰斯先生留下。在饭店的精心照料下，罗杰斯先生很快恢复了健康，坐上了去北京的飞机。

【点评】

工作就是一种责任，带队的李芳对客人罗杰斯的患重感冒发高烧的妥善安排是她强烈责任感的体现。

【活动】

将下面的故事改成小品表演，并谈谈对故事的理解。

在一个风雨交加的夜晚，一位行李简陋、衣衫破烂的老人来到费城的一家旅店投宿，他对伙计说："别的旅店全客满了，我能在贵处住一晚吗？"

伙计解释说："城里举行大型活动，旅店到处客满。不过，我不忍心看您没个落脚处。这样吧，我把自己的床让给您，我就在柜台上搭个铺。"

第二天，老人临行前对伙计说："年轻人，你能当美国第一流旅馆的经理，我要给你盖个大旅馆。"伙计听了，觉得这老人真是幽默。

两年后的一天，伙计收到了一封信，邀请他去纽约回访两年前那个雨夜的客人。伙计来到纽约，老人把他带到一幢高楼前说："年轻人，这就是我为你建的旅馆，请你当经理。"

这位当时的年轻人就是如今纽约首屈一指的奥斯多利亚大饭店的经理乔治·波尔特，那位老人则是拥有亿万财产的石油大王保罗·盖帝。

第二节 培养职业意识

马班邮路的坚守者

19 岁的王顺友成了四川省凉山彝族自治州木里藏族自治县一名普通的马班邮路乡邮员。至 2005 年他当选为《感动中国》十大人物时，20 多年间，他一个人跋山涉水、风餐露宿、按班准时把一封封信件、一本本杂志、一张张报纸准确无误地送到每个用户手中。

木里藏族自治县地处青藏高原东南缘，这里高山绵延起伏，平均海拔 3100 米，生活和工作条件十分艰苦。王顺友负责的邮路从木里县城经白碉乡、三桷桠乡和倮波乡至卡拉乡，往返 584 千米。王顺友开始负责县城至白碉乡、三桷桠乡、倮波乡三个乡邮件的投递工作，这条邮路往返 360 千米，他每月两个邮班，一个邮班来回 14 天，每月有 28 天要徒步跋涉在苍茫大山中。必经之地察尔瓦山，气候异常恶劣，一年中有 6 个月被冰雪覆盖，气温达到零下十几摄氏度。而一旦走到海拔 1000 多米的雅砻江河谷时，气温又高达 40 多摄氏度，从白碉乡到倮波乡，还要经过当地老百姓都谈之色变的"九十九道拐"。这里，拐连拐，弯连弯，山狭路窄，抬头是悬崖峭壁，低头是波涛汹涌的雅砻江，稍有不慎，就会连人带马摔下悬崖掉进滔滔江水中。

在这条路上，没人能替他分担这近乎残酷的艰苦，他一肩挑、一人扛。当万家灯火、家人团聚的时候，王顺友只能独自蜷缩在山洞、牛棚、树林里或露天雪地上，只有骡马与他相伴。冬天一身雪，夏天一身泥，饿了就啃几口糌粑面，渴了只能喝几口山泉水或吃几块冰。到了雨季，他几乎没穿过一件干衣服。由于常年在野外风餐露宿，喝酒驱寒，王顺友的身体落下了很多毛病，胃病常年伴随他，心脏、肝脏、关节也经常受到病痛折磨。面对这绝无仅有的困苦，这个外表矮小、干瘦、背驼的男子汉以顽强意志战胜了孤独寂寞和艰难险阻，为大山深处各族群众架起了一座"绿色桥梁"。

一、职业意识的含义

在竞争日益激烈的知识经济时代，社会的竞争就是人才的竞争，而人才的竞争取决于素质的竞争，健康的职业意识是职业素质的核心部分。人力资源理论研究者认为，职业化人才的成功与否主要取决于其职业意识水平的高低。作为学生，一定要充分地了解和把握职业意识,并注重培养自己良好的职业意识,唯有如此,才能在未来的职业生涯中创造良好的业绩、成就美好的人生。

(一)什么是意识

意识是大脑的一种属性机能,是对客观现实的能动反映,是大脑进行的一种活动。

人的意识是一个结构复杂的系统。从内容上看,意识是知、情、意三者的统一:"知"是指人类对世界的认识;"情"是指情感,是对客观事物的感受和评价;"意"是指意志,是人类追求某种目的和理想时表现出来的自我克制、毅力、信心和顽强不屈等精神状态。从意识的自觉程度来看,意识可以分为潜意识和显意识。潜意识是主体不能控制和提取并参与思维活动的意识;显意识是人们自觉认识并受到一定目的控制的意识。从意识的指向来看,意识又可以分为对象意识和自我意识。对象意识指向客观世界的各种事物、现象、关系和过程;自我意识则指向自身内部的各种关系、体验以及人在世界中的地位。

意识具有主观能动性。它不仅能够主动地、有选择地和创造性地反映客观世界,而且能够指导实践改造客观世界;同时能够在一定程度上调节和控制人体的生理活动,反映自身并控制自身的行为。总之,意识是人精神生活的重要特征,人的日常生活、学习和工作,都是在意识支配下进行的。

(二)什么是职业意识

职业意识即从业者在特定的社会条件和职业环境影响下,在教育培养和职业岗位任职实践中形成的某种与所从事的职业有关的思想和观念。它以基本的职业知识为基础,以对职业价值的理性认识为核心,同时展开对职业目标、职业道路、职业道德、职业能力、职业信念、职业发展等一系列问题的思考,反映一个人对于职业的根本看法和态度,是职业认知与职业行为的综合,主要包括职业认识、职业情感、职业意志、职业行为等。

职业意识是人在职业问题上的心理活动,是自我意识在职业选择领域的表现。职业意识的形成不是偶然的,而是一个由浮浅趋于深刻、由模糊趋于鲜明、由幻想趋于现实的发展过程。

二、职业意识的意义

(一)提升职业素质

在职业活动中,个人的成功与否越来越取决于其综合职业素质的高低,良好的职业意识则可以极大地增强个人职业追求和发展的动力，从而促进其职业素质的提高。培养良好的职业意识，造就高素质的劳动者，必将提升用人单位的工作业绩，推动社会的发展进步。

（二）导航职业生涯

职业生涯就是一个人的职业经历，是指一个人一生中所有与职业相联系的行为与活动以及相关的态度、价值观、愿望等连续性经历的过程，同时也是一个人一生中职业、职位的变迁及工作、理想的实现过程。在影响职业发展的因素中，职业意识具有导向和调节作用，对个人职业发展影响重大。正确的职业认知、积极的职业情感、坚强的职业意志、良好的职业行为，必将推进人的职业生涯的良性发展。

（三）实现人生价值

人的价值是个人价值和社会价值的统一，也就是人作为价值主体和客体对自我需要和社会需要的满足程度。人的价值评价关键是如何对待社会价值与个人价值的关系，其核心内容是如何处理贡献与满足的关系。人生价值主要通过职业活动来体现，职业是实现人生价值的舞台。职业能否实现人生价值，与人的职业认识、职业情感、职业意志、职业行为息息相关。良好的职业意识能使从业者敬业、乐业、精业、勤业，从而实现人生的价值。

【经典案例】

三个工人砌墙

三个工人在建筑工地上砌墙。有人问他们在做什么。

第一个工人悻悻地说："没看到吗？我在砌墙。"

第二个人认真地回答："我在建大楼。"

第三个人快乐地回应："我在建一座美丽的城市。"

十年以后，第一个工人还在砌墙，第二个工人成了建筑工地的管理者，第三个工人则成了这个城市的领导者。

思想有多远，我们就能走多远。在同一条起跑线上，态度决定一切。

这个故事深刻说明了不同的职业意识导致不同的职业人生，从而实现不同的人生价值。第一个人心理显然很不平衡，砌墙对他来说是单调、枯燥的机械工作；第二个人是位有责任心的人，对从事的砌墙工作很满足，也很敬业，能从单调的工作中寻找到乐趣；第三个人则具有很高的人生追求和远大的理想抱负，对从事的工作积极乐观，砌墙对他来说是实现人生价值的愉快工作。正是各自职业意识的差别，导致了

10年后悬殊的人生状态。

正如美国心理学家马斯洛所言:"心态变,则态度变;态度变,则行为变;行为变,则习惯变;习惯变,则命运变!"

三、职业意识发展的阶段

职业意识的发展主要经历以下三个阶段:

(一)幻想阶段

这一阶段主要在小学时期。小学生已经萌生了职业意识,他们从自己的兴趣爱好和崇拜对象的职业中形成职业理想,还没有考虑职业与自己性格、知识、能力之间的关系以及职业的现实需求,想象成分居多,现实考虑极少,带有随意性,易随客观环境刺激的变化而变化。

(二)分化阶段

这一阶段主要在中学时期。中学生已经初步形成了比较稳定的兴趣爱好和价值取向,这为职业意识的深化奠定了基础。最初,中学生的职业选择由兴趣主导,并试图将兴趣与能力统一于价值体系中。随着心理、生理等各种因素的不断发展,中学生认识到未来职业与主体状况之间的内在联系,其职业目标同原来的职业意向出现分化,在不断的分析比较中选择自己的职业目标,并为目标的实现不断付出努力。

(三)成熟阶段

这一阶段是一个由主观愿望落实到具体计划的过渡期,学生正处于这一阶段。专业选择是职业意识的具体表现,学生要权衡各个职业的价值,选取相对价值最高的职业目标。学生对专业的选择实际上是对职业的选择,尽管将来未必从事专业对口的工作,但学习也是为将来就业所进行的实际准备,这种准备体现了职业意识。

职业意识的成熟最终要靠现实职业选择来实现。学生正处于职业意识成熟阶段的前期,处在职业社会边缘地带,已经开始向职业社会过渡,逐渐认清职业社会对某些职业的实际要求,从而找准职业定位。

四、良好职业意识的表现

良好职业意识是从业人员的根本素质,是一个合格的社会职业者的必备条件,它不仅是个人职业生涯成功的保证,同时也是促使企业生产发展和社会发展的需要。

良好职业意识的形成和保持,不仅需要良好的社会环境和社会实践,特别是从业实践,而且需要对社会认可的良好职业意识的充分把握。对尚未就业的学生来说,对良好职业意识的理解和认同是职业意识培养的重要前提。

良好职业意识除了本模块后面要重点讲述的责任意识、质量意识、创新意识、服务意识外,还主要包括以下八个方面。

（一）规则意识

规则意识是指发自内心的、以规则为自己行动准绳的意识。比如说遵守校规、遵守法律、遵守社会公德、遵守游戏规则的意识。规则意识是现代社会每个公民都必备的一种意识。规则意识有三个层次：首先是关于规则的知识；其次是要有遵守规则的愿望和习惯；最后是遵守规则成为人的内在需要。

孟子曾说："不以规矩,不能成方圆。"在日常生活中,规范和制度无处不在、无时不有。大到一个国家,小到一个企业,都有自己的规章制度。规范和制度是组织正常运行的最基本保证。公司的每一个部门,都会依据本部门的职能制定相应的规章制度,以保证本部门工作顺利进行。每位员工都是公司的一分子,遵守公司的各项规章制度是员工的基本职责。

📖 【经典案例】

海尔的"13条军规"

在海尔企业文化中心,有一张已经发黄的稿纸,上面写着13个条款,据说这是张瑞敏执掌海尔后颁布的第一个管理制度文件。

1984年,从部队转业的张瑞敏刚来海尔时,看到的是一个濒临倒闭的小厂：员工领不到工资,人心涣散,在厂区打架骂人的、随便偷盗公司财产的、在车间随地大小便的现象比比皆是„公司一年换了四任厂长,前三任要么知难而退,要么被员工赶走。怎么办? 张瑞敏定出了一系列基本规定：严禁偷盗公司财产、严禁在车间大小便……

第一次出台的制度,一共13条,其中包括不准迟到、不准早退、不准在工作时打毛衣、不准在工作时闲聊……每一条都不是高不可攀,都紧挨员工的道德底线。任何一条都让员工感觉"不应该"违背,因此制度本身具有了极强的可执行性。更重要的是,张瑞敏没有让制度停留在这13条上,而是抓住每一个违反制度的典型行为,发动大家讨论,挖掘典型行为的思想根源,上升到理念层次,再以这种理念为依据,制定更加严格的制度……在这种管理制度下,每执行一次制度,就沉淀一个理念,以理念为依据,再制定更多的制度。结果制度越来越健全、越来越严,同时文化越积越厚重、思想越来越统一。每一个方面都有文化的渗透和影响,同时每一个方面都有严格的奖惩制度,最终形成了"制度与文化有机结合"的海尔模式。

(二)诚信意识

诚实守信是中华民族的传统美德,是为人处世的基本准则,同时也是从业人员对社会、对他人所承担的义务和职责,是人们在职业活动中处理人与人之间关系的道德准则诚信是一种优良的品质,意味着一言九鼎、言出必行、说到做到。这个世界上并不缺乏有能力的人,那种既有能力又忠诚于企业的人才是每一个企业所企求的理想人才。在职场上,诚实守信会赢得领导、同事和客户的信任,为事业成功赢得更多的机会。

🔖【经典案例】

信义兄弟

孙水林、孙东林,武汉市黄陂区李集街仰山庙村人,武汉东方建筑集团有限公司项目经理。

腊月廿六。在北京做建筑工程的孙水林回到天津,原定与暂住在天津的家人和弟弟孙东林聚一天再回武汉,但他查看天气预报了解到,此后几天,天津至武汉沿线的高速公路,部分地区可能因雨雪封路。他决定赶在封路前回武汉,给先回武汉的民工发放工钱。春节前发放工钱,是他对民工的承诺。

当晚,孙水林提取26万元现金,带着妻子和三个儿女出发了4次日凌晨,他驾车驶至南兰高速开封县陇海铁路桥段时,由于路面结冰,发生重大车祸,20多辆车连环追尾,孙水林一家五口全部遇难。

弟弟孙东林为了完成哥哥的遗愿,在大年三十前一天,来不及安慰年迈的父母,将工钱送到了民工手中。因为哥哥离世后,账单多已不在,孙东林让民工们凭着良心领工钱,大家说多少钱,就给多少钱。钱不够,孙东林就贴上了自己的6.6万元和母亲的1万元。就这样,在新年来临之前,60多名民工都如愿领到工钱,孙东林如释重负。"新年不欠旧年账,今生不欠来生债。"孙水林、孙东林兄弟20年坚守承诺,被人们赞为"信义兄弟",获得"2010年度感动中国十大人物"殊荣。

(三)敬业意识

敬业就是用一种恭敬严肃的态度对待自己的职业,是从业人员在特定的社会形态中,认真履行所从事的社会事务,尽职尽责、一丝不苟的行为。

有调查显示:学历资格已不是很多公司招聘员工时的首选条件,大多数企业认为，良好的工作态度是雇佣员工的最重要条件，其次才是职业技能和工作经验。在工作中要有兢兢业业、埋头苦干、任劳任怨的工作态度和忘我精神，而不是偷懒耍滑、马虎草率、敷衍塞责、玩忽职守。

【经典案例】

十秒钟惊险镜头

德国一家电视台重金征集"十秒钟惊险镜头"，许多新闻工作者趋之若鹜。在诸多参赛作品中，一组名叫"卧倒"的镜头以绝对优势获得冠军。

拍摄者是一位名不见经传的年轻人。那天晚上播完十秒钟短镜头后，几乎整个德国都静止了十分钟，人们眼含热泪沉浸在惊险中不能自拔。

镜头记录了这样的情节：在一个火车站上一个扳道工正在走向岗位，为一列徐徐而来的火车扳道岔。这时，他发现在铁道的另一头，还有一列火车正从相反的方向进站。如果不及时扳道，车辆必定相撞。急忙中他无意回过头来，却发现自己的儿子正在铁轨那一头玩耍，而那辆进站的火车正行驶在这条道轨上。是抢救儿子，还是扳道岔避免一场灾难，供他选择的时间太少了。只见他朝儿子大喊一声："卧倒!"同时箭一般冲过去扳道岔。

霎时，这边火车驶入了预定轨道，那一边火车也呼啸而过两列火车上的旅客丝毫不知道，他们的生命几乎毁于眨眼之间，当然更不知道，此时一个小生命卧倒在铁轨边，火车从上面轰鸣而过。孩子丝毫未伤，旅客怡然自在，这一幕恰巧被从此经过的记者摄入镜头。

后来，人们才知道，那个工人忠厚木讷，最大的优点是忠于职守。

二十多年的扳道生涯从没有误过一秒钟。更让人唏嘘不已的是，他儿子是个精神发育迟缓儿童。他曾多次对儿子说："你长大后能干的工作太少，你必须有一样是出色的。"儿子听不懂他的话，还是那样傻乎乎的，但在生命攸关的时刻却卧倒了。而这正是父亲陪他玩打仗游戏时，唯一听懂并做得最出色的动作。

（四）竞争意识

竞争意识是个人或团体间力求压倒或胜过对方的一种心理状态，它能使人精神振奋、努力进取，促进事业的发展，是现代社会中个人、团体乃至国家发展过程中不可缺少的心态。只有存在竞争，社会才会有活力；只有重视竞争，有强烈的竞争意识，才能不断地超越自我。

商场如战场，说的就是商场中的竞争和战场上的战争同样残酷。企业的员工能否适应激烈的竞争,能否从竞争中脱颖而出,是他能否取得成功的关键。世界上所有通过自己的奋斗取得成功的人,都具有强烈的竞争意识。只有敢于竞争的员工,才是最优秀的员工;只有敢于胜利的团队,才是最卓越的团队。

【经典案例】

中国女孩成功竞选哈佛"总统"

2006 年 5 月,哈佛大学研究生院学生会主席竞选进入了白热化阶段,因为美国历史上有三位总统出自哈佛学生会主席,所以哈佛学生会主席竞选也就成了美国人的一大关注。最后只剩下四个主要的竞争对手,分别是哈恩、吉米克、隆德里格斯和中国学生朱成。按照美国习惯,这种时刻相互以丑闻打击对手成为必然。首先,隆出人意料地曝出了哈和吉的丑闻,给了他俩以致命的打击,接着哈和吉又曝光了一段隆在一家中国超市被警察询问的录像,隆也到了百口难辩的地步。

到了整个竞选中最重要的一天,四个竞选者一起召开新闻发布会。哈、吉和隆都显得有些沮丧,只有朱成依旧带着端庄的微笑。她走上台说我今天想先说清楚隆德里格斯在超市行窃的事。她的话让所有人都屏住了呼吸,隆更是攥紧了拳头。朱成说:"我认识那家中国超市的老板,问明了整个事情的经过。事实上,隆是因为帮助老板抓到了小偷,才被警察询问情况的!"霎时,整个现场一片哗然,三个对手更是张口结舌。更出人意料的是,就在投票前 15 分钟,隆宣布了自己退出的消息,并且号召自己的支持者把票投给朱成,自己愿意做她的助理。

就这样,朱成力挫群雄,成了哈佛学生会第一任华人主席。朱成颠覆了美国最习惯靠手段恶搞对手的传统思维和做法。试想如果朱成不这样做,现任的哈佛学生会主席也许会另有其人。朱成让对手变成了朋友,她不仅成功了,而且还给对手、给所有的哈佛学生乃至更多的人上了鲜活的一课。

(五)团队意识

团队意识是指整体配合意识,包括团队的目标、团队的角色、团队的关系、团队的运作过程四个方面。团队意识是一种主动性的意识,将自己融入整个团队对问题进行思考,想团队之所需,从而最大限度地发挥自己的作用。而如果只是服从命令,则是被动的、消极的。

俗话说:"一根筷子轻轻被折断,十双筷子牢牢抱成团。"团队意识的重要性对于任何组织来说都是无与伦比的,大到国家,小到公司,都需要每个成员具有团队精神。一个人没有团队意识将难成大事;一个公司没有团队意识将成为一盘散沙;一个民族没有团队意识也将难以强大。可以这样说,团队意识决定组织成败。

【经典案例】

团队合作比优秀成绩更宝贵

一家做市场策划的合资咨询公司招聘高层管理人员,9名优秀应聘者经过初试,从上百人中脱颖而出,闯进了由公司老总亲自把关的复试。老总看过这9个人详细的资料和初试成绩后,相当满意。然而,此次招聘只能录取3个人,所以老总给大家出了最后一道试题。

老总把这9个人随机分为甲、乙、丙三组。指定甲组的3个人去调查本市婴儿用品市场,乙组的3个人去调查妇女用品市场,丙组的3个人去调查老年人用品市场。老总解释说:"我们录取大家是来搞市场研发的,所以你们必须对市场有敏锐的观察力。让大家调查这些行业,是想看看大家对一个新行业的感应能力。每个小组的成员务必全力以赴!"临走的时候,老总补充道:"为避免大家盲目开展调查,我已经叫秘书准备了一份相关行业的资料,走的时候自己到秘书那里去取。"

两天后,9个人都把自己的市场分析报告送到了老总那里。老总看完后,站起身来,走向丙组的3个人,分别与之——握手,并祝贺道:"恭喜3位,你们已经被本公司录取了!"

面对大家疑惑不解的表情,老总不紧不慢地说:"请大家打开那天我叫秘书给你们的资料,互相看看。"原来,每个人得到的资料都不一样,甲组的三个人得到的分别是本市婴儿用品市场过去、现在和将来的分析,其他两组的也类似。老总说:"丙组的3个人很聪明,互相借用了对方的资料,补全了自己的分析报告,而甲、乙两组的6个人却各自行事、互不联系,自己做自己的,使得报告内容很片面。我之所以出这样一个题目,其实最主要的目的,是想看看大家的团队合作意识。甲、乙两组失败的原因在于:他们没有合作,忽视了队友的存在!要知道,团队合作精神在现代企业里比什么都重要!"

(六)节约意识

法国作家大仲马说:"节约是穷人的财富、富人的智慧,节约是所有财富的真正起始点。"在公司进入微利时代的今天,除了赚钱的思路、观念需要及时进行调整、转变、更新外,更重要的是用节约的方法来降低成本、增加利润。当一个公司能够抠出低成本时,也就抠出了高效益。但是,抠门绝不是该投资的不投资,而是杜绝浪费,将不该花的钱节省下来,让它为公司的生存发展发挥更大的作用。

"制度是最好的老师。"在企业要求员工减少浪费的时候,同时一定要对企业制度做出修改 —— 修改掉企业管理考核制度中容易滋生浪费的"温床",从而让员工更好地形成节约的意识,使员工在工作的过程中能够将企业当作自己的家一样去对待,从不浪费一度电、一滴水做起,让企业资源的利用率大大提升,从而让员工在生产劳动的过程中养成不浪费的好习惯。

【经典案例】

王永庆的节俭人生

"塑胶大王"王永庆是中国台湾的巨富,曾居美国《福布斯》杂志华人亿万富豪榜首位,世界富豪排行榜第 11 位。

这样一位"富可敌国"的人却一直保持着节俭的习惯。他的一条旧毛巾,一直使用了 27 年还舍不得扔掉,仍然继续使用。因为时间太长了,这条毛巾缺边少沿,毛茸茸的,经常刺拉皮肤。他的太太十分心疼他,拿了一条新毛巾想给王永庆换一换,但王永庆却说:"既然能凑合着用,又何必换新的呢。就是一分钱的东西也要捡起来加以利用,这不是小气,是一种精神,是一种警觉,是一种良好的习惯。"

王永庆很少在外面宴请客户,一般都是在台塑大楼后栋顶楼的招待所内宴客。还经常采用"中菜西吃"的方式,让大家围在圆桌边,由侍者逐个分菜,一人一份,吃完再加,既卫生又不浪费,这与当今社会某些人用公款大吃大喝的现象形成了鲜明的对比。台塑集团内的职工食堂也采取类似的自助餐形式,菜与饭都是自取,分量不限,可是舀到餐盘里的饭菜绝对不可以剩下或倒掉,否则就要受罚。王永庆还时常提醒厨师要节约能源,他说:"汤煮开以后,应立即将火关小,汤的温度达到沸点 100 摄氏度以后继续大火烧,那只是浪费电而已。"

在穿着方面,王永庆也十分节省。王永庆只在确实必要时,才去做一套西服,而不是像一般企业家一样,事先预备好几套西装。有一次,王太太发现王永庆的腰围缩小了,平常穿的西装显得不太合身了,便特地请了裁缝师傅到家里给王永庆量尺寸,准备给他定做几套合身的新西服。没想到王永庆却从衣柜里拿出几套已经很旧的西装,坚持请裁缝师傅把腰身改小就行了,而拒绝定做新的。王永庆认为:"既然旧西装还是好的,改一改就可以穿,又何必浪费去做新的呢?"

王永庆说:"我幼时无力进学,长大时必须做工谋生,也没有机会接受正式教育,像我这样的一个身无专长的人,永远感觉只有刻苦耐劳才能补其自身的不足。而且,出生在一个近乎赤贫的环境中,如果不能刻苦耐劳简直就无法生存下去。直到今天,我还常常想到曾经生活的困苦,那也许是上帝对我的恩赐。"

（七）创业意识

创业意识是指一个人根据社会和个体发展的需要所引发的创业动机、创业意向或创业愿望。创业意识是人们从事创业活动的出发点与内驱力，是创业思维和创业行为的前提：需要和冲动是构成创业意识的基本要素。

当今社会随着科学技术的进步和劳动生产率的提高，经济增长对就业的吸纳能力将会不断下降，就业缺口也会不断扩大。鼓励学生自主创业，既能解决自身就业难的问题，还能为社会拓展就业渠道，更重要的是能满足学生自我实现的需要。因此，现代学生应强化创业意识，主动适应社会与时代发展的现实需要。

【经典案例】

80 后的亿万富翁

李想，PCPOP.com 首席执行官，1981 年出生，1999 年创业，高中文凭。2006 年以泡泡网 CEO 身份，跻身"中国十大创业新锐"，是榜单上最年轻的一位，也是 80 后创业群体首次进入这一榜单。

李想上初中的时候，就对电脑产生了浓厚的兴趣。初中三年，他看了三年电脑方面的书。高一开始，他就规划了自己的职业路线：毕业后进入报纸或杂志做顶尖的编辑。李想订阅了很多与计算机互联网有关的书籍和杂志，高二时就大量给这些杂志投稿，基本上 IT 类所有的媒体都有他的稿件，编辑开出千字 300 元的稿费标准，每月光稿费就 1000 多元。高二时，李想创办了自己的网站"显卡之家"，这样的网站在石家庄就有上百个。由于"显卡之家"最初没有考虑到收益，而是以方便网友的原则办站，短短 3 个月，网站访问量由最初的 200 次增加到 7000 次。互联网公司前来投放广告，低廉的广告收费和良好的效果让李想赚取了日后创业的 10 万元"基本金"。2000 年高中毕业的李想毅然放弃了高考，创办了泡泡网。经过十年的飞速发展，目前已经拥有 800 万注册用户，30 多个专业频道，900 余个子频道，超过 25000 个产品网站，5000 家以上的经销商与容纳数万产品的即时报价系统，为用户提供资讯、互动、营销三位一体的网络服务，成为中国最具权威性与影响力的 IT 垂直互动门户网站之一。

（八）安全意识

所谓安全意识，就是人们头脑中建立起来的生产必须安全的观念，也就是人们在生产活动中对各种各样有可能对自己或他人造成伤害的外在环境条件的一种戒备和警觉的心理状态。安全与生产是矛盾的对立统一，只有搞好安全才能使生产有序进行,忽视安全,生产就会停滞不前,造成国家财产的重大损失和从业人员的伤亡。

从业人员从事生产经营活动,首先要对其所从事的作业场所和工作岗位的安全进行了解,做到安全生产心中有数。树立安全意识,最主要的一点就是严格执行安全操作规程,执行安全规程不打折扣、不变样,有人管没人管都一个样,有没有监控都一个样。

【经典案例】

葛麦斯安全法则

隐去管理者的身影,让亲人取而代之,去唤醒操作者的安全意识,这就是著名的"葛麦斯安全法则"。

在阿根廷著名的旅游景点卡特德拉尔,有段婉蜒的山间公路,其中有三千米路段弯道多达12处。由于弯道密集,因此经常发生交通事故,人们称之为"死亡弯道"。这段路从1994年通车到2004年,共发生了320起交通事故,106人丧生。交通部门在该段路入口处竖立了提示牌:"前方多弯道,请减速行驶",没起作用;于是将提示语改成触目惊心的文字:"这是世界第一的事故段""这里离医院很远",事故依然高发。

就在人们的智慧仿佛走到尽头时,老司机葛麦斯公布的"独家安全秘籍"给公路管理当局以新的启示。葛麦斯驾车43载,不仅从未发生过交通事故,甚至连一次违章记录都没有,因此在他退休前,交通部决定颁发一枚"优秀模范驾驶奖章"给他。

颁奖当天,记者问葛麦斯要如何才能做到平安驾车。葛麦斯回答:"其实开车时,我都由家人陪着啊!不过乘客看不到我的家人,因为他们都在我的心里。"

记者不解,葛麦斯笑着说:"想想你的妻子正等着你吃晚餐;你还要陪孩子上学;年迈的父母正是需要你照顾的时候……你就会小心驾驶。"

原来,葛麦斯的秘诀就是时时刻刻把对家人的爱放在心中。

第三章 职业素养之职业能力

好学不倦

在一个漆黑的晚上，老鼠首领带领着小老鼠出外觅食，在一家人的厨房内，垃圾桶中有很多剩余的饭菜，对于老鼠来说，就好像人类发现了宝藏，正当一大群老鼠在垃圾桶及附近范围大挖一顿之际，突然传来了一阵令它们肝胆俱裂的声音，那就是一只大花猫的叫声。

它们震惊之余，便各自四处逃命，但大花猫绝不留情，穷追不舍，终于有两只小老鼠走避不及，被大花猫捉到，小老鼠正要被吞噬之际，突然传来一连串凶恶的狗吠声，大花猫手足无措，狼狈逃命。

大花猫走后，老鼠首领从垃圾桶后面走出来说："我早就对你们说，多学一种语言有利无害。"

（选自：陈书凯：《500个故事教你做人》，哈尔滨出版社2008年版）

📚【感悟】

"多一门技艺，多一条路。"不断学习是成功人士的法宝。

第一节 营造和谐人际

优秀的团队精神是企业的核心竞争力，是切实保证人们在共同活动中协调一致的基础。然而，一个优秀团队的基础是团队成员良好的沟通、协作能力。

现在已经不是个人英雄主义时代了，所以不需要我行我素的行事方式，而是需要有效的沟通来融合团队的精髓。有些人刚刚开始工作，他们更需要积极主动地去了解和学习更多的东西；而管理者要把自己的经验和智慧传授给团队的每一位成员。可以说，沟通就是企业的纽带，它可以把组织成员有效地联系在一起；可以使相互的猜疑化为云雾；它还可以把每一位员工的最好创意都表达出来，从而创造更大的价值。

有效的沟通也意味着协作,两者同等重要,紧密联系。没有沟通就不能很好地协作,没有协作,沟通也将失去意义。协作是对有效沟通的承诺,同时也是团队成员为了一致的目标而共同努力的表现。任何一个团队都不能没有沟通与协作,任何一位企业员工都必须具备沟通协作能力。

一、领悟沟通的特性

沟通就是人与人的接触,它不是一种本能,而是后天培养的能力,它把信息以可以理解的方式从一方传递给另一方,把一个组织中的成员联系在一起,以实现共同目标。

随着分工与合作的密切化,沟通已经成为企业员工的必备能力。在沟通的过程中,我们需要充分地理解其内容、所传达的理由及其重要性,从而了解沟通的意义,只有了解了这些方面才算是有效的沟通。

(一)有效沟通的五大特性

有效的沟通往往具有一些相同的特性,只有包含了这些特性,沟通才可能是有效的。如有效的沟通必须是建立在积极聆听的基础之上,沟通双方必须形成双向沟通等。以下是有关有效沟通特性的具体介绍:

(1)积极聆听。从有效沟通方面来讲,聆听是基础,是表示对沟通者最起码的尊重,不论在何种情况下,都应该积极聆听对方的讲话,只有这样才可以更进一步地与对方进行沟通和探讨,从而形成双向沟通。

(2)双向性沟通。双向沟通伴随反馈过程,使自己或对方可及时了解到信息在实际中如何被理解、接收,使接收者得以表达接收时的困难,从而得到帮助和解决。

(3)明确性。在选定了沟通对象后,我们首先需要明确沟通目的,从而在沟通过程中把自己的意图清晰地告知接收者或是根据接收者的反馈做出果断的回复,以保障信息在表述和传达过程中的正确性。

(4)谈行为不谈个性。在工作中,不论我们与何种接收者沟通,都要就事论事,就事件本身进行沟通。若过于偏向个性方面,则会破坏沟通的基础,甚至是原则。

(5)善用非语言沟通。也就是说,在必要的时候我们可以采取肢体语言来表达所要传达的信息,当然也可借助图片、文字等工具来更好地传达信息。例如,当你的组织成员在工作中表现非常出色时,你可以向他树拇指表示赞扬和鼓励。

沟通是一系列有目的的行为表现,沟通的有效性确保了沟通目的的实现。例如,你与一位因失业而感到痛苦的朋友谈话,目的就是让他重新振作起来,那么你首先要仔细听他讲述自己的心里话或委屈，之后你可能会表示很惋惜，并明确地告诉他"这并不重要，我们都还年轻，机会也很多……"等一些激励的话，你还会拍拍他的肩膀，安慰他，叫他好好干。实际上，有效的沟通并不难，关键在于我们是否能听出对方的心声，并选择最佳的方式去告知或是暗示，最终完成沟通目的。

（二）沟通无极限

松下幸之助说过："企业管理过去是沟通，现在是沟通，未来还是沟通。"沟通不仅仅只是信息的有效传递，还应是企业得以发展的重要基础。事实上，企业内部的沟通能力已经成为企业竞争力的关键因素。

企业以人为载体，而人们之间的有效协作完全依赖于良好的沟通，从某一角度来说，沟通控制了组织成员的行为，从而也关系到企业的发展，这一逻辑关系衍生了沟通无限论。沟通之所以无限，是因为：

（1）人与人的接触。人类最普遍的行为就是人与人的接触。任何发明、成就都离不开这项最基本的活动。在倡导分工与合作的现代经济中，这种行为无疑是最普遍，也是最重要的。

（2）可使组织成员紧密地联系在一起。有效的沟通是一种激励，它可使组织成员释放心灵，并为了同一目标而努力奋斗，以提高工作绩效。

（3）可及早发现问题。有效的沟通可使企业内部的信息交流更加畅通，同时也可融汇各种信息和资源，一方面可获得有利的信息支持；另一方面则可通过分析发现所需要解决的问题。

（4）寻求出路的方式。有效的沟通可使组织的行为得以控制，并向目标方向推进。例如，我们可以通过会议或研讨来寻求问题的最佳解决方法，以致达到最佳效果。

企业是一个紧密相连的团队，成员间的有效沟通可以及时地发现问题、解决问题，从而寻求最佳的解决之道，并推动企业不断前进。通用汽车总裁杰克·韦尔奇最成功的地方就是他在通用电气建立起了有效的沟通方式，使得通用持续快速地发展。

（三）职业化沟通

前面已经阐述了沟通是职业化理念的重要组成部分，它对职业化的意义是不言而喻的。有关沟通能力对职业化的重要性一直以来就深受重视，例如，美国金融家、总统顾问伯纳德·巴鲁克曾说过："表达思想的能力和所表达的思想内容同等重要。"同样，美国加州参议员戴安·范斯坦也指出："一个人的领导才能，90%都体现在与他人的沟通能力上。"随着企业的不断发展，良好的沟通能力已经成为员工考评的重要因素。

在职业化发展的道路上，我们可以肯定的是：良好的沟通能力是职业化发展的推动力。专家认为，一个职业人士所需要的三种最基本的技能依次是沟通的技巧、管理的技巧和团队合作的技巧。然而，不论是管理还是团队合作都必须以有效的沟通为基础，所以它又被认为是其他所有职业技能的基础。

沟通是一门艺术，而是否能够掌握这门艺术对一个人的职业发展有着重大的意义。能够与周围人进行充分地交流并使自己所传达的内容被人理解，这就是具有良好沟通能力的表现。往往事情越糟糕、越重要时，人们越需要加强与他人之间的交流和沟通，此时有效的沟通会起到惊人的作用。

工作中，若一个人没有良好的沟通能力，就不能把自己的思想明确地传递给其他人，也就不能更好地展现自己。

📖 【经典案例】

荷薪者过来

一位秀才去市场买柴，他对卖柴的年轻人说："荷薪者过来！"卖柴的年轻人听不懂"荷薪者"（担柴的人）三个字，但是听得懂"过来"两个字，于是犹豫着把柴担到秀才前面。秀才再问年轻人："其价如何？"卖柴的年轻人还是听不太懂这句话，但是听得懂"价"这个字，于是就告诉秀才价钱。

秀才接着说："外实而内虚，烟多而焰少，请损之（你的木材外表是干的，里头却是湿的，燃烧起来，会农烟多而火焰小，请减些价钱吧）。"这一回卖柴的年轻人一个字也没听懂，他以为是秀才在故意戏弄他，于是担着柴走了。

这则故事很简单地说明了沟通的重要性：若秀才能把话说得更通俗一点，那结果将会不同。

📖 【问题反思】

这则故事说明了沟通的哪些特性？在你的工作中，是否有过未能达到有效沟通的经历？如果有，总结一下原因大多出在哪里？与有效沟通的特性有哪些不符？

二、与上级沟通

对一名员工而言，与上级沟通是无法回避的工作内容之一，它不同于普通的、与同级之间的沟通。很多沟通的技巧和方法要因人、因时因地而定，多总结多积累才能取得有效的沟通效果，赢得上司的信赖与好评。

在现实生活中，由于受等级观念、官本位等思想的影响，员工与上级之间相互沟通并不是一件容易的事，往往存在一定的误区。然而，我们必须找到与上级有效沟通的原则和技巧，以推动工作的顺利进行，并给自己带来更多的发展机会。

（一）与上级沟通的原则

上级的工作往往比较繁忙，而无法面面俱到。保持主动与上级沟通的意识十分重要，不要仅仅埋头于工作，而忽视与上级的主动沟通，还要有效展示自我，让你的能力和努力得到上级的高度肯定。关于与上级沟通的原则，有如下几点：

（1）智者找助力，愚者找阻力。记住一点：与上级沟通的目的是要获得支持或建设性的意见，进而有利于工作的进行，所以，不论我们以何种方式或技巧进行沟通，其目的都将是有助于工作的良好解决。

（2）积极主动。在日常工作中，有时候由于沟通方式或时机不当，造成与上级沟通出现危机，让上级产生误会与不信任，要及时寻找合适的时机积极主动地解释清楚，从而化解上级的"心结"。只有与上级保持有效的沟通，才能获得上级器重而得到更多的机会和空间。

（3）尊重、真诚。员工对上级要持真诚、尊重的态度，尊重和真诚是有效沟通的基础，它可以为员工与上级的沟通建立良好的氛围。

（4）多替上司考虑。站在上级的角度去思考问题，有利于形成双向性交流，例如，我们可以想：如果我是上级我该如何处理此事？进而寻求对上级处理方法的理解。

（5）时常反省自身。包括与上级的沟通是否出现了障碍、沟通的方式是否正确、可能会出现的误会是什么、如何更好地沟通等方面，这些都是我们时常需要思考的问题，也是与上级沟通过程中应遵循的一个重要原则。

（二）与上级沟通的技巧

在与上级沟通的过程中，要让上级知道你在做什么、做到什么程度、遇到什么困难、需要什么帮助。不要认为你遇到问题时，上级能未卜先知并能及时伸出援助之手，有效的沟通是达成成功的唯一途径。在实际工作中，要掌握良好的沟通时机，不一定非要在正式场合与上班时间，也不要仅仅限于工作方面上的沟通，在其他方面的沟通也会带来意想不到的效果。

以下是与上级进行有效沟通的一些技巧：

（1）给足面子而不丢失自我。很多员工在与上级的沟通中，不是太过于自我而忽视了上级的位置和感受，就是太在意上级的感受而失去了自我，这两者都不是有效的沟通表现。只有在给足上级面子的同时不丢失自我个性，才能既不影响上级的感受，又能清晰地阐述自己的观点。

（2）巧借上级之口陈述自己的观点。与上级沟通不等于溜须拍马，沟通中首先要学会听，对上级的指导要加以领悟与揣摩，在表达自己意见时要让上级感到这是他自己的意见，巧借上级的口陈述自己的观点，赢得上级的认同与好感，让沟通成为工作的润滑剂而不是误会的开端。

（3）智慧地说"不"。上级不可能事事都能做出"圣君名主"的决断，他们也会有失误，可能在某些方面还不如你，但千万不要因此有居高临下之感而滋生傲气，这只能给工作徒增阻力。尊重上级是"臣道"之中的首要前提，要有效地表达反对意见，懂得智慧地说"不"！

（4）寻找合适的与上级沟通的方法与渠道。我们日常上报给上级的日报、周报等在现实工作中常常变成了应付领导的工具，如何利用日报等常规沟通工具与上级达成有效沟通是每一个员工要认真思考和对待的问题。此外，当沟通渠道被外因阻隔时，要及时建立起新的沟通渠道，根据上司的个性找到一种有效且简洁的沟通方式，是沟通成功的关键。

（三）与上级沟通的误区

我们都很清楚有效沟通的重要性，但在实际的工作中，我们还会因为诸多的因素，而表现出一些不良的沟通行为。

【经典案例】

业绩良好的小张为何被解聘

在日常工作中，我们常常看到一些很卖力或是业绩比较好的员工反而没有得到上司的器重，这让我们很不解，但当我们了解沟通的重要性后，我们将会找到答案。

某公司的业务员小张有一阵子老是受上司的冷落，尽管他工作非常认真，业绩也比较突出，可就是没有得到上司的表扬，更不用说器重了，倒是那些业绩平平的同事成了上司心目中的"新宠"。

为了此事，小张几次想跟上司沟通，询问上司对他的看法。可是每当小张想敲上司的办公室门时就又犹豫起来，赶紧缩回手。直到有一天，还没到公司统一发工资的日子，上司却通知他去财务部领工资，他才知道被公司解聘了。他百思不得其解。

其实，小张是很冤枉的，他的同事嫉妒他业绩出众，打了小报告诬陷他。如果小张及时地跟上司沟通，弄明白上司冷落他的原因，并予以解释澄清，事情就不会发展到如此地步。可见，能力固然重要，但良好的沟通意识和有效的沟通能力也是必要的，因为它关系着个人的职业发展。

【问题反思】

小张的例子并不是个案，甚至可以说相当普遍地存在于各级组织中，这里有上司的原因也有员工自身的原因。小张为什么业绩良好还会被解聘？没有与上司沟通、不敢与上司沟通、与上司沟通失败等，都属于无效的沟通行为。这些行为在你的身上是否发生过？如何提升你与上司沟通的能力？这则故事说明了与上司沟通的哪些原则？

与上级建立良好的沟通关系是工作的基本内容，同时也是获得晋升机会的最佳途径。而很多时候，我们只是单一地认为只要有专业知识技能就一定可以获得很好的发展机会，可事实往往不是这样。如果想要成为真正的管理者，就必须先做个受欢迎的被管理者。

三、与平级沟通

任何一家企业，都非常注重团队的精诚团结，密切合作。因此，平级之间的沟通十分重要。企业员工不能只顾与上级建立良好的沟通而忽视与平级的沟通，否则不仅得不到上级的器重，还会遭受同事的冷漠，职业发展也将是短暂的。

平级之间的沟通旨在消除彼此之间的误解，增强相互的信任感和默契度，使团队在工作中发挥出更大的作用。要搞好平级之间的沟通，不仅要掌握积极沟通的原则，还要掌握沟通技巧，如直截了当地提出问题、积极地拒绝、积极地表明不同意见等。

（一）坚持原则，维护权利

平级间在工作协调上难免存在部门利益冲突，很多中层管理人员就是因为没有处理好平级关系而在职场中失利的。并不是说上下沟通容易，与平级沟通困难，而是在上下沟通中，人们通常都运用了权力进行沟通，强制下属执行，从而掩盖了沟通中的许多问题，所以说，平级沟通对于双方的沟通能力提出了更高的要求。

与平级沟通的积极方式是指：在不侵害其他人和其他部门权益的前提下，敢于维护自己和本部门的权益，用直接、真诚并且比较适宜的方式来表达自己的需求、愿望、意见、感受和信念等。

（二）积极并直截了当地提出要求

一般情况下，我们会很难向上级直接提出要求，却很容易地就对平级的同事提出了要求。这是为什么呢？原因在于平级沟通与上下级沟通具有不同的特性。平级间的沟通有其独特的优点，也有其缺点。这两点都决定了平级间的沟通要采取积极并直截了当地提出要求的方式。

从目的来看，上下级或平级间的沟通都是为了促进工作。然而，平级之间的沟通要更简便、更灵活，因为平级之间不存在运用权力进行沟通，所以我们便可直截了当地提出要求；此外由于平级间的沟通头绪比较多，易于混乱或产生负面的影响，因而直截了当地提出要求可以减少相互的猜疑和不必要的重复交流。

（三）积极地拒绝

平级之间不存在权力大小的问题，而人性的弱点之一就是尽可能把责任推给别人，所以，我们在与同事的沟通中，对于不合理的要求应给予坚决地拒绝。这并不代表我们没有团队协作精神；反之，这是一种职业化的基本素质要求。

尽管是拒绝了别人，但我们同样要做到有效沟通，以免破坏组织内部的关系和沟通氛围。要做到这一点，需要掌握积极拒绝别人的技巧：以礼相待、以诚相待、以德服人。

不可否认的是，每一位员工都想把工作完成得更出色。然而，每一位员工都有着自己的工作压力和立场，因而不可能事事都能答应别人。这就需要我们积极地拒绝、妥善地处理，不失礼仪地阐述自己的观点与立场，尽可能避免误会，引起不快。

（四）积极地表明不同意见

没有不同意见和声音的沟通总是不成功的。智慧是碰撞出来的，是对不同意见、声音的综合分析，并最终找到最佳的解决方法，这也是世界 500 强企业在工作中常用的方式。

通常情况下，平级间的沟通应该更积极地进行，因为他们总是处于工作的第一线。此外，平级之间的沟通没有命令和权力的干扰，所以它不能像上下级沟通那样可依靠授权、工作指派、指挥链等进行强制命令以实现沟通，只能以建议、辅助、劝告和咨询的方式进行。

【案例分析】

同事间的交往最忌相互猜忌

古时候，有一个人丢了把斧子，他感到非常恼火。于是他就冥思苦想，到底是谁输了他的斧子呢？结果他猜测是邻居偷的，因为他觉得邻居是在嫉妒他。

所以，当他看见邻居时，发现邻居走路像偷斧子的，说话像偷斧子的，一举一动没有不像偷斧子的。后来，他在山谷里找到了斧子，再看到邻居时，发现邻居走路、说话一点也不像偷斧子的了。

这个故事阐述了因缺少沟通而引起的任意猜测。在现实生活中，由于平级之间缺少有效、积极的沟通，因而会造成相互猜测、相互攻击等一些破坏组织利益的行为。所以，平级间的有效沟通也是十分重要的。

【问题反思】

丢斧的人为什么会觉得邻居越看越像偷斧子的人？平级之间如果不能采取正确的沟通方式，而是相互猜忌、背后挑衅、话中有话，会导致怎样的后果？请你阐述平级间正确沟通的重要性。

平级之间的沟通是最简便的沟通方式，也是最难的一种，因为在部门交流时，往往需要面对很多阻碍因素。所以，在与平级进行沟通时，一定要注意选择正确的方式和技巧。

第二节　培养团队精神

在企业中，没有一家企业不重视团队协作，也没有一家企业会聘用没有团队协作意识的员工。因为这些企业深知，一个没有团队协作精神的员工，只会阻碍企业的发展。

团队协作是一种为了达到既定目标所显现出来的自愿合作的精神，它可以调动团队成员的所有资源和智慧，并且会扫清一切阻碍因素和不正常的现象，同时每个人的付出也会得到合理的回报。

一、有团队精神的重要性

（一）做一个具有团队精神的人

在"财富500强"中有超过1/3的企业在自己的网站中公开宣布团队协作是企业的核心价值，由此可见团队协作的重要性。实际上，只有做一名具有团队协作精神的职业人士，才可能获得更多的职业发展机会。

怎样才能与工作伙伴密切合作，把自己培养成一个具有团队精神的人呢？我们可从以下几个方面入手：

（1）多进行交流。交流是协作的开始，所以一定要与工作伙伴多交流。比如我们可以通过交流来了解工作伙伴的行事习惯、商讨工作计划等，以增进工作间的默契度。

（2）尊重团队成员。尊重每一位团队成员，这是保证合作成功的基本准则。比如在商讨某个计划时，也许你确信自己的见解要比其他伙伴更独到、更深刻，但提出自己的建议、表明自己的观点时一定不能随意否定其他伙伴的想法，不留情面，而要讲究技巧，尊重每一位团队成员。

（3）认真听取不同观点。在工作中难免会遇到难题，此时一定不要忘记鼓励其他团队成员提出自己的观点，并给予积极的回应。只有这样，团队成员才能集思广益，在增强自身才干的同时为团队做出更大的贡献。

（4）客观地评价他人的观点。在评价其他团队成员的观点时，不能仅从个人的爱好或偏见出发，而应对这些观点进行客观的评价、批判的思考。比如，他的观点是什么？这个观点如何说明问题？提出这个观点的理由和根据是什么？

（5）认清团队中各成员的角色和彼此的关系。一个高效的团队，有着严密的分工与合作，各成员承担着不同的职责，有着不同的决策权。清晰地了解这些，是进行高效团队协作的基础。

（6）勇敢地接受批评。如果做错了事，就要坦诚接受别人的批评。因为只有敢于接受批评，你才会真正的成长。

（7）记住同事对你的帮助。因为他们让你更快地成熟、更勇敢地面对困难。就像别人感激你一样去感激别人，这更利于增强团队成员间的情感。

（8）积极地参与团队事物。每一个成员都是团队的一分子，同时也是主人。在团队中，所有的成员都应具有奉献意识，并有责任做出自己应有的贡献。当然，这也包括职责之外的一些活动。

（二）个人英雄主义并非职业精神

篮球之神迈克尔·乔丹曾说："一名伟大的球星最突出的能力就是让周围的队友变得更好。"从古至今的任何时代，人们都需要英雄、崇拜英雄。但是，任何时代，英雄都不是一个人努力的结果，包括乔丹。当时的芝加哥公牛队还有皮蓬、罗德曼等杰出的运动员，他们组成了一支优秀的团队，才成就了芝加哥公牛队的霸业。

事实上，那些被标榜为英雄的人都离不开团队的支持，这几乎已成定律，这也是个人英雄主义并非职业精神的重要原因。

（三）协作执行，直指目标

员工的协作执行能力是团队目标得以实现的基础，是职业化素质的重要体现。如果说团队的目标有明确的方向，那么团队的协作执行就是成员努力朝着目标方向迈进的过程。通常情况下，协作执行力较高的团队会更快地达到目标。

（四）走出自我中心主义

如果一个人过于自我，就会很难融入团队，也会比较缺乏团队合作精神，因为"自我"的人认为自己就是一个整体。

社会治疗学家认为，人对自我的深刻误解是造成当代社会中人的孤独与痛苦的主要根源。这种对自我的误解使人产生了深刻的孤独感，精神上的痛苦也随之而来。针对这样的人，首要的办法就是让其走出自我。具体方法如下：

（1）学会哲学思考。哲学思考是指人类思维中一种特殊的概念系统——"历史概念类集。这种概念系统，具有特殊的逻辑关系和逻辑结构，而这种逻辑关系和结构具有动态的性质，超越了古典形式逻辑和现代数理逻辑所知的论域。生活中缺少了哲学思考，历史就会变成无足轻重且非常乏味的作业，与之相伴的是人们对自身历史性存在的感知、对快乐的感知的能力的弱化。只有学会哲学思考，看到自己的重要性，发现人生的快乐，才会慢慢地走出自我。

（2）因为选择而快乐。发展是实现快乐人生的必要条件，但却不是唯一条件。

换言之，生活中有了发展并不一定能给人带来快乐，因为发展不是一种万能药。那么，发展的意义是什么呢？"发展为生活打开可能性的大门，在各种事情、各种问题上给我们更多的选择。我们可以使自己由于选择了某种生活而快乐，由于体验到发展的自由而快乐。"

假如人生也绕一个点转动，画出的也将只是一个圆，封闭的圆，孤独的圆，原地不动的圆，这个圆就是"自我"。然而，这样的人生是痛苦的，也是无法实现自身价值的，所以要想在职业中获得更多的发展，或是想在生活中感受更多的快乐，就必须走出自我。只有这样，人们才能充分意识到在社会这个大舞台上，自己是其中的一分子，应当发挥自己的作用。

【经典案例】

团队力量——事业成败的关键

据说在古希腊时期，有一座城堡里关着 7 个小矮人，他们受到了可怕的祖咒，并被关到一个与世隔绝的地方。他们住在一间超市的地下室里，找不到任何人帮助，没有粮食,没有水,都感到很绝望。

一天,小矮人中的阿基米德收到守护神雅典娜托梦,并得到指点:在这个城堡里,除了他们所在的那个房间外,其他的25个房间里,有1个房间里有一些蜂蜜和水,够他们维持一段时间,而在另外的24个房间里有石头,其中有240块玫瑰红的灵石,收集到这240块灵石,并把它们排成一个圆的形状,可怕的诅咒就会解除,他们就能逃离厄运,重归自己的家园。

第二天,阿基米德迫不及待地把这个梦告诉了其他的6个伙伴,其中有4个人不愿意相信,只有爱丽丝和苏格拉底愿意和他一起努力。开始几天里,爱丽丝想先去找些木材生火,这样既能取暖又能照明;苏格拉底想先去找那个有食物的房间;阿基米德想快点把240块灵石找齐,快点让咒语解除。结果,3个人无法统一意见,于是决定各找各的,但几天下来,3个人都没有成果。

但是他们没有放弃,失败让他们意识到应该团结起来。他们决定,先找火种,再找吃的,最后号召大家一起找灵石。历尽千辛万苦,火终于被生起来了,240块玫瑰红的灵石也都找到了,他们胜利了。

我们可以看到,若他们依旧只是按照自己的想法我行我素的话,那么他们将很难达成愿望。幸运的是,他们及时总结失败的教训,树立起团结协作的精神,最终促成了目标的实现。

📖 【问题反思】

小矮人最初失败与最终成功的原因分别是什么?这说明了什么问题?想象一下,其他4位小矮人为什么不愿意参与他们的计划?如果是你,你是否愿意尝试?

如果你希望取得一番骄人的业绩,或打造一番自己的事业,那么你必须依靠团队的力量,因为个人的单打独斗是很难取得成功的。在你的身上,是否具备与人协作并领导众人协作的能力?

📖 【课堂练习】

团队协作。

作为公司员工,也许你刚出校门,不懂如何进行有效的团队协作,也许你自视甚高,认为你可以独立地完成团队正在做的工作任务,完全不需要那么多人,也许你的想法并没有错,但请你记住:企业永远不会相信个人力量会大于团队的力量。

二、团队精神的培养

📖 【经典案例】

一名专家给一群小学生出的一道智力测试题。在一个罐头瓶里，放进六个乒乓球，每个球用细绳系着，要求在最短的时间里，从瓶里全部取出。几个小组的同学，各人都想在第一时间里把球从瓶里取出，结果球在瓶口形成堵塞，谁也出不去！只有一个小组成功做到了，他们采用的办法是六个球形成一种配合，依次从瓶口出来.。

一位杨游南美洲的游客曾见过一种奇观：游客们点燃干燥的原始草丛，把一群黑压压的蚂蚁围在当中，火借风势，逐渐蔓延，蚂蚁开始混乱，逐渐变得有序，迅速扭成一团，像雪球一样朝外滚动突围。外层的蚂蚁被烧得"辞啪"直响，死伤无数，但蚁球仍然勇猛向外滚动，终于突出火圈。

📖 【案例分析】

这两个案例说的就是团队应该有相互协作精神，就是我们常说的团队精神。

（一）团队精神的含义

企业员工间相互沟通、交流和合作已成为一种必然。团队中的每个成员都必须团结协作，只有这样才能搞好工作。如果没有团队精神，不善于与人合作，到头来只能是走更多的弯路，进而影响事业的发展。

团队精神是现代企业精神的重要组成部分，是促进企业凝聚力、竞争力不断增强的精神力量。树立合作精神，逐步消除个人主义和利己主义，改变单纯的个人奋斗、追求自我价值行为。将自己融入团队之中，变"单干"为"群干"。在长期的与人协作、配合工作中，增强合作能力。拥有理解他人、包容他人的广阔胸怀。在实现团队利益的过程中，展现出自我价值。

所谓团队精神，是指团队成员为了团队的利益与目标而相互协作的一种作风与态度。团队精神的核心是奉献，奉献成为激发团队成员的工作动力，为工作注入能量。团队精神的精髓是承诺，团队成员共同承担集体责任。没有承诺，团队如同一盘散沙。做出承诺，团队就会齐心协力，成为一个强有力的集体。

（二）团队精神的认识

团队精神包含三方面内容：第一，团队成员应具有团队荣誉感，在处理个人利益与团队利益的关系时，团队成员采取团队利益优先的原则，个人服从团队。团队成员结成牢固的命运共同体，共存共荣；第二，团队成员彼此间利益共享，相互宽容并彼此信任,在工作上互相协作,在生活上彼此关怀。团队成员间和谐共处,增强凝聚力,追求团队的整体绩效;第三,团队能充分调动成员的积极性、主动性、创造性,让成员参与管理、决策。

(三)团队精神的培养

1. 明确共同的奋斗目标

共同的目标、共同的期望是形成一个团队的首要条件,同时也是达成职工对一个团队、一个组织忠诚的重要方式。一个有想象力的目标,是团队成功的基石,而目标也使得团队具有存在的价值。

2. 树立全局意识

集体利益高于个人利益,抛弃小我实现大我。组织内部、部门之间、上下级之间、前道与后道之间的关系都是供给链之间的联结,只有通过相互协作、群策群力才能圆满完成任务。

3. 树立高度责任感

首先要热爱自己的工作,而有了责任感更能用心地加倍努力完成任务,主动为他人提供方便,为他人解决难题,并时刻提醒自己要做好自己的本分工作。

4. 学会尊重他人

企业中的职工之间的关系,虽谈不到什么生死之交,但一定要做到风雨同行、同舟共济。没有团队合作的精神,仅凭一个人的力量无论如何也达不到理想的工作效果。只有凝聚集体的力量,充分发挥团队精神,才能使工作做得更出色。

5. 经常沟通和协调

沟通主要是通过信息和思想上的交流达到想法一致,协调是取得行动的一致,两者都是形成集体的必要条件。管理沟通与团队精神养成之间存在着因果关系,而良好的沟通是建立在双方相互了解和理解的基础之上的,因此,要多了解和理解沟通对象,要积极地向别人推销自己的主张,同时,认真地倾听别人所提出的与自己不同的意见和主张,用"双赢"的沟通方式去求同存异,达到良好的沟通目的。

6. 增强领导者自身的影响力

领导是团队的核心^作为领导者,应了解和理解团队成员的心理,尊重他们的要求,以"服务治理心态",而不是监管、控制的心态,通过自己的组织协调能力以及令人拥戴的领袖魅力去影响和引导团队成员按既定的方向去完成组织目标。领导者要注重倾听不同的声音,要注重接受不同的意见和观点,并加以重视和思考,求同存异,保留不同的思想,利用好团队的合力。这样既有利于防范决策风险,又能赢得下属的尊敬。领导者还要引导团队成员使其个人目标与组织目标保持一致，因为只有当个人的奋斗目标和职业生涯道路与团队的组织目标高度融合时，个人才可能为之奋斗终生。

【拓展阅读】

1.遵守社会秩序

社会其实也是一个团队，要有社会秩序。有人说某国是一盘散沙，就是整个社会不像一个团队，成员没有社会观念。在澳大利亚或新西兰的街上，你故意打开一个地图，在街头上一直看，没多久就会有人走过来问："需要帮忙吗？走去了吗？迷路了吗？"这就是良好社会秩序的体现。中国人古书上常常讲君臣、父子、夫妇、兄弟、朋友等五伦。其实常常忘记第六伦，碰到路人和外人，有的人就没有团队精神了。

2.如何坐电梯

进电梯有些基本的规定，电梯里面的人没有完全出来前，外面的人不能进去。坐电梯有个基本的道义，进电梯的第一个人手要按住开的位置，让别人都进来；同时，在未下电梯前要替所有的人按楼层。可这举手之劳，很多人做不到。大部分人都是自扫门前雪，冲进去就站在最安全的位置，其他什么事都不管，这就叫作缺少了第六伦。而且，在电梯里面是绝对不能够抽烟的，就是手拿着烟都不可以，但实际上并不是这样。

3.如何过地道

很多城市有很多地下道。过地道时，两边都要靠右，中间应该没有人。这是一个基本的社会秩序。但这个小小的问题很多人都很难做到。如果你真的把这个社会看作是个团队，那就应该有团队观念，遵守社会秩序。

三、处理团队冲突

（一）团队冲突的含义

冲突可定义为，个人或群体的个人与个人之间、个人与群体之间、群体与群体之间存在互不相容的目标、认识和感情，并引起对立或不一致的相互作用的各种状态。该定义有三个方面的特质：第一，冲突是普遍现象；第二，冲突的三种类别为目标性、认识性、感情性；第三，冲突是双方意见的对立或不一致。

团队冲突则是指在团队内部成员之间、成员与团队之间、团队与团队之间存在互不相容的目标、认识或感情，从而产生心理或行为上的矛盾，引起对立或不一致的相互作用的任何一个状态，导致抵触、争执、攻击等事件。

（二）团队冲突的处理原则

（1）检视省察自己的负面态度；

（2）避免设想自大或封闭自我；

（3）不要当众责怪对方，要学会给对方留台阶下；

（4）保持公正和开放，首先展示试图了解对方的诚意；

（5）不可过度理性，对负面情绪视而不见；

（6）处理冲突是对事不对人。

（三）团队冲突的处理方法

1.破坏性冲突

破坏性冲突是团队中具损害性的或阻碍目标实现的冲突。这种冲突可使人力物力分散，制造大家的紧张与敌意情绪，降低凝聚力。持续的冲突有损身心健康，并有可能导致事实真相的扭曲。

（1）直面冲突

在必要的时候，要暴露出冲突，使冲突的各种因素明朗化，排除误会，挑出实质，寻找解决冲突的方法，至于是非曲直由冲突的双方自己来评判。

（2）回避

指在冲突的情况下采取退缩或中立的倾向，具体做法是将冲突双方人为隔离或只允许双方有限制地进行接触，或是将对方产生过的冲突漠然置之，装作从未发生。

（3）沟通

通过沟通找到问题所在、分歧所在，并通过协调冲突动因间的关系来说服双方理解、接受彼此的分歧或矛盾，从而达到消解冲突的目的。

（4）强迫

是指利用奖惩或激励的权力来支配他人，迫使他人遵从管理者的决定。

2.建设性冲突

建设性冲突是一种支持团队目标并增进团队绩效的冲突。内部的分歧与对抗，能激发大家的潜力和才干，带动创新和改变，有利于对组织问题提供完整的诊断资讯。冲突还可以促使联合，以求生存或对付更强大的敌人，或联合垄断市场。

（1）培训

培训的内容体现在两方面，一是培养团队成员正确的冲突观，在激励建设性冲突的同时，抑制其向破坏性冲突转化；二是为团队成员提供更多的信息。

（2）鼓励

其包括公开鼓励和沉默鼓励。公开鼓励指当众表扬新观点、新建议、新思想，并给带来经济效益的改革者当众颁发奖状和奖金。沉默鼓励则是对一个成为对立面的员工不予批评指责，以暂不表态的方式进行鼓励。

（3）人事调整

适当的人事调整可以刺激建设性冲突的产生。

第三节　学会终身学习

联合国教科文组织对学生的学习、生活提出了四方面要求，叫作"四会"。

一、学会做人

"人"字很好写，一撇一捺就写成了"人"字，但如何做一个大写的"人"，却是一个很复杂的问题。对于具有较高素质的学生而言，要做一个自信的人、立体的人、现代的人。

二、学会做事

事分大事和小事。很多人只愿做大事，不愿做小事，没有眼睛向下的兴趣和决心。要重视小事情，从小事做起。"聚沙成塔""一室不扫，何以扫天下""不积跬步，无以至千里；不积小流，无以成江河""勿以善小而不为，勿以恶小而为之"，都是说的这个道理。

三、学会与人相处

一个人要想发展，需要得到周围环境的支持和帮助，至少不应受到别人有意的阻挠。良好的人际关系是营造和谐的个人生活和工作环境的必要前提。即使彼此不能成为朋友，也至少需要有一种相互尊重的关系。

四、学会学习

在"信息爆炸"的时代，人们要想了解哪方面的知识，用鼠标点一下就可以收集到成千上万的信息，因此，学习已经不再是直接获取知识的一个过程，而是从众多的知识、信息里尽快地检索、尽快地寻找到你所需要的那部分知识的能力。因此，学习专业知识、掌握知识固然重要，但更重要的还是要具备学习的能力。

五、学习活动的基本规律

（一）记忆遗忘规律

遗忘进程不是均衡的，在记忆的最初时间遗忘很快，后来逐渐缓慢，而一段时间过后，几乎不再遗忘了，即遗忘的发展是"先快后慢"，也就是说，遗忘是在学习之后急速进行的，要想防止和减少遗忘，就必须尽早地加以复习。

（二）序进累积规律

序是任何知识结构都必须具有的层次序列，它包括纵、横两个方面。纵是指知识的积累和深入；横是指知识的触类旁通、互相渗透。只有按照知识的逻辑系统有序地学习，才能符合学习的认识规律和思维发展规律。

（三）学思结合规律

孔子曰："学而不思则罔，思而不学则殆。"知识、信息被认识后，还需内化理解、编码、贮存和加工，从而获得升华，以改善原有的智能结构或形成新的智能结构。学，是指导信息的输入，学习新知识、新技能以及社会行为规范等；思，是指信息处理加工。

（四）知行统一规律

知行统一规律提示了学习是知识改造主客观世界这一问题。知，是对知识信息的输入、理解和掌握；行，则是把知识的信息用于实际、见诸行动，产生意识行为效应，改造主客观世界。

（五）环境制约规律

人作为学习的主体，是受环境制约的，其学习也必然受到环境的制约。人不但能学习适应环境，而且还能学习利用环境、改造环境。良好的学习环境要靠人去争取、创建。顺境可以使人学习成才，但如果身处顺境不勤奋、不进取，也会成为庸碌之辈。而身处逆境奋斗不息、追求不止、终成大业伟才者也举不胜举，哥白尼、伽利略、贝多芬、诺贝尔、马克思……都是杰出的人物。

集中注意力的有效方法：

（1）情绪疏解时，更能集中注意力；

（2）少许松弛，彻底集中；

（3）休息可使头脑安歇同时调整记忆；

（4）触礁时不妨暂时放弃；

（5）悠然自得的散步可对脑部施予有效的刺激；

（6）制造适度不安全感—在非做不可的情况下，人必然全力以赴；

（7）勇于尝试不同的思考角度；

（8）适应环境就不至于分神；

（9）利用固定的环境集中精力；

（10）妥善分配作业内容；

（11）将时间做小刻度的分配。

六、树立终身学习的观念

知识改变命运，学习成就未来

"40年前，考进清华园是我的梦想。虽然这个梦想没有成为现实，但今天，我有幸来到清华，是清华师生给了我这个机会，也算圆了我的清华梦。"在由中宣部、交通部、全国总工会在清华大学联合举办的许振超同志先进事迹报告会上，许振超的这番开场白，引来了以研究生为主体的1200多名清华学子的热烈掌声。

报告团成员感人至深的演讲，从不同角度展示了当代产业工人许振超的精神风貌。青岛港集团公司党委书记王伦说："十几年来，青岛港始终坚持走人才强港之路，坚持用真理的力量启迪人心，用人格的力量激励人心，用情感的力量温暖人心，用民主的力量凝聚人心，造就了一支德为重、信得过、靠得住、能干事的员工队伍，许振超就是其中的突出代表。"

青岛港桥吊队技术主管张寅代表工友们讲述了与许振超队长相处的难忘岁月。他说："我们从许队身上看到了一种境界，感到了一种力量，学到了一种精神。我和我的队友们决心像他那样，敬业先精业，做事先做人，勇创一流，为青岛港的发展和祖国的振兴做出积极的贡献。"他特别提到了许振超的善于学习。

最早报道许振超事迹的《青岛日报》记者辛梅讲述了在采访中所受到的震撼和激励，她讲了一个笔记本的故事。一次，在采访中，许振超的妻子拿出了一个旧笔记本，辛梅打开一看，上面全是许振超学习和钻研的笔记和草图。许振超的妻子说，这个本子是1972年她参加运动会的奖品，一直没舍得用，三年后作为第一件礼物送给了相恋中的许振超。因为她看到，在那个"读书无用论"盛行的年代，许振超却一直不放弃学习，所以她认为这个本子他一定会喜欢。果然，许振超用"珍爱之物记下了热爱之事"。这个本子记下了他学习的足迹，也记录了他们永恒的爱情。

终身学习是许振超取得今天成就的源泉，他"三十年如一日"努力学习，刻苦钻研技术，争创世界一流水平，练就了一身"绝活"，最终成为技术能手、桥吊专家。他说，为了学习先进技术，20 多年前，他就买了清华大学出版的《可控硅整流原理》等书籍，以一个初中毕业生的水平，硬啃教材，终于掌握了复杂的高级设备的原理。他说："与集装箱打了 20 多年交道，尽管桥吊经历了多次技术升级，但我从未在这些新的技术面前低过头、服过输，凭着苦学肯钻的韧劲，实现了自己的人生追求。"许振超的精神，特别是他说的"知识改变命运，学习成就未来"，引起了学生们的强烈共鸣，台下响起了经久不息的掌声。

（一）学习型社会的形成

在联合国教科文组织和欧洲终身学习促进会的支持下，1994 年 11 月在罗马召开了首届全球终身学习大会。会上，欧洲终身学习促进会的报告提出："终身学习是 21 世纪的自下而上的概念"。人们如果没有终身学习的概念，将难以在 21 世纪很好地生存下去。

会议认定对"终身学习"的定义是："终身学习是通过一个不断的支持过程来发挥人类的潜能的，它激励并使人们有权力在获得他们终身所需要的全部知识、价值、技能与理解后，并在任何任务、情况和环境中，有信心、有创造性地愉快地去应用它们。"

终身学习应该是一种社会行为，甚至是 21 世纪的一种生活方式。终身学习强调的是人的"学习权力"和对学习的激励，它与终身教育不同，因为终身教育强调"教"的一面，前者是主动行为，后者是被动行为。

据统计，人的知识陈旧率高得惊人，一个学生所学的知识，毕业 10 年后可用的仅剩 20%。而且随着社会的进步和发展，劳动力流动的加速，一个人一生接受一次教育、在一个岗位上工作一辈子的情况越来越少，越来越多的劳动者需要接受持续的教育和培训，以提高自身适应职业变化的能力。因此，更新、补充和完善自己的知识，就成为伴随人生全过程的活动，这就是人们常说的"终身学习"。只有这样，才能使自己在激烈的职业竞争中立于不败之地。

（二）终身学习的主要内容

"终身学习"绝不仅仅限于学习专业知识，而是应注重人的全面发展，提高自身的综合素质。一般来说，应包括以下几方面：

1. 加强职业道德修养

职业道德修养是职业活动的基础，同时也是自我完善的必由之路。

在当今社会的人才竞争中，良好的职业道德修养，远比精通业务重要，毕业生不可等闲视之。毕业生应在职业生活中，通过自我教育、自我培养、自我锻炼、自我改造，逐步树立"爱国守法、明礼诚信、团结友善、勤俭自强、敬业奉献"的社会主义职业道德。

2.学习新的专业知识

金银财宝是好东西，但身上背得多了也会走不动。知识、技术、能力有多少在身上也不会有负重的感觉，可以走到哪里带到哪里，不占任何空间。一个人掌握的知识、技术越多，对社会的适应能力就越强，克服困难的本领就越大。当今生物技术、信息技术等高新技术已广泛应用于各行各业，渗入社会生活的方方面面。毕业生应及时了解科技发展的最新成果，尤其是与本专业、本行业相关的新技术，并能尝试着在实践中借鉴、应用，这样才能赶上时代前进的步伐，开创职业生活的新天地。

3.提高职业操作技能

除了知识以外，一个人还需具备各种过硬的技能。有了知识和技能，一个人就可以利用自己的力量去创造成功的机会。在我们的社会中，有无数的青年人在努力寻求各种机会，但如果一个人没有一种以上的专长，即使是拿着文凭，有着众多颇有势力的亲朋好友鼎力相助也仍然没有用。任何职业活动都是由一定的职业操作技能联结成的。基本操作技能熟练，职业活动能力必定强，这是不言而喻的。需要特别指出的是：作为理工科毕业生，应加强文科的职业技能训练，如毛笔钢笔书写、文章撰写修改、口头演讲表达等，这些技能在现实中是十分实用的。

4.掌握职业生活技巧

职业生活是一种十分复杂的社会现象，任何一种成功的职业活动都包含着职业科学艺术成分。如怎样设计职业生涯、怎样成才、怎样解除职业生活中的种种困扰等，都存在方法和技巧问题。懂得技巧就可能使职业生活变得丰富而有活力。如果所从事的工作超越了所学专业的范围，就应发挥自我应变能力，尽快补充新知识，掌握新技能，使自己在短时间内适应工作的要求。

（三）终身学习的途径

终身学习的形式多种多样，但主要有以下几种途径：

1.通过书本和现代化教育媒体进行自学；

2.参加职业培训和各种形式的继续教育；

3.在工作中向同事、领导虚心求教；

4.借鉴同行业兄弟单位的有益经验。

刚参加工作的毕业生要不断更新知识、更新思维和工作方法，努力实践，勤于思考，在实际工作过程中，勇于创新，才能取得事业的成功。

第 四 章　职业素养之职业道德

第一节　爱岗敬业

【经典案例】

盘子可以少刷几遍吗?

一个中国留学生在日本东京一家餐馆打工,老板要求洗盘子时要刷6遍。一开始他还能按照要求去做,刷着刷着,发现少刷一遍也挺干净,于是只刷5遍;后来,发现再少刷一遍还是挺干净,于是又减少了一遍,只刷4遍并暗中留意另一个打工的日本人,发现他还是老老实实地刷6遍,速度自然要比自己慢许多,便出于"好心",悄悄地告诉那个日本人说,可以少刷一遍,看不出来的。谁知那个日本人一听,竟惊讶地说:"规定要刷6遍,就该刷6遍,怎么能少刷一遍呢?"

与同学们的职业活动紧密联系的符合职业特点所要求的道德准则、道德情操与道德品质的总和,我们把它叫作职业道德。通俗地说,职业道德是每一名员工的工作信条。它包含着敬业、忠诚、诚信、责任、主动、勤奋、合作、节俭、激情、感恩等。规范良好的职业道德可以提高综合素质、促进事业发展,并最终帮助你实现人生价值。

本节我们将围绕职业道德中的忠诚、诚信和敬业展开,明确忠诚是职场中最值得重视的美德,诚信是一切道德的根基和本原,敬业是事业成功的前提。

一、忠诚的美德

(一)忠诚的含义

忠诚,是道德主体通过对道德客体的理性选择而产生的稳定的情感态度和行为倾向,同时也是一种心理契约或者社会契约。

在每一个环境中传播自己的职业声誉和品牌,这才是职业者获得职业成就的最佳精神。现代的"主人翁"精神,就是这样的"忠诚度精神",而其背后的动力则是职业者的职业声誉和品牌价值。

忠诚有两层含义：一是对职业的忠诚；二是对企业的忠诚。认识职业忠诚和企业忠诚的主要特征和属性，有利于企业促进二者的统一，提高企业的竞争力。

1. 对职业的忠诚

"我深爱我们的老师、深爱我们的学生、深爱我们学校所有的一切，包括地上的灰尘。"这是一个普通得不能再普通的无名的人民女教师道出的心声。这是一种发自内心的真挚情感。多么珍贵啊！这种深挚的师爱造就了这位女教师的职业忠诚和远大事业的眼光，深爱学生，就不会只停留在教好知识以备应试上，而要立志教给孩子终身受益的东西；深爱事业，就不会满足于一得之功，而要追求卓越，创造更好。她以挚爱为奠基，占据教书育人的制高点。这个制高点就是职业的忠诚。

所谓对职业的忠诚，就是热爱自己的职业，热爱自己的岗位，热爱自己所从事的工作，刻苦钻研技术技能，努力使自己成为所在职业领域内的行家里手。具体来说，职业忠诚度高的员工能清楚地权衡自己的优劣势，以选择适合自己性格和能力特点的职业，致力于达到此职业的最高境界。

职业忠诚表现出的特征是：100%地投入到职业中，满怀激情地迎接挑战，在工作上尽情地发挥所长；熟知工作范围，并且始终在寻找完成工作的最佳途径。

2. 对企业的忠诚

所谓对企业的忠诚，就是认同企业的文化，认同企业的管理，将个人的命运与企业的兴衰紧密地联系在一起，尤其是当企业遇到困难时，能够与企业风雨同舟，荣辱与共具体来说企业忠诚度高的员工普遍认可企业文化、环境，相信企业将为其提供发展的机会和应得的物质回报，全身心地投入到工作中去，把个人的发展融入企业发展中去。

何为"不忠"？从大原则上讲，违反公司价值观和原则，损害公司形象和利益，不想也不能为公司创造价值。具体而言，偷奸耍滑、出勤不出力为不忠；牺牲公司的利益、形象，谋取个人私欲为不忠；吃里爬外、损公肥私为不忠；不求有功，但求无过，不思进取混日子为不忠。

企业希望员工忠诚职业，不断在专业领域积累知识和经验，提高工作能力；同时，也希望员工忠诚企业、认同企业，稳定地为本企业工作，达到企业忠诚与职业忠诚的一致。企业还希望外界"职业忠诚"的员工能够加盟本企业，将职业忠诚转化为企业忠诚，为企业创造价值。

（二）忠诚的价值

相比公正、廉洁和文明而言，忠诚居于首要地位，也是最基本、最起码的人品；相比各项职业能力而言，忠诚居于统帅与核心的地位，是决定能力发展和事业成就的关键因素。作为企业员工，除了恪守岗位职责以外，对企业的忠诚度是基本的职业素质，也是一个人做人的本质表现。

忠诚的价值之一，就是忠于企业就是忠于自己。忠诚并不意味着自我牺牲；相反，忠诚往往是你在公司获得长远利益和自身发展的唯一途径，是个人事业获得成功的前提。为公司尽心创造价值，才能赢得大家的认可，客观上为实现自我价值赢得机会和本钱；相反，不忠诚于公司，不安心工作，就很难取得成绩；而那些吃里爬外、违法乱纪的员工，

更为同仁所不齿，为公司所不容。在世界许多国家，因为背叛原来的企业的员工，在本行业中难以立足，甚至连工作都找不到。发挥主人翁意识，用忠诚把企业和自己紧密联系起来，我们忠诚于企业，企业信任我们，在这个纽带中，企业将与我们共同走向成功。企业是员工发挥自己聪明才智的业务平台，对企业忠诚，实际上是一种对职业的忠诚。忠诚是对归属感的一种确认。没有哪个公司的老板会用一个对公司不忠诚的人，企业的发展最需要忠诚的员工。只要员工自下而上地做到了忠诚，就可以壮大一个企业；相反，如果缺乏忠诚度，直接受到损害的是企业，甚至可能毁了一个企业，所以，员工的不忠，是每个老板所不能容忍的。

只有所有的员工对企业忠诚，才能发挥出团队的力量，推动企业走向成功。公司的生存离不开少数员工的能力和智慧，却需要绝大多数员工的忠诚和勤奋。有这样一家企业，十多年前刚开始创业的时候，一大批员工因为工作的需要，从早上8点一直工作到第二天凌晨2点回家，又在市场好的时候，一个人顶几个人地干。如今，十多年过去了，这些老员工这种以企业为家的精神依然没变，他们与企业一起走来，共同铸造了忠诚敬业的企业精神。正是有了忠诚，这些员工便抛开任何借口，在工作中投入自己的激情和责任心。一荣俱荣，一损俱损。他们将身心彻底融入公司，尽职尽责，处处为公司着想，对投资人承担风险的勇气报以钦佩，理解管理者的压力并给予体谅，再苦再累对他们来说也是一种幸福。

忠诚的价值之二，就是和企业同舟共济。把企业的兴衰荣辱和自己的命运紧密结合起来，树立企业发展的忧患意识。对外，公司需要忠诚的客户；对内，公司需要忠诚的员工。忠诚关系不仅是公司成长和利润增长的驱动力，而且是衡量成功的核心尺度。忠诚也能带来效益，忠诚所带来的长期回报最终将大大超过即便是最可观的短期利润。

智慧与忠诚

小张是一家企业的业务部副经理，刚刚上任不久。他年轻能干，毕业短短两年能够有这样的业绩也算是表现不俗了。然而半年之后，他却悄悄离开了公司，这出乎很多人的意外，没人知道为什么。小张自己也十分痛苦，他找到了老朋友来诉苦。

他说："知道我为什么离开吗？我非常喜欢这份工作，但是我犯了一个错误。我为了获得一点儿小利，失去了作为公司职员最重要的东西。虽然总经理没有追究我的责任，也没有公开我的事情，算是对我的宽容，但我真的很后悔，犯这样的低级错误，不值得啊！"原来，小张在担任业务部副经理时，曾经收过5000元，对方没有要求开发票。当时，他的直接上司业务部经理说可以不用下账："没事儿，大家都这么干，你还年轻，以后多学着点儿。"小张虽然觉得这么做不妥，但是他也没拒绝，半推半就地拿下了这5000元。当然，业务部经理拿到的更多。没多久，业务部经理辞职了。后来，总经理发现了这件事，小张当然也不能在公司待下去了。

小张失去的是对公司的忠诚，这是对一个员工最起码的要求。无论什么原因，只要失去了忠诚，就失去了人们对你最根本的信任。无论何时，都不要为自己所获得的利益沾沾自喜，仔细想想，失去的远比获得的多，而且你所获得的东西可能最终还不属于你。每个人都应当记住，再多的智慧也抵不过一丝的忠诚。

既有能力又忠诚的人才是每个企业渴求的理想人才。一般来说，企业宁愿信任一个能力一般却忠诚度高、敬业精神强的人，也不愿重用一个朝三暮四、视忠诚为无物的人，哪怕他能力非凡。只要你真正表现出对公司的忠诚，你就能赢得公司的信赖。在公司看来，你是值得信赖和培养的，公司会乐意在你身上投资，给你培训的机会，提高你的技能。

忠诚的价值之三，就是忠于职守。忠于自己的本职工作，以忠诚之心做好身边的小事，恰恰是对忠诚最好的阐释。忠诚的根本意义在于：提高行为的可预测性，降低社会交往成本。一个组织要发展，就必须建立和提高其成员的忠诚度；一个人要发展，就必须对其所从属的组织保持高度的忠诚。忠诚度是检验组织和个人的品质和发展前景的重要标尺。从关羽和吕布等历史人物的成败中可以看出，缺乏忠诚，能力就没有用武之地；丧失忠诚，个人就会失去生存的条件和价值。

【经典案例】

忠诚价值百万

德国一名工程技术人员名叫恩坦因曼斯，因为当时德国的经济不景气而失业，他便来到美国一家小工厂，担任了机器马达的技术指导。

一天，美国福特公司汽车生产线的一台马达坏了，运转不正常，公司技术人员忙了一整天，都没有修好。第二天，正当技术人员一筹莫展的时候，有人推荐恩坦因曼斯，于是，福特公司马上派人请他。他来到了福特公司的汽车生产线，把一张席子铺在电机旁，什么也没做，就这样聚精会神地听了三天。然后，他要了一把梯子，爬上去又爬下来，忙了一阵后，他在电机的某个部位用粉笔画了一条线，写下了如下的文字：这儿的线圈多绕了16圈。福特公司的技术人员按照他的建议，拆开电机把多余的16圈线拿掉，再开机，电机正常运转。

福特公司的总裁先生得知这一事后，十分欣赏恩坦因曼斯，给了他一万美元的酬金，然后亲自邀请他加盟福特公司，他却对福特先生说我不能离开那家小工厂，因为那家工厂的老板在我最困难的时候帮助了我。福特先生既觉得遗憾又感慨万千。

后来福特先生为了得到恩坦因曼斯这样德才兼备的人才，做出了收购他所在的那家小工厂的决定。福特先生意味深长地说："为一个人而收购一个企业，凭什么？因为恩坦因曼斯的忠诚价值百万！"

在当今这样一个竞争激烈的年代，谋求个人利益，实现自我价值是天经地义的事。但遗憾的是很多人没有意识到个性解放、自我实现与忠诚和敬业并不是对立的，而是相辅相成、缺一不可的。许多年轻人以玩世不恭的态度对待工作，他们频繁跳槽，这山望着那山高，觉得自己工作是在出卖劳动力。他们蔑视敬业精神，嘲讽忠诚，将其视为老板盘剥、愚弄下属的手段，"忠诚"这个最重要的职业道德在他们心中已没有栖身之处。

比尔·盖茨曾发出过这样的感叹："这个社会不缺乏有能力有智慧的人，缺的是既有能力又忠诚的人。相比而言，员工的忠诚对于一个企业来说更重要，因为智慧和能力并不代表一个人的品质，对企业来说，忠诚比智慧更有价值。"

作为一名公司员工，对自己的职业忠诚是最基本的要求。然而，在现实生活中，很多人却把听话或者愚忠当作忠诚，认为忠诚就是向领导效忠，这是不正确的一种想法。真正的忠诚并不是放弃自己的个性和主见，并不是绝对和老板保持一个声音，更不是卑躬屈膝。真正的忠诚，最后要归结于对职业的忠诚，对我们的价值和信仰的忠诚。

如果你选择了为某一个公司工作，那就真诚地、负责地为它努力吧！如果它付给你薪水，让你得到温饱，那就称赞它、感激它、支持它，和它站在一起。职场犹如战场，身在职场中的每个人，都应该把"忠诚"这个职业道德作为一种职场生存方式。

（三）忠诚度的培养

企业员工的忠诚度是指员工对于企业所表现出来的行为指向和心理归属，即员工对所服务的企业尽心竭力的奉献程度。员工忠诚度是员工对企业的忠诚程度，它是一个量化的概念。忠诚度是员工行为忠诚与态度忠诚的有机统一。行为忠诚是态度忠诚的基础和前提，态度忠诚是行为忠诚的深化和延伸。

员工忠诚可分为主动忠诚和被动忠诚。前者是指员工主观上具有忠诚于企业的愿望，这种愿望往往是由于组织与员工目标的高度一致，组织帮助员工自我发展和自我实现等因素造成的。被动忠诚是指员工本身不愿意长期留在组织里，只是由于一些约束因素，如高工资、高福利、交通条件等，而不得不留在组织里，一旦这些条件消失，员工就可能不再对组织忠诚了。

忠诚永远是企业生存和发展的精神支柱，同时也是企业的生存之本。只有忠诚于自己的企业和领导的员工，才有权利享受企业给自身带来的利益。忠诚是市场竞争中的基本道德原则，违背忠诚原则，无论是个人还是组织都会遭受损失。无论对组织、领导者还是个人，忠诚都会使其得到收益。

【经典案例】

危难之时见忠诚

钟纺公司曾经有许多企业，其中有一家分公司曾做得非常不理想，年年亏损。武藤董事长便打算让其停止生产，同时把员工们也一并遣散。得知这个消息，员工们开始无心工作了，连对董事长的态度也变得十分无礼。这时候，只有伊藤一个人始终在沉寂的办公室里日夜不停地工作，整理及处理公司收尾工作，甚至事情比以前做得更有劲头，更负责任。伊藤这种忠诚无私的为人与气节使武藤先生大为感动，油然对这位年轻人重视起来。

于是，武藤先生请他到钟纺公司当他的秘书，并且对他十分器重。由于他的表现非常突出，三年后就让他当上常务董事。几年后，武藤就将日本有名的这家大公司交给伊藤一个人来管理了。

在自传中，年轻有为的伊藤董事长深情地回忆道："自己服务的公司濒临倒闭之时，就是你留下来发挥潜力的最好机会。如果没有关闭那个亏损单位的机会，也许，我一辈子都是个小职员呢!"

对于伊藤先生从小职员成长为董事长的经历你有什么感想?

道德是朴素的,但是道德修养的境界是有层次的。忠诚是修炼职业道德的基本功,是提升职业道德境界的第一个台阶。加强职业道德修养,让我们从培养忠诚的品格开始。

1. 招聘期 —— 以忠诚度为导向

招聘,作为员工忠诚度全程管理的第一站,是员工进入企业的"过滤器",其"过滤"效果的好坏直接影响着后续阶段忠诚度管理的难度。企业招聘过程中要做到以下几点,把好"人口关"。

排除跳槽倾向。大型企业在招聘和甄选的求职者过程中,往往只重视对求职者工作能力的考察。如果能仔细查看求职者的申请材料、面试、设置开放性题目并加以分析,还能获得其他有用信息,例如:该求职者曾经在哪些企业工作过、平均工作时间长短、对上级(同事)的看法、离职原因等,一个频繁变动工作的人在其主观方面一定存在问题,忠诚度的建立难度较大。企业在招聘中要清醒地认识到这一点,通过这些可以预先排除那些跳槽倾向较大的求职者。

注重价值观倾向。价值观决定行动力,企业在招聘过程中不仅要看求职者的工作技能,同时还要了解求职者的个人品质、价值观、与企业价值观的差异程度及改造难度等,并将其作为录用与否的重要考虑因素。为了保证员工忠诚度,有些公司甚至宁愿放弃雇佣经验丰富但价值观受其他公司影响较深的求职者,而去雇佣毫无经验但价值观可塑性强的应届毕业生。这一做法也增加了学生的就业机会,例如国际知名企业宝洁公司每年都会从应届毕业生中选用大批优秀人才充实队伍,特别是销售大军,他们有合理的知识结构、较强的适应接受能力,通过培训、磨合以后,容易形成企业归属感,从而成为一支强大的生力军。

如实沟通、保持诚信。招聘是双向选择、相互承诺。可是一些企业特别是急需人才的中小企业,为了能尽快地招聘到合格的人才,常常会在与求职者的沟通中夸大企业的业绩和发展前景,并给求职者过高的承诺(如薪水、住房、培训等)。为求职者描绘一个美好、阳光的前景,但当求职者到了企业之后才发现原来的承诺不能兑现,那么企业很可能会失去员工的信任,从而导致忠诚度的降低,因此企业要量体裁衣,保证承诺兑现。

2. 供职期 —— 培养忠诚度

供职期是企业与员工联系最为紧密,忠诚度管理的最佳时机。很难想象一个对企业不满意的员工会忠于企业。根据马斯洛的需要层次理论，人都有被尊重、实现自身价值的需要，企业在满足如实沟通，保持诚信的情况下要想培养员工的忠诚度首先要提高员工的满意度。这就需要给员工提供富有挑战性的工作和舒适的工作环境，建立合理的薪酬制度和公平透明的晋升制度，以及推行人性化的管理等。但是，满意度高并不表示忠诚度一定高，要建立高忠诚度还必须培养员工的归属感——让员工感觉到自己是企业不可缺少（尽管事实上可能并非如此）的一员，只有这样，员工才会忠于企业，才有可能把企业视为自己生命的一部分。

（1）关心企业的发展

职业人一旦投身企业，那就意味着个人的利益甚至命运，已经与这个企业联系在一起。因此，他就应该关心企业的发展，为企业的发展献计献策。

【经典案例】

以自己的一言一行践行对企业的忠诚

刘允亮是北京开关厂试制车间的一名高级技师，是多年的优秀共产党员，厂先进工作者、劳动模范。在改革开放中，以自己的一言一行体现对企业的忠诚。

坚持99+"1"=0的新理念，打"1"治理"1"，实现"零起点""零缺陷"和"零突破"的管理。刘允亮在实施这一项企业改革的系统工程中，鲜明地提出自己是企业的主人，要说主人话、做主人事，和企业同生死、共命运，因此，他在企业组织的打"1"和治理"1"的活动中，提出了许多有价值的建议。

在新产品开发中大显身手，试制车间新产品的任务十分艰巨。在这种形势下，刘允亮以一个先锋战士的形象，带领大家投入热火朝天的新产品攻关活动。他不顾自己年龄大，身体有病，充分发挥自己的技术特长，埋头苦干。协助班长，哪里出现难题，就奔向哪里，及时解决问题。

（2）保守企业的秘密

不注意保守秘密是一种极不负责的态度，势必会使企业在各个方面处于不利。所以，事关工作的机密，员工一定要处处以企业利益为重，处处严格要求自己，做到慎之又慎；否则，不经意的一言一行就泄露了企业的商业秘密。

【经典案例】

在一次国际性的商贸谈判中，英国的一位裘皮商人在谈判中途休息时主动给美国的谈判人员递烟闲聊："今年的黄狼皮比去年好吧。"美国人随意地应了声："还不错。"那人紧跟了一句："如果要想买二十多万张不成问题吧？"美国的谈判人员仍不经意地说:"没问题。"

英国商人在不动声色中掌握了美国有大量的黄狼皮在寻找买家的商情。在随后的谈判中,英国商人以比原方案高出5%的价格,主动向美国商人递出2万张黄狼皮的买单。可是随后就发现有人用低于英国商人的报价在英国市场上大量抛售黄狼皮,当美国商人向其他国家的报价全部被顶回时,他们才恍然大悟:原来英国商人是有意用高价稳住自己,使其他的商人不敢问津,以便大量抛售他们几十万张的库存,以微小的代价换了个先手出货。

（3）维护企业的利益

一个员工固然需要精明能干,但再有能力的员工,不以企业利益为重仍然不能算一个合格的员工。

工作时间不做私事,这是企业对每一个职员最基本的要求,不要认为这是无伤大雅的小事。要戒除私心,不要将企业的物品私有化,这些微不足道的小节却能反映出一个人的职业操守。不被利益所动心。要喜爱企业赋予你的工作,不遗余力地为企业增加效益,完成企业分派给你的任务。

（4）危难时刻显忠诚

⚓ 【经典案例】

著名管理大师李·艾柯卡,受命于福特汽车公司面临重重危机之时,他大刀阔斧进行改革,使福特汽车公司走出危机。但是福特汽车公司董事长小福特却对艾柯卡进行排挤,这使艾柯卡处于一种两难境地。但是,艾柯卡却说:"只要我在这里一天,我就有义务忠诚于我的企业,我就应该为我的企业尽心竭力地工作。"尽管后来艾柯卡离开了福特汽车公司,但他仍很欣慰自己为福特公司所做的一切。

"无论我为哪一家公司服务,忠诚都是我的一大准则。我有义务忠诚于我的企业和员工,到任何时候都是如此。"艾柯卡这样说。艾柯卡不仅以他的管理能力折服了员工,同时也以自己的人格魅力征服了员工。

企业出现困难时,可能此时大多数人会选择离开企业。如果你能留下来替老板出主意、想办法,帮助企业顺利渡过难关,在关键时刻帮助了老板,他会非常信任你,会将重任交给你,对你今后的发展会有很大的帮助。

3.离职潜伏期 —— 挽救忠诚度

维持员工忠诚度的条件处于变化过程中。如果企业不能及时发现并重视这些变化,并有针对性地做出令员工满意的调整,员工忠诚度很可能会下降到足以使员工产生离职念头的程度,员工也就会步入离职潜伏期。离职潜伏期是员工离开企业的最后一道"闸门"，所以必须尽力采取有效措施挽救，挽救员工特别是关键员工的忠诚度，防止人才流失，而且挽留成功与否也是检验员工忠诚度管理成效的重要标准。

要挽救员工忠诚度，首先要找到员工离职的真正原因，对发现的离职原因按照合理程度进行归类；然后，还需要对员工进行分类。美国哈佛大学商学院教授凯佩里认为，任何企业的员工都可以分为三类：企业希望能长期留住的员工，例如高智商的工程技术人员、非常有创造力的产品设计人员等；企业希望能在一段时期内留住的员工，例如具有某种技能、目前供不应求的员工，新产品开发项目小组的成员；企业不必尽力挽留的员工，例如企业很容易招聘、不需要多少培训的员工，目前供大于求的员工等。企业应主要挽留前两类员工；最后，综合考虑离职原因的合理性、员工类别及企业的实力等因素，制定挽留员工的具体措施。在这里需要强调的是员工的挽留应以不伤害双方最终利益为目的。对于特殊急需挽留的员工应制订挽留方案，包括谈话、工作条件、福利待遇、供职时间等，从而保证挽留的价值，避免二次离职。

4. 辞职期——完善忠诚度的管理

从员工递交辞职报告到正式离开企业，这段时期企业需要做两件工作：其一是重新招聘合格的员工以填补空缺职位；其二是进行离职面谈。而后者往往被企业所忽视。离职面谈，就是指安排一个中立人（一般由人力资源部门或专业咨询公司来进行）与即将离开企业的员工进行面对面的沟通。其主要目的是了解离职员工真正的离职原因（可以和前面的分析结果相对照，来印证分析的准确性），以及其对企业各方面的意见和看法，从而发现目前在员工忠诚度管理及其他方面存在的缺陷，为今后员工忠诚度管理的完善提供依据。

达到上述目的的假设前提是：即将离开企业的员工会比较客观公正。研究人员发现，即将离职的员工面谈时有38%的人指责工资和福利，只有4%的人指责基层主管，但在此18个月之后有24%的人指责基层主管，只有12%的人指责工资和福利。因此，要想在离职谈话中发现真正的问题可能还需要作进一步的努力，例如，选择合适的离职沟通员，控制面谈时间，选择合适的地点，设计科学合理的面谈问卷，注意离职员工在谈话过程中的语气和形体语言等。

5. 辞职后——延伸忠诚度

员工离开企业并不一定意味着对企业的背叛，离职后的员工仍然可以成为企业的重要资源，如变成企业的拥护者、客户或商业伙伴。因此企业应该把忠诚度管理的范围延伸到离职后的员工，继续与他们保持联系，充分地利用这一低成本资源。

员工忠诚度的管理是一个系统工程，企业必须从招聘期、供职期、离职潜伏期、离职期、离职后几个环节努力维持、提高员工忠诚度管理效能，保证价值员工能力的发挥、提升，才能保证不败，适应瞬息万变的社会。

🎏【拓展阅读】

财会人员职业道德

1. 爱岗敬业。会计人员应当热爱本职工作，努力钻研业务，使自己的知识和技能适应所从事工作的要求。

2. 熟悉法规。会计人员应当熟悉财经法律、法规和国家统一的会计制度，做到自己在处理各项经济业务时知法依法、知章循章，依法把关守口，同时还要进行法规的宣传，提高法制观念。

3. 依法办事。一方面，会计人员应当按照会计法律、法规和国家统一会计制度规定的程序和要求进行会计工作，保证所提供的会计信息合法、真实、准确、及时、完整；另一方面，依法办事要求会计人员必须树立自己职业的形象和人格的尊严，敢于抵制歪风邪气，同一切违法乱纪的行为做斗争。

4. 客观公正。做好会计工作，不仅要有过硬的技术本领，也同样需要实事求是的精神和客观公正的态度。

5. 搞好服务。会计人员应当积极运用所掌握的会计信息和会计方法，为改善单位的内部管理、提高经济效益服务。

6. 保守秘密。会计人员应当确立泄密失德的观点，对于自己知悉的内部机密，不管在何时何地，都要严守秘密，不得为一己私利而泄露机密。

二、培养诚信品质

"人而无信，不知其可也。"诚信是个人进入社会的通行证。在发达国家，大到一个企业，小到一个具体的个人，都建有信用档案。贷款消费时，银行会查阅个人信用档案，以决定是否贷款；就业谋职时，有些公司也会查阅申请人信用记录，作为审核录用的标准。一个在诚信方面有问题的人，公务员报考不了，白领招聘不了，银行贷不到款……

为什么会出现这种情况呢？我们每个人要立足社会，干出一番事业，是否任何时候都必须讲信用呢？

（一）诚信的本质

诚信这一范畴是由"诚"和"信"两个概念组成的。诚，指真诚、诚实；信，指信任、信用和守信。诚实守信，不仅是一般的社会和个人的道德行为规范，而且也是市场经济体制下,必须遵循的经济活动的共同守则、市场竞争的行为规范。

所谓诚实,就是忠诚老实,不讲假话。诚实的人能忠实于事物的本来面目,不歪曲,不篡改事实,同时也不隐瞒自己的真实思想,光明磊落,言语真切,处事实在,诚实的人反对投机取巧,趋炎附势,吹拍奉迎,见风使舵,争功诿过,弄虚作假,口是心非。

所谓守信,就是信守诺言,说话算数,讲信誉,重信用,履行自己应承担的义务。

诚实守信是忠诚老实,信守诺言,是为人处世的一种美德。诚实是守信的基础,守信是诚实的具体表现,不诚实很难做到守信,不守信也很难说是真正的诚实。

首先,诚信是真诚无欺、实事求是的态度和信守承诺的行为品质,其基本要求是说老实话、办老实事、做老实人。诚信之诚是诚心诚意,忠诚不贰;诚信之信是说话算数和信守承诺,它们都是现代人必须而且应当具备的基本素质和品格。在市场经济的条件下,人们只有树立起真诚守信的道德品质,才能适应社会生活的要求,并实现自己的人生价值。

其次,诚信是一种社会的道德原则和规范,它要求人们以求真务实的原则指导自己的行动,以知行合一的态度对待各项工作。在现代社会,诚信不仅指公民和法人之间的商业诚信,而且也包括建立在社会公正基础上的社会公共诚信,如制度诚信、国家诚信、政府诚信、企业诚信和组织诚信等。这就是说,任何政府和制度都要按照诚信的原则来组织和建构,亦需按照诚信的原则行使其职权。一旦背离了诚信的原则和精神,政府就会失信于民,制度就会成为不合理的包袱。

最后,诚信是个人与社会、心理和行为的辩证统一。诚信本质上是德行伦理与规范伦理或者说信念伦理与责任伦理的合一,是道义论与功利论、目的论与手段论的合一。如果说"诚"强调的是个人内心信念的真诚,是一种品行和美德,那么"信"则是诚这种内在品德的外在化显现,是一种责任和规范。在中国历史上,就有"诚于中而信于外"的说法。诚信不仅是一种道德目的,同时也是人们应当具有的一种信念,更是一种道德手段,是人们应当承担的一种社会责任和谋取利益实现利益的一种方式。

总之,诚信是一切道德的根基和本源。它不仅是一种个人的美德和品质,同时也是一种社会的道德原则和规范;不仅是一种内在的精神和价值,同时也是一种外在的声誉和资源。诚信是道义的化身,同时也是功利的保证或源泉。

（二）诚信的作用

在社会生活中,诚信不仅具有教育功能、激励功能和评价功能,而且具有约束功能、规范功能和调节功能。就个人而言,诚信是高尚的人格力量;就企业而言,诚信是宝贵的无形资产;就社会而言,诚信是正常的生产生活秩序;就国家而言,诚信是良好的国际形象。

1. 诚信是个人的立身之本

诚信是个人必须具备的道德素质和品格。一个人如果没有诚信的品德和素质,不仅难以形成内在统一的完备的自我,而且很难发挥自己的潜能和取得成功。"诚"不仅是德、善的基础和根本,也是一切事业得以成功的保证。"信"是一个人形象和声誉的标志,也是人所应该具备的最起码的道德品质。

孔子说:"信则人任焉。""民无信不立。"诚于中而必信于外。一个人心有诚意,口则必有信语;心有诚意口有信语而身则必有诚信之行为。诚信是实现自我价值的重要保障,同时也是个人修德达善的内在要求。缺失诚信,就会使自我陷人非常难堪的境地,个人也难于对自己的生命存在做出肯定性的判断和评价。同时,缺失诚信,不仅自己欺骗自己,而且也必然欺骗别人,这种自欺欺人既毁坏了健全的自我,也破坏了人际关系。因此,诚信是个人立身之本,处世之宝。个人讲求道德修养和道德上的自我教育,培育理想人格,要求以诚心诚意和信实可靠的方式来进行自我陶冶和自我改造。中国古代思想家强调"正心诚意"和"反身而诚"在个人道德修养中的地位和作用,认为修德的关键是有一颗诚心和一份诚意。诚意所达到的程度决定修德所能达到的高度,正可谓"精诚所至,金石为开","天下无不可化之人,但恐诚心未至;天下无不可为之事,只怕立志不坚。"所以,中国人特别强调"做本色人,说诚心话,干真实事"。

🕮【经典案例】

逃票的"代价"

有个在法国留学的中国小伙子,发现当地公共交通系统售票处是自助的,不设检票口,也没有检票员,甚至连随机性的抽查都非常少。他精确地估计:逃票而被查到的比例大约仅为 0.03%。他便经常逃票,并找到一个宽慰自己的理由:自己还是一个穷学生,能省一点是一点。

四年过去了,名牌学校的招牌和优秀的学业成绩让他充满自信,他开始频频进入一些跨国公司推销自己却都被婉言相拒。一次次失败使他愤怒,他认为这些公司有种族歧视,排斥中国人,要求经理对不录用他给出一个合理理由。其回答是:

"先生,我们并不是歧视你,相反我们很重视你,我们需要一些优秀的本土人才来协助我们开发中国市场。之所以不录用你,是因为我们查了你的信用记录,发现你有三次乘公交车逃票被处罚的记录，我们并不认为这是小事。我们注意到，第一次逃票是在你来我们国家后的第一个星期，你说自己不熟悉自助售票系统，但之后你又两次逃票。相信在被查获前，你可能有数百次逃票的经历。此事证明了两点：一是你不遵守规则，不仅如此，你擅于发现规则中的漏洞并恶意使用；二是你不值得信任。可以确切地说，这个国家甚至整个欧盟，你可能找不到雇佣你的公司。"

直到此时，他才如梦初醒，追悔莫及。特别是经理谈话最后用欧洲思想家但丁的一句名言使他惊心至深："道德能弥补智慧的缺陷，然而智慧却永远填补不了道德的空白。"

2. 诚信是企业和事业单位的立业之本

诚信作为一项普遍适用的道德原则和规范，是建立行业之间、单位之间良性互动关系的道德杠杆。诚实守信是社会主义职业道德建设的重要规范。诚实守信是所有从业人员在职业活动中必须而且应该遵循的行为准则，它涵盖了从业人员与服务对象、职业与职工、职业与职业之间的关系。企业事业单位的活动都是人的活动，为了发展就不能不讲求诚信。因为发展既蕴含着组织本身实力和生存能力的增强与提升，又蕴含着组织与组织、组织与外部以及组织内部各要素之间关系的优化与完善。

无论是组织本身实力和生存能力的增强与提升，还是组织内外关系的优化与完善，本质上都需要诚信并且离不开诚信。诚信不仅产生效益和物化的社会财富，而且产生和谐和精神化的社会财富。在市场经济社会，"顾客就是上帝"，市场是铁面无私的审判官。企业如果背叛上帝，不诚实经营，一味地走歪门邪道，其结果必然是被市场所淘汰。诚信是塑造企业形象和赢得企业信誉的基石，是竞争中克敌制胜的重要砝码，是现代企业的命根子。

【经典案例】

可贵的"万分之五"

无论是对待供应商、代理商还是与银行打交道，联想都坚持诚信至上，联想每年有十几亿元的信用金应收回，坏账额度损失居然低到万分之五。

这种外界的支持是如何建立的？联想的答案是诚信。

在 10 年前，与银行打交道的人不少，但有按期还款意识的人可不多。那时的联想总是想方设法按期还款。1991 年前后，联想进口机器在国内销售，要从香港的中国银行贷款外汇。卖了机器，要把人民币换成外汇还贷。那时正赶上外汇与人民币比价有较大浮动，联想就给它的进出口商额外补了一百多万元汇率变化损失，使其能把外汇兑换出来，及时还给银行。这么多年来，联想几乎没有一笔贷款到期不还，在银行的信誉度极高。

与联想合作的供应商,从不担心联想的付款问题。合同定好什么时候付款,什么时候钱就拨到对方的账户上,毫不含糊。

"小公司做事,大公司做人。"在我们这个迫切呼唤诚实信用的社会里,联想集团用自己的行为诠释了诚信的价值,在社会上树立了良好的形象。

3. 诚信是国家政府的立国之本

倡导诚信有利于实现安邦定国,落实"以德治国"的方略。诚信是人际沟通的桥梁,如果将社会比成一部机器,诚信就是一种优质润滑油,它可以使社会这部机器的齿轮正常运转;如果缺乏诚信,整个社会的人与人之间的沟通就会失去桥梁,从而出现断层。国家的代表是政府,没有政府诚信就没有国家的诚信。

在现代社会,民主政治成为一种潮流和趋势,更要求把诚信作为治理国家的基本原则。政治的核心是权力,政治权力的历史形态是私权或集权,而民主政治下的权力是公权。公权意味着权力归人民所有,本质上是为人民服务的,权力的合法性来自人民的信任。失去人民的信任便失去了权力合法性的依据。目前要紧紧抓住食品药品安全、社会服务、公共秩序这三个重点,加强政务诚信、商务诚信、社会诚信和司法公信建设,形成不敢失信、不能失信的惩戒防范机制,我们的国家才能立于不败之地。

📖 【拓展阅读】

《论语》：子贡问政

子贡问孔子怎样治理政事,孔子回答粮食充足,军备充实,老百姓对政府就信任了。子贡又问:"如果迫不得已一项一项去掉只留一项,是哪一项呢?"孔子最后回答:"自古皆有死,民无信不立",就是说一个国家如果不能得到老百姓的信任就要垮掉了。

（三）营造个人职场诚信

要营造个人的职场诚信,必须清醒地认识到自身的不足,并逐步弥补,以诚信来形成良好的职业操守和能力提升。

1. 弥补性格缺陷,防止自我因素

性格缺陷在很大程度上制约着诚信的实现。易怒、情绪化、反复无常等性格,导致其在职场上远离团队或听不到最真实的声音,同时也成为团队对其诚信授予的障碍。同样,如果一个人总是以自我为中心,或以自身利益为目的,以及自我因素过度膨胀,团队成员在受到一次次阻力或批驳后,将收敛对其诚信的释放度,这样累积到

最后,给工作带来严重的影响,导致得不到来自团队成员间的任何信息。要营造自己的个人职场诚信,首先就得弥补性格缺陷,防止自我因素,以开放的心态接受来自团队及团队成员的信任度。

2. 培养良好职业习惯与操守

良好的职业习惯与操守并非是独立于其他日常生活习惯之外的全新习惯,职场人必须根据职业的规范,对自己以往的生活习惯做出适当的修正或强化。比如:向企业环境学习的习惯;尊重别人、替别人着想的习惯;淡泊名利的习惯;认真负责,脚踏实地,自觉自动的习惯等。工作有始有终,诚恳、守信,不隐瞒欺诈,不弄虚作假。对待同事或团队的工作真诚且有理有节地施以帮助,没有不良的作风或陋习,这样你就能以个人的魅力赢得尊重。

良好的职业习惯与操守,是对人品的直接定位,如果因不良的职业习惯与操守受到怀疑,势必影响到你的公正性,也直接影响到你的诚信度。坚持良好的职业习惯与操守,不仅能赢得个人职业生涯的发展,同时还能赢得你的对手对你的诚信度。

3. 秉持良好的道德信念

做事靠的是知识,做人靠的是心态。职业人只有拥有正确的道德观和价值观,才能在工作中使用正确的方法,行事才不会有问题。

思想决定行动,如果存在一些不良的思想,势必影响到你对事或对人的判断力,比如你思想上存在贪念,势必在工作中会利用一些机会去为自己谋取不正当的收入。比如你思想上把自己归入一些所谓派系,在行动上就会不自觉地对你不认同的同事进行打击。

营造个人的职场诚信,在思想上就要抛弃那些不良信念,以积极的思想和诚信的心态来指导自己的行动。诸如:遵纪守法,遵守社会公德;遵守公司规章制度,按程序行事,服从分配;有责任心,敬业;有团队精神,能互相帮助和爱护,能尊敬上司、同事和下属等。

4. 加强学习,做出业绩,赢得诚信

仅仅具备良好的职业道德、习惯、性格、思想还不够,这些是支撑你诚信体系的软件,而支撑你的工作和职场诚信度的最重要的硬件则是工作能力和工作业绩。试想,一个具备各种诚信潜质的人,如果工作能力上不去,没有业绩,是否会得到企业或同事更多的诚信度呢?

所以,作为职场人,要加强学习,不断增强个人工作能力,做出业绩,以业绩来赢得更多的认可和尊重,这样,团队或同事释放给你的诚信度也就更高。

5. 大局观念,责任意识是职场诚信的必然要求

职场人生活在企业这个大环境中,对所从事的工作或接触的工作,要有责任意识,要服从大局。不能只盯着个人业绩,当个人业绩与企业有所冲突的时候,要服从大局,以大局为重,这是对诚信更负责的态度与意识。同时,对工作要有责任心,不能应付或只是简单地把工作做完,要对所做的工作或工作环境有责任感,这样才会帮助你赢得更多诚信。

（四）把个人诚信有效地融入企业诚信

多个具备相应职场诚信的人聚集在一起,不仅能为企业创造效益,同时也能帮助企业形成良好的诚信氛围,促进企业诚信的发展。因此,企业诚信与个人诚信其实是互补的关系,是相互作用的关系,个人诚信只有有效地融入企业诚信,才会得以放大,得以增值,进而在共同完善、共同发展的前提下,达到双赢。那么具体该如何将个人诚信融入企业诚信呢?

1. 将个人诚信融入企业的诚信文化中

每个企业都有自己的独特文化,即意味着有独特的企业诚信,如果每个人都保持个人诚信的独特性,不去融入企业的文化中,势必不能形成有凝聚力的企业诚信文化,因此职场人在进入企业后,应逐步融入企业诚信文化,这种融入不仅仅是被企业诚信所吸引,还有可能会对企业原有的诚信带来一些有益的影响。

2. 将个人诚信融入企业的工作模式和工作方法中

一个人在企业里,要想赢得同事的信任、企业的信任,一是个人魅力;二是靠工作业绩,这些都需要个人诚信来支撑才能完成。进入企业,要尽快将个人诚信融入企业的工作模式和工作方法中,以利于尽快赢得企业或同事的认同,即诚信度。如果偏离企业的工作模式和工作方法,按自己的工作模式和工作方法,势必远离企业所需,将逐渐丧失企业或同事对其诚信的释放。

3. 将个人诚信融入企业的工作交流和沟通中

坦诚、守信、有责任感等个人诚信品质,也必须融入工作的交流和沟通中,不能特立独行,要以开放的心态去交流和沟通,吸收各种有利的因素,在工作交流和沟通中释放个人诚信,赢得更多的诚信或吸引更多的诚信。

人无信不立,作为职场人,首先要学会营造个人的职场诚信,以自己的诚信来赢得更多的认可与发展。个人诚信,并不仅是指诸如诚实、守信、不弄虚作假等软诚信,还包括对工作的认真负责态度,能否更好地完成工作等硬诚信。个人诚信的完善与发展,还需要与企业诚信有机地结合起来。

作为职场中人，不要再一味地抱怨企业或管理层不诚信，从自身做起，做一个真正的职场诚信人吧！

【拓展阅读】

职场中个人诚信认识的误区

误区一：职场人讲信用与其负责的工作关系不大。有的人认为，诚信，就是要讲信用，只要我讲信用，我就诚信了。是的，这种认识无可厚非，但你认为的信用到底是什么？作为员工，其信用不仅仅是对同事之间的言而有信，还包括对其职责范围的工作认真负责。如果你的工作没做好，特别是在你的能力范围内没有做好，那就是不诚信，不讲信用，所以，职场人讲信用，并非仅仅指个体之间的信用，更多的还是对工作的负责。只有围绕工作来释放和赢得诚信，才是立身之本。试想，在一个企业里，如果大家对工作都不诚信、不负责，企业又凭什么赢得客户的诚信，凭什么能够持续发展？

误区二：江湖义气就是诚信。常听到这样一句话：咱们是谁？兄弟呀！既然我们是兄弟，以后你的事就是我的事。其实你有没有这样想过：都是同事，你为什么要认这个人做兄弟，不认那个人做兄弟那是否在对待同样一件事情上要偏向你所谓的兄弟呢？把江湖义气带进职场，拉帮结派，势必会孤立甚至排挤部分同事，这会有利于工作吗？这是讲诚信吗？其实这种江湖义气或江湖作风不仅对同事而且对工作也相当不利，会人为制造一些不利的因素，所以，把江湖义气看作诚信是一种肤浅的认识，所谓的诚信实际上却是不诚信。真正的诚信应该是帮助偏离诚信的同事改正，或求同存异地为企业的发展共同努力。

误区三：性格、习惯好坏与是否诚信无关。一个人的工作能力不错，但性格不好，习惯不好，这样的人，同事们愿意或敢于跟他多交流沟通，说出自己对工作的认识和看法吗？估计没几个人敢这样做，因为你不知道他什么时候会不高兴，什么时候会发脾气，既然不敢，对其信任和诚信度也就不敢有所认同。同样，有的人有不良习惯，比如喜欢酗酒、喜欢开玩笑等不良习惯，其诚信度也会有所降低，所以，性格、习惯好坏，表面上看与诚信关系不大，但却是能对诚信产生相当影响的潜在因素。正如"千里之堤，溃于蚁穴"，不好的性格、不良的习惯，会逐步吞噬掉你的诚信，会让你离团队越来越远。

误区四：个人能力高低与诚信无关。有人认为，个人能力的高低与其是否诚信没有必然联系，实则不然。个人能力的高低，往往会直接影响着人的诚信深度。举例来说，当上司把一件重要的工作交给下属去做时，他首先想到的会是什么？一定是看谁能保证此项工作的完成。其实，上司选择谁去做也就是表明了他对哪个下属的诚信度更加认可，所以，你有能力保证工作能够圆满完成，也是一种诚信。个人能力的高低是保证诚信实现的重要支撑，如果你不能或没有能力把工作完成，就是失信，就是缺乏诚信。

误区五：自我意识强，不在乎别人的感受，这也与诚信无关。有的职场人士，自我意识特别强，他的意见、他的方法就是对的，不容别人提出反驳意见，明知方案有缺陷也要强硬推行。这在无形中也失去了同事间的诚信，合作的诚信，沟通的诚信。自我意识本不是坏事，但不能因过强而忽略了一个团队的整体，忽略了一个团队同事间的诚信氛围。

误区六：实在就是诚信。有的人把实在当诚信，认为做老好人，不得罪人，不做错事，就是讲诚信。表面上看，大家一团和气，团队气氛很好，但工作的收效呢？业绩呢？如果对错误的方案你也不提反对意见，最终损失的则必将是自己的诚信。所以，一个人很"实在"只能说有一定的诚信品格，但不能简单地认为他就诚信。

三、敬业成就事业

【经典案例】

被誉为"抓斗大王"的上海港务局南浦港务公司工程师包起帆，18 岁那年，进上海港当了一名装卸工，从此踏上了坎坷的发明创造之路。为了实现用抓斗装卸木材的梦想，他如饥似渴地自学物理、数学等基础知识，刻苦钻研业务，生活被浓缩在起重、力学、机械的理论和计算之中，脑海浮沉着各种数据、原理和构想。经过无数个日夜的努力，尝遍失败、艰辛和磨难，包起帆和他的同事终于创造出木材抓斗。这项革新填补了国际港口装卸工具的一项空白。数十年来，本着"在岗位尽责、为事业奉献"的敬业精神，与其他同仁一起，发明创造了多种高效、安全的装卸工具和装卸工艺，为国家和人民创造了大量财富之后，包起帆把目光投向更广阔的领域……这20年里，他总共得到了 11 项国家级专利、3 项国家发明奖、1 项国家科技进步奖、11 项交通部或上海市的科技进步奖，以及日内瓦、巴黎、匹兹堡、布鲁塞尔等 10 项国际发明博览会金奖。

包起帆为了干好装卸工，发明了一项项装卸工具，正是专心致力于事业的敬业精神，使他在平凡的岗位上做出了不平凡的贡献。成功的企业、成功的个人背后都有着一流的敬业精神做依托。

（一）敬业精神

在社会主义市场经济条件下，随着人们职业观念的变化，择业自主性、自由性的增强，敬业精神的有无与强弱，直接关系到改革开放和现代化建设事业的兴衰。

1. 敬业

敬业就是要敬重你的工作。我们可以从两层去理解敬业。低层次来讲，敬业是对本职工作有个交代。如果上升一个高度来说，那就是把工作当成自己的事业，要具备一定的使命感和道德感。不管从哪个层次来讲，敬业所表现出来的就是认真负责，认真做事，一丝不苟，并且有始有终。一个人具有敬业精神，既要认真看待和把握所从事的工作，即起点敬业，又要在实际工作中尽职尽责，即过程敬业，更重要的还要按职业责任有效完成工作，即结果敬业。

2. 敬业精神

敬业精神是人们基于对一件事情、一种职业的热爱而产生的一种全身心投入的精神，是社会对人们工作态度的一种道德要求。它的核心是无私奉献意识。低层次的即功利目的的敬业，由外在压力产生；高层次的即发自内心的敬业，把职业当作事业来对待。

敬业精神是一种基于热爱基础上的对工作对事业全身心忘我投入的精神境界，其本质就是奉献的精神。具体地说，敬业精神就是在职业活动领域，树立主人翁责任感、事业心，追求崇高的职业理想；培养认真踏实、恪尽职守、精益求精的工作态度；力求干一行爱一行钻一行，努力成为本行业的行家里手；摆脱单纯地追求个人和小集团利益的狭隘眼界，具有积极向上的劳动态度和艰苦奋斗精神；保持高昂的工作热情和务实苦干精神，把对社会的奉献和付出看作无上光荣；自觉抵制腐朽思想的侵蚀，以正确的人生观和价值观指导和调控职业行为。

3. 敬业精神的构成

（1）职业理想

即人们对所从事的职业和要达到的成就的向往和追求，是成就事业的前提，能引导从业者高瞻远瞩，志向远大。

（2）立业意识

即确立职业和实现目标的愿望，其意义在于利用职业理想目标的激励导向作用，激发从业者的奋斗热情并指引其成才方向。

（3）职业信念

即对职业的敬重和热爱之心，表示对事业的迷恋和执着的追求。

（4）从业态度

即持续稳定的工作态度。勤勉工作，笃行不倦，脚踏实地，任劳任怨。

（5）职业情感

即人们对所从事职业的愉悦的情绪体验，包括职业荣誉感和职业幸福感。

（6）职业道德

即人们在职业实践中形成的行为规范。

（二）敬业与事业

朱熹说："敬业者，专心致志以事其业也。"敬业的员工之所以受欢迎，不仅是因为他们能对企业负责，更重要的是，他们意识到了敬业是一种使命，同时也是一种责任和精神的体现。不管从事什么工作，你都要热爱自己的工作，把工作看成自己人生的荣耀和使命，竭尽全力把它做好。敬业糅合了一种使命感和道德责任感，在当今社会已经成为一种最基本的做人之道，也是每个人成就人生事业的重要前提。

1. 敬业是事业成功的前提

荀子曾说过："百事之成也，必在敬之。其败也，必在慢之。"假如，一个人不热爱自己的工作，必然不肯努力，结果自然不会有成就。某权威机构对1000位成功人士进行调查，有78%的人认为"爱岗敬业"是自己成功的主要原因。爱岗敬业的人，能够创造更好的工作业绩，能够获得更多的发展机会，赢得更大的发展空间。从某种意义上说，敬业是事业成功的前提。

一个人只有热爱自己的工作或职业，才能开拓前进，取得成功。敬业，表面看起来是有益于公司，有益于老板，但最终的受益者却是自己。当"敬业"变成一种习惯时，每个人都能从全身心投入工作的过程中找到快乐，能从中学到更多的知识和经验，积累更多资源和人脉，为将来的事业打下坚实的基础。当"不敬业"成为一种习惯时，工作上的投机取巧只会给你的老板带来一点点的经济损失，但毁掉的却是你的一生。

【经典案例】

一名学生的实现理想之路

一所名校的毕业生，毕业后进入一家公司。他对自己抱有很高的期望，想着一定会得到重用，并且能拿到很高的薪水。没想到的是，公司却安排他从最底层业务开始做起，这让他很是失望。

整天面对那些不好讲话的客户，他觉得工作真是没意思，就开始自由散漫起来。

每个月也就想着完成任务量就行了，这样过了好长一段时间，他也没有得到重用，这不禁让他感到心灰意冷。

终于有一天，他对同事小李说："我要离开这个公司，我恨这个公司！"

同事建议道："我举双手赞成你！不过这破公司一定要给他点颜色瞧瞧。所以，我觉着你现在离开还不是最好的时机。"

"为什么？"学生问。

"如果你现在离开，公司并没有什么损失，你应该趁着在公司的机会，拼命去为自己拉一些客户，成为公司独当一面的人物，然后带着这些客户突然离开，那样公司才能受到重大损失，为自己出一口怨气啊！"同事说。

学生觉得同事说得非常在理，就充分发挥自己的特长，开始努力工作。

半年多的努力过后，事遂所愿，他拥有了许多忠诚的客户，工资也连升了三次。再见面，同事问他："怎么样，现在还想走吗？正是时机哦！"

学生笑着说："老总刚跟我谈过话，准备提我做销售部经理，我暂时没有离开的打算了。

其实这也是同事的初衷。他看到学生确实有才华，就是年轻太浮躁，一直那样下去，别说他炒老板，不久老板也会炒了他的。所以他就施了一计。

你出钱我出力，当然这是情理之中的事情，可如果想着什么事都"随便做一做"，什么时候也不会得到重用和晋升。老板喜欢敬业的员工，因为敬业是一名称职员工最基本的职业道德。尽职尽责，忠于职守，这是对企业知遇之恩的报答，同时也是使自己的理想得以实现的前提。

2. 敬业让你赢得尊重

📖【经典案例】

敬业的李娜

当地时间 4 月 18 日，美国《时代》杂志公布了 2013 年度全球百大最有影响力人物名单。女网一姐李娜入围，列入"偶像人物"类别榜单。同时，她凭借优异的表现成为 2013 年青年五四奖章候选人，也是体育界的唯一代表。这是对她在赛场上成绩和场外付出的充分肯定。

李娜从小就有"能吃苦、不叫苦、倔强、不服输"的拼劲。她从网球低级别赛事一路打到四大满贯，创造了中国女子网球运动事业的多项第一，成为中国女子网球界的领军人物。

2013 赛季，在深圳赛夺冠，在悉尼赛获得亚军后，她再次向澳网冠军冲击。决赛中面对世界第一的阿扎伦卡，李娜拿下了首局，但在第二盘的第四局的关键时候，李娜在一次回球过程中摔倒在地，她的脚踝出了问题。随后李娜的左脚踝被纱布厚厚地包裹起来，我们看到李娜一次次倒地，伤痛中她没有放弃，一次又一次救起了对方的击球，一次又一次将球击向对方的空当。伤痛中李娜始终绽放着灿烂的微笑，这微笑为她赢得了在场观众阵阵掌声，全球数不清的观众也通过电视见证了这位来自东方中国的已经年过三十的球员不抛弃、不放弃的敬业精神，这一刻李娜赢得了现场的阵阵掌声，赢得了整个世界的尊重。

最值得被敬重的，常常是敬业的人。阿尔伯特·哈伯德说："一个人假使没有一流的能力，但只要你拥有敬业的精神，你同样会获得人们的尊重；即使你的能力无人能比，假设没有基本的职业道德，就一定会遭到社会的遗弃。"受人尊重会让我们的自尊心和自信心增加。不论我们的薪水多低，不论老板多么不器重我们，只要我们敬业，毫不吝惜地投入我们的精力和热情，渐渐地我们就会为自己的工作感到骄傲和自豪，就会赢得他人的尊重。有能力做一件事情是一回事，做好这件事情又是一回事，懒惰和缺乏激情的人，即使才华出众也未必能做好工作，平凡普通人士依靠自己的勤奋和忠诚倒是经常取得令人欣慰的佳绩。在这两种人的竞赛中，天平最终总是偏向能够做好事情的人。以主人翁的精神，认真负责地对待工作，不但能赢得别人的尊重，工作自然也会做得更好。

3. 敬业是一种使命

任何工作都是适应社会的需求而产生的，工作的存在是依附于社会的。工作的发展程度最终也取决于社会的发展，只有顺应了社会的需求，个人的工作才能取得长足的进步。至关重要的是，认真做好社会赋予我们的工作，竭尽全力做好本职，把敬业作为一种使命，我们才能最终享有社会发展的累积。敬业的员工之所以受欢迎，不仅是因为他们能对企业负责，更重要的是，他们意识到了敬业是一种使命，是一种责任和精神的体现。

不管从事什么工作，你都要热爱自己的工作，把工作看成自己人生的荣耀和使命，竭尽全力把它做好。毕业于美国西点军校、曾为通泰电子集团首席执行官的约翰·克林顿说："我经常强调，在公司中无论你是什么身份，是贵为CEO，还是身为普通的员工，都要看重自己所从事的工作，否定自己的工作是个巨大的错误。"美国石油大王洛克菲勒，是一个对工作十分认真敬业的人。他的老搭档克拉克曾这样说过："他有条不紊认真到了极点，如果有一分钱该归我们，他要拿来；如果少给客户一分钱，他也要客户拿走。"他自己也说过："除了工作，没有其他任何活动能提供如此高度的充实自我、表达自我的机会，也没有哪项活动能提供如此强烈的个人使命感和一种活着的理由。"

全国劳模徐虎

1975年，徐虎从郊区农村来到上海城里，当上了房修水电工，担负起管区内6000多户居民的水电维修、房屋养护工作。只要一有空，他总是认真学习房修水电技术。碰到居民报修，他一喊就到，及时解决。碰到难做的活儿，他千方百计做到居民满意。每次修理完毕，他都主动做好清洁工作；对居民的酬谢，他笑着谢绝；碰上挑剔的居民，还要耐心说服。1985年6月23日是个星期天，徐虎在房管所以及区精神文明建设办公室领导的陪同下，来到光新二村、石泉路75弄和石泉六村，挂上了三只"夜间水电急修特约服务箱"，上面写着"凡属本地段的公房住户如有夜间水电急修，请写纸条投入箱内。本人热忱为您服务，每天开箱时间晚上7点。中山房管所徐虎"。打那以后，每天晚上7时，徐虎总是骑着"老坦克"，带着工具包，走向三个报修然后按照报修的纸条，挨家挨户上门修理。

从挂箱服务的那天起，在徐虎的心里就没有了"星期日"和"节假日"，只留下"为民服务"四个字。

徐虎，以一颗金子般的心，赢得了人民群众的称赞，成为爱岗敬业的光辉榜样。学习徐虎精神，尽心尽力地为社会、为人民服务。

培养敬业精神，要求正确处理和职业所联系的"责、权、利"关系。人们如何看待自己所从事的职业和岗位，是否认同和追求岗位的社会价值，是敬业精神的核心。如果没有任何认同，就不会有尊重和忠实于职业的敬业精神，而认可程度不同，也会产生不同的敬业态度。因此，培育敬业精神首先应从树立职业理想入手，突出以下几个方面内容。

（1）牢固树立职业理想

职业理想是敬业精神的思想基础。每位职工都应把自己的职业看成是为社会做贡献，为人民谋福利，为企业创信誉的光荣岗位，看成是社会、企业运转链条上的重要环节。只有这样才能树立起富有时代精神、健康向上的职业理想和目标，并以最顽强最持久的职业追求把它落实在职业岗位上。

（2）准确设定岗位目标

高标准的岗位目标是干好本职，争创一流的动力。有了岗位目标，才能做到勤业精业，在本职工作岗位上创造性地开展工作。

（3）大力强化职业责任

发挥本职和岗位的职能、保持职业目标、完成岗位任务的责任,遵守职业规则程序、承担职权范围内社会后果的责任,实现和保持本岗位、本职业与其他岗位职业有序合作的责任,是职业责任的全部内涵。职业责任是主人翁意识的体现,作为企业的一员应视企业发展为己任,自觉履行职业责任和义务。

（4）自觉遵守职业纪律

职业道德规范,企业的各项规章制度,是职业纪律的内容。精心维护、模范执行是维护企业正常工作秩序的重要保证。

（5）不断优化职业作风

职业作风是敬业精神的外在表现。敬业精神的好坏决定着职业作风的优劣,而职业作风的优劣又直接影响着企业的信誉、形象和效益。从某种意义上讲,职业作风关系到企业的兴衰成败,关系到企业的生死存亡。优化职业作风,就要反对腐败和纠正行业不正之风,以职业道德规范职业行为。

（6）全面提高职业技能

企业内部要营造浓厚的学习氛围,促使职工不断掌握新技术、新工艺,不断增加技术业务能力的储备,不断更新知识结构,不断提高管理水平,成为本单位的业务骨干和技术尖兵,以过硬的职业技能实践敬业精神,为国家做贡献,为企业创效益、树信誉、争市场。

【经典案例】

一切工作都是光荣的

20世纪50年代初,有一位叫科林的年轻人,每天很早就来到卡车司机联合会大楼找零工做。不久,一家著名的饮料生产企业需要人手去擦洗工厂车间的地板。因为工作很辛苦,其他人都不愿意去应聘,但科林去了。因为他知道,不管做什么工作,总会有人注意的。所以他打定主意,要做最好的清洁工人。

一次有人不慎打碎了50箱汽水,弄得满地都是黏糊糊的泡沫。科林很生气,但还是耐着性子把地板抹干净。

因为他工作认真,第二年他被调往装瓶部,第三年升为副工头。

他从自己的经历中领悟到一个重要的道理:"一切工作都是光荣的。"他在回忆录中写道:"永远尽自己最大的努力,因为有眼睛在注视着你。"

许多年后,全世界的目光都凝聚在当初那位清洁工 —— 时任美国国务卿科林·卢瑟·鲍威尔身上。

想一下,你到了工作单位后,除了完成自己的工作之外,会不会替别人把没有做好的工作完成好？

📖 【拓展阅读】

商业职业道德

（1）热爱商业工作，确立职业的责任感与荣誉感，摒弃轻视商业和服务性工作的陈旧观念；

（2）严守商业信用，诚信无欺，公平交易，实事求是介绍商品，严格执行国家价格政策；

（3）优质服务，文明经商，对顾客一视同仁，出售商品货真价实，不以次充好，不缺斤短两，态度和蔼，待客热情，服务周到，方便客户；

（4）爱护商品，讲究卫生，不出售变质的食品、药品；

（5）严格执行有关规定，不私买私卖，不以营业权谋私利，接受同事监督，欢迎同事批评，坚决同商业领域的不正之风做斗争。

📖 【人在职场】

敬业精神测试

何为敬业精神？是认清自我所扮演的角色，坚守自己职位本分，并秉持"一分耕耘，一分收获"的工作态度，去面对自己所从事行业的各项挑战。一个人，无论从事哪行哪业、扮演何种角色，都应具备认识自我，并从自我心理建设开始，督促并调适自己，即使面临不同挑战，亦能以实际行动配合，这些都在显示一个从业人员的敬业精神，更是有朝一日自己创业立业成功的基石。

第二节　守正创新

一、认识责任意识

责任就是分内应做的事情，同时也就是承担应当承担的任务，完成应当完成的使命，做好应当做好的工作，责任无处不在，存在于每一个角色。父母养儿育女，老师教书育人，医生救死扶伤，工人铺路建桥，军人保家卫国……人在社会中生存，就必然要对自己、对家庭、对企业甚至对祖国承担并履行一定的责任。

责任意识，就是清楚明了地知道什么是责任，并自觉、认真地履行社会职责和参加社会活动，把责任转化到行动中去的心理特征。有责任意识，再危险的工作也能减少风险；没有责任意识，再安全的岗位也会出现险情。责任意识强，再大的困难也可以克服；责任意识差，很小的问题也可能酿成大祸。

【经典案例】

远涉重洋的一封来函

武汉市鄱阳街的景明大楼建于 1917 年，是一座六层楼房。在 1997 年也就是这座楼度过了漫漫 80 个春秋的一天，突然收到当年的设计事务所从远隔重洋的英国寄来的一份函件。函件告知：景明大楼为本事务所 1917 年设计，设计年限为 80 年，现已到期，如再使用为超期服役，敬请业主注意。

二、增强责任意识

工作意味着责任。每一个职位所规定的任务就是一种责任。责任是一名员工的立身之本，可以说，一个人放弃了工作中的责任，就意味着放弃了在工作中更好生存的机会。

在现实生活中，我们不难听到这样的抱怨："我们辛辛苦苦地工作，每个月才那么点钱，干吗要为老板卖命！""市场经济讲究等价交换，拿多少钱，干多少活，我要对企业负责了，那不是给老板白干活了？"这便是有些打工者的"哲学"，他们的人生信条是：老板给多少钱，我就干多少活，这样才不吃亏，至于对企业负责，那是老板考虑的问题。其实，对工作负责就是对自己负责，工作兢兢业业，是在为自己的前途打拼，一方面是在为自己的能力添砖加瓦；另一方面也是借着企业这个平台逐渐实现自己的理想。

【经典案例】

奥运史上"最美的垫底者"

1968 年，墨西哥奥运会男子马拉松赛上，30 岁的坦桑尼亚老将阿赫瓦里在跑出不到五千米后因碰撞而摔倒，膝盖受伤，肩部脱臼，但他并未就此退出，而是一瘸一拐地向终点跑去。渐渐地，所有选手都将他远远甩在身后。天色已全黑，阿赫瓦里仍在继续着。由于剧痛，他的慢跑比寻常人散步还要慢，他的膝盖不住流淌着鲜血，嘴角也痛苦地抽搐。

不知什么时候，他的身边出现了一名男子，《三角洲天空画民》的记者，这位记者同情地看着他，不解地问："为什么明知毫无胜算，还要拼命跑下去？"

阿赫瓦里显然毫无准备，他默默地又"跑"了好一会儿，才突然坚定地答道："我的祖国，把我从 7000 千米外送到这里，不是让我开始比赛，而是要我完成比赛。"

被深深感动的记者不但向自己的杂志社发了稿，还立刻把稿件发回奥林匹克新闻中心，阿赫瓦里的名言不一会儿就通过广播回荡在墨西哥城这座世界人口最多城市的上空，许多本已回家的市民纷纷赶到路边，为这位勇敢的选手助威、欢呼。在观众的鼓励下，阿赫瓦里拖着伤腿，顶着满天星星，走入了专门为他打开灯光的阿兹特克体育场，几乎是一步一步蹭到了终点线。此时，偌大的体育场里，只剩下场地工作人员和最后一批即将散去的观众。短暂的沉默后，所有观众和工作人员面向阿赫瓦里举起了双手，雷鸣般的掌声经久不息。

由于过于激动，人们忘了统计他的确切成绩，在奥运成绩册上只有他获得的名次：75 人中的第 57 名，排在他之后的 18 位选手，都因各种原因中途退赛。

1. 干好第一份工作

想要有所作为，首要的是干好本职工作，对于刚毕业的学生来说，则要干好自己的第一份工作。处境的改变，理想的实现，事业的成功，很多时候不在于做的是什么工作，而在于工作做得怎么样。

当年因海湾战争而扬名全球，后来又被美国总统小布什重用的鲍威尔，他的第一份工作是在一家汽水厂抹地板。当时他就打定主意做个最好的抹地工人，结果第二年就被提升为副工头，最终成为声名显赫的军事家和政治家。他的成长告诫人们：凡是能成大业者，不会嫌弃平凡的工作，都是在实干的基石上建立起自己的金字塔的。

迈阿密《先驱》报荣誉总裁罗伯托·苏亚雷斯，刚到美国时在《先驱》报做临时工，专门站在广告插人机前，将一份份广告夹入报纸内，每天工作 15 个小时。他认为这是一生中最严峻的时期，但也是最大报偿的时期，因为他明白了没有什么收获是理所当然而不需要付出努力的。

选择第一份工作可能不是由自己的意志决定的，但怎样看待第一份工作，走好人生奋斗的第一个起点，确实是靠个人努力的。以什么样的态度去工作，这将影响你的一生。成功人士对待人生第一份工作的态度告诫人们：以尽职尽责的态度去工作，走好人生奋斗的第一个起点，将会影响你的一生。

【经典案例】

扫厕所出身的麦当劳 CEO

麦当劳公司原董事会主席和首席执行官吉姆·坎塔卢波突然辞世后，麦当劳公司董事会随后推选时年 43 岁的查理·贝尔为麦当劳公司新任总裁兼首席执行官，他因此成为第一位非美国人的麦当劳公司掌门人，而且也是麦当劳最年轻的首席执行官。

查理·贝尔和麦当劳的渊源可以追溯到28年前。当时，年仅15岁的贝尔由于家境不富裕，在澳大利亚的一家麦当劳打工，他在麦当劳的第一份工作是打扫厕所。虽说扫厕所的活儿又脏又累，贝尔却干得踏踏实实。他常常是扫完厕所，接着就擦地板，地板干净了，又去帮着翻翻烘烤中的汉堡包。这一切被这家麦当劳的老板——麦当劳在澳大利亚的奠基人彼得·里奇看在眼里。

没多久，里奇就说服贝尔签署了员工培训协议，把贝尔引向正规职业培训。培训结束后，里奇又把贝尔放在店内各个岗位进行锻炼。悟性出众的贝尔不负里奇一片苦心，经过几年锻炼，全面掌握了麦当劳的生产、服务、管理等一系列工作。19岁那年，贝尔被提升为澳大利亚最年轻的麦当劳店面经理。

然而，不断进取的贝尔并不满足于他所取得的成绩。他27岁成为麦当劳澳大利亚公司副总裁，29岁成为麦当劳澳大利亚公司董事会成员。他在任期间，麦当劳在澳大利亚的连锁店从388家增加到683家。

贝尔后来被调到麦当劳美国总部，并先后担任亚太、中东和非洲地区总裁以及欧洲地区总裁和麦当劳芝加哥总部负责人。2002年底，他被提升为首席运营官。

这番经历使贝尔成为麦当劳公司所崇尚的从最低层一步步晋升至公司高层的典范。2008年2月，贝尔在北京参加麦当劳续约奥运会全球合作伙伴的新闻发布会时说："我从15岁起就在澳大利亚的餐厅兼职打工，19岁就成为澳大利亚最年轻的餐厅经理。我能做到，你们也能做到，明天的总裁就在今天的这些明星员工中间。"

2.坚决服从企业安排

服从是指受到他人或者规范的压力，个体发生符合他人或规范要求的行为。服从是员工的天职。服从上级安排是员工的第一美德，是工作中的行为准则，是锻炼工作能力的基础。同时，服从也是工作的推进剂，能给人的行动催生无穷的勇气，能激发人的潜力。员工只有具备了这种服从精神，才能提高自己的执行能力。

真正的服从是无条件服从，是没有任何借口的服从，只有这样才能产生惊人的力量。一个企业要发展，就要求员工必须坚决服从企业安排，拖沓、不负责任的员工可能给企业带来巨大损失。作为员工，应该无条件服从公司安排，无论遇到什么困难绝不找任何借口推托或搪塞，这是取得成就的前提和基础。

【经典案例】

卡耐基的无条件服从

卡耐基是某公司最年轻的职员之一，工作非常勤奋，但和其他职员相比仍略显稚嫩。由于业务增多，公司准备开拓一个新市场，但新市场的负责人迟迟未能确定下来。

新市场选定在一个非常偏僻的地方，而在这样的地方开辟市场是一件相当困难的事。因此没有一个人愿意接受这个艰巨的任务，生怕徒劳无功。

公司物色了很多人选，但统统被他们以各种理由推托了，无奈之下，公司的负责人只好退而选其次，派默默无闻的卡耐基去执行这项任务。卡耐基接到通知时没有任何怨言，带着公司生产的产品样本就出发了。

经过三个月的努力，卡耐基终于在那个人人都觉得产品很难有销路的地方使公司的产品站稳了脚跟，还预言那里的市场有更大的发展潜力。

当卡耐基把这个令人振奋的消息带回公司时，人们惊奇地问他是如何看到那里的开发潜力的。卡耐基浅浅一笑说："其实在出发时我也没有信心，而且觉得你们的观点是正确的，但我必须服从公司的安排。到那里后，我知道我必须全力以赴地去执行我的任务，结果我成功了。"

3. 对个人行为负责

成熟的第一步是勇于承担责任。1894年，美国总统林肯发表声明："我要——对所有美国人，对基督，对历史，以至对上帝——负责。"如果不能以同样的精神担起我们本应担负的责任，我们就永远不能说自己已经成熟。

我们经常遇到这种情况，当孩子在椅子上摔倒后，会把椅子踢一脚："破椅子，都怪你！"小孩子比较任性，明明自己出错却要迁怒于没有生命的东西或是无辜的旁观者，甚至认为这种行为很正常。但是，如果我们把这种行为带入成年，那可就麻烦了。我们都已经脱离跌倒了便迁怒于椅子的孩童阶段，应当直面人生，自己为自己负责。当然，这样做比较困难。怪罪我们的家长、老板、环境、亲人则容易得多，有必要的话，我们还可以怪罪祖先、政府，或者我们还可以有一个最好的借口，责怪幸运之神的不公。不成熟的人总能为他们的缺点和不幸找到理由，且仍然是他们自身之外的理由：他们的童年很悲惨；他们的父母太贫穷或太富有；他们缺少教育；他们体质虚弱；他们埋怨家人不了解他们；认为命运之神跟他们过不去，仿佛整个世界都在与自己为敌……其他们是在为自己找替罪羊，而不是设法克服困难。

能为自己的思想、工作习惯、目标和生活负责，你会发现你在开创自己的命运，走上成功之途。

【经典案例】

为自己建造的房子

彼特做了一辈子的木匠工作，他因敬业和勤奋深得老板信任。随着年老力衰，彼特对老板说，自己想退休回家与妻子儿女共享天伦之乐。老板十分舍不得他，再三挽留，但他去意已决，不为所动。老板只好答应他的请辞，但希望他能再帮助自己盖一座房子。彼特自然无法推辞。

彼特已归心似箭，心思全不在工作上了。用料不那么严格，做出的活也全无往日水准。老板看在眼里，但却什么也没说。等到房子盖好后，老板将钥匙交给了彼特："这是你的房子，"老板说，"我送给你的礼物。"

老木匠愣住了，悔恨和羞愧溢于言表。他一生盖了那么多豪宅华亭，最后却为自己建了这样一座粗制滥造的房子。

当你心不在焉地工作时，是否会想到日后也会得到类似彼特的后果——不对你做的事负责，结果也就不会对你负责。正如俗语"种瓜得瓜，种豆得豆"所言，有几分努力便有几分收获。善用我们的心智、技术和才能，必定能在生活中得到报偿。负起我们个人的责任，把天赋、才能发挥到极致，必能获得快乐、成功和财富，这道理对每个人都适用。

4. 遇到问题不推卸

美国总统杜鲁门上任后，在自己的办公桌上摆了个牌子，上面写着"Book of stop here"，翻译成中文是"问题到此为止"，意思是"让自己负起责任来，不要把问题丢给别人"。杜鲁门认为，负责任是一个人不可缺少的职业精神。

在很多情况下，人们会倾向于首先解决那些容易的事情，而把那些有难度的事情尽可能推给别人。其实，工作中遇到问题时，应该勇于面对，让问题在自己这儿得到解决。在领导眼里，没有任何事情能够比一个员工处理和解决问题更能表现出他的责任感、主动性和独当一面的能力。一个经常为老板解决问题的人，当然能够得到老板的青睐。

【经典案例】

千钧一发的悲剧

第二次世界大战期间，一艘美国驱逐舰停泊在一处僻静的港湾。那天晚上万里无云，明月高照，万籁俱寂。一名士兵按例巡视全舰时突然停步，他看到一个乌黑的东西在不远的水上浮动着。在惊骇中他判断出那是一枚触发水雷，正随着退潮慢慢向舰身漂浮过来。

他迅速通知了值日官，值日官马上快步跑来。他们以最快的速度通知了舰长，并且发出全舰戒备讯号，全舰立时紧急动员。官兵一时间都愣然地注视着那枚渐渐漂近的水雷，大家都清楚，灾难即将来临！

军官立刻想到了各种办法。他们该起锚走吗？不行，没有足够时间，以枪炮引发水雷? 也不行,因为那枚水雷实在太接近驱逐舰的弹药库。那么该怎么办呢? 放下一支小艇,用一支长杆把水雷携走? 这也不行,因为那是一枚触发水雷,同时根本没有时间去拆下水雷的雷管。悲剧似乎已无法避免!

突然。一名水兵大喊道:"把消防水管拿来。"大家立刻醒悟过来,他们快速地向舰艇和水雷之间的海上喷水,从而制造一条水流,把水雷导向远方,然后再用舰炮引炸了水雷。

就在这千钧一发之际,水兵果断的决定拯救了他们! 让他们在危急关头,化险为夷,远离死神的威胁。

5. 不为错误找借口

常言道:"智者千虑,必有一失。"一个人再聪明、再能干,也总有犯错误的时候。通常,人犯了错误会有两种态度:一种是拒不认错,找借口辩解推脱;另一种是坦诚地承认错误,勇于改正,并找到解决的途径。

在工作中,我们经常听到这样那样的借口,它们听起来挺"合情合理",例如:上班迟到了,会有"手表停了""闹钟没闹""起得晚了""路上塞车""今天家里事情太多"等借口;业务拓展不开,工作业绩不佳,会有"制度太死""市场竞争太激烈""行业萧条""我已经尽力了""还有比我做得更差的呢"等借口。可以说,寻找借口是世界上最容易办到的事情之一,只要你心存逃避的想法,就总能找出足够多的借口。

每个人都有犯错误的可能,关键在于你认错的态度,其实只要你坦率地承认错误,并尽力想办法补救,你仍然可以立于不败之地。

【经典案例】

西点军校"没有任何借口"

"没有任何借口"是美国西点军校奉行的最重要的行为准则。西点军校让学员明白,在残酷的战场上,没有人可以让你重新再打自己打败的仗。只要被打败,你必须付出代价,因此,必须扔掉寻找借口的念头。

西点军校毕业的格兰特将军赢得了美国内战的胜利,开辟了美国历史的新篇章。在格兰特将军做了美国总统后,有一次他到西点军校视察,一名学生毕恭毕敬地向格兰特提问:

"总统先生,请问西点军校授予了您什么,使您能够义无反顾、勇往直前?"

"没有任何借口。"格兰特的回答声音洪亮、掷地有声。

"假如您在战争中打了败仗,您必须为自己的失败找一个借口时,您会怎么做?"

"我唯一的借口就是:没有任何借口。"

　　出身西点军校的巴顿将军，1916 年还是美国墨西哥远征军总司令潘兴将军的副官，在日记中巴顿写道："有一天，潘兴将军派我去给豪兹将军送信。但我们所了解的关于豪兹将军的情报只是说他已通过普罗维登西区牧场。天黑前我赶到了牧场，碰到第 7 骑兵团的骡马运输队。我要了两名士兵和三匹马，顺着这个连队的车辙前进。走了不多远，又碰到了第 10 骑兵团的一支侦察巡逻兵。他们告诉我们不要再往前走了，因为前面的树林里到处都是维利斯塔人。我没有听，沿着峡谷继续前进。途中遇到了费切特将军指挥的第 7 骑兵团和一支巡逻兵。他们劝我们不要往前走了，因为峡谷里到处都是维利斯塔人。他们也不知道豪兹将军在哪里，但是我们继续前进，最后终于找到了豪兹将军。"

第三节　精益求精

一、认识质量意识

　　质量意识是一个企业从领导决策层到每一个员工对质量和质量工作的认识和理解。质量意识对质量行为起着极其重要的影响和制约作用。在我国现阶段的市场经济条件下，企业竞争的焦点是产品和服务的质量。企业要生存、求发展必须以产品和服务的质量为基石，精益求精、讲究质量也是从业人员恪守职业道德的起码要求。

📖【经典案例】

买土豆的故事

　　爱若和布若差不多同时受雇于一家超级市场，都从最底层干起，在一段时间后，爱若受到总经理青睐，一再被提升，从领班直到部门经理。布若却一直在原来的岗位上。

　　每天看到爱若指挥若定的时候，布若就有一肚子的气。终于有一天，布若忍无可忍，向总经理提出辞呈，并痛斥总经理用人不公。

　　总经理耐心听着布若的指责，他了解布若：小伙子身体棒，肯吃苦，但缺少了点主心骨。当布若怒气冲冲泄完气之后，总经理有了主意。

　　"布若先生，"总经理说，"请您马上到集市上去，看看今天有什么卖的。"

　　布若很快从集市回来说，刚才集市上只有一个农民拉了车土豆在卖。

　　"一车大约有多少袋，多少斤？"总经理问。布若又跑去，回来说有 10 袋。"价格多少？"布若再次跑到集市上。

　　到最后，总经理望着跑得气喘吁吁的布若，请他休息一会儿，说："你可以看看爱若是怎么做的。"总经理请人把爱若叫来,请他马上到集市上去,看看今天有什么卖的。

爱若很快从集市回来了,汇报说:"到现在为止只有一个农民在卖土豆,有10袋,价格适中,质量很好。"他带回几个让经理看。爱若还报告说:"这个农民过一会儿就弄几筐西红柿上市,价格都还公道。我想西红柿是新上市的,价格适当,饭堂可以进些货,所以不仅带回了几个西红柿作样品,而且还把那个农民也带来了,他现在正在外面等回话呢。"

布若坐在旁边,听得面红耳赤。

二、增强质量意识

质量是企业发展的根基,同时也是企业的生命和未来。精益求精、讲究质量也是从业人员恪守职业道德的起码要求。任何产品都是由具体的从业人员经过若干道工序生产出来的,任何服务也是由从业人员来完成的,这些从业人员能否精益求精、注重质量,直接关系到企业的产品质量和消费者的切身利益。

1. 提升质量先强意识

质量并不是一个简单的指标,它是一种精神。现代管理学认为,一个经济生命体依靠"三气"生存,即企业要有名气、组织要有士气、员工个人要有志气。这"三气"凝聚成一种精神 —— 质量精神。"名气"是要以质量为保证的;"士气"是要以质量为诱因和结果的;"志气"则是要拿出高质量的工作业绩来谋求发展的。质量形成的过程,不仅仅是一个物质加工生产的过程,更是一个文化、思想、意识凝聚的过程。

高标准的质量意识是产生未来收益的资源基础,而质量意识的不足,必然导致货币利益的丧失。对员工来说,质量意识同时是一个人的价值观、素质、气质的投入和产出过程。市场如水,企业如舟,质量像舵,人是舵手,一个企业要想在市场竞争中乘风破浪,必须首先要有一个好舵,更要有好的舵手进行操控,保证企业之舟能够又快又稳地行驶。

每一个从业人员都应该站在消费者的角度换位思考。买回的酵母做的馒头里吃出一根头发是什么滋味?我们也许会说:十万袋酵母里才有一袋里有一根头发,有什么大惊小怪的!但是对公司来说是十万分之一,对于吃到头发的消费者来说,是100%。试想,如果什么事情只有99.9%的成功率,那么每年有20000次配错药事件;每年15000个婴儿出生时会被抱错;每星期有500宗做错手术事件;每小时有2000封信邮寄错误。看了这些数据,我们肯定都希望全世界所有的人都能在工作中做到100%。因为我们是生产者,同时我们也是消费者。更重要的是,我们会因此而感到每天的忙碌工作是有意义的,而不是庸庸碌碌地只想换一口饭吃。

🔖【经典案例】

根深叶茂花更香

北京同仁堂是全国中药行业著名的老字号企业，创建于 1669 年（清康熙八年），自 1723 年开始供奉御药，历经八代皇帝共 188 年。在 300 多年的风雨历程中，历代同仁堂人始终把济世养生、奉献社会作为企业崇高的责任，恪守"炮制虽繁必不敢省人工，品味虽贵必不敢减物力"的古训，树立"修合无人见，存心有天知"的自律意识，产品以"配方独特、选料上乘、工艺精湛、疗效显著"而享誉海内外。目前，同仁堂已经形成了现代制药业、零售商业和医疗服务三大板块，配套形成十大公司（股份、科技和健康药业等）、二大基地（亦庄生产基地）、二个院（研究院和中医医院）、二个中心（信息中心和培训中心）的"1032 工程"，其中拥有境内、境外两家上市公司，连锁门店（店中店）七百余家，海外合资公司（门店）25 家，遍布 14 个国家和地区。

2. 树立三全质量意识

全面质量管理、全员质量管理、全过程质量管理是 20 世纪 80 年代提出的质量管理概念，它是一种全方位的综合活动，已经得到广泛的认可。

（1）全面质量管理。从组织管理角度来看，全面质量管理的含义就是要求企业各个管理层次都有明确的质量管理活动内容。全企业的各个部门都对产品或服务质量负责，都参加质量管理，各部门之间相互协调，共同做好质量管理工作。

（2）全员质量管理。各部门、各个层次的员工都有明确的质量责任、任务和权限，做到各司其职。质量管理的核心是提高人的素质，调动人的积极性，人人做好本职工作，通过抓好工作质量来保证和提高产品质量或服务质量。全员质量意识是一个企业的巨大经营资源，这是一种无形资产，它的珍贵程度超过企业的资金资源。

（3）全过程质量管理。对产品的研究、设计、生产（作业）、服务等全过程各个环节加以管理，形成一个综合性的质量体系，做到以预防为主、防检结合、不断改进，以达到用户满意。

🔖【经典案例】

以色列的世界奇迹

以色列是一个土地贫瘠、资源贫乏的小国，1948 年 5 月建国，2007 年人均国民收入却已达 2.45 万美元。以色列的电子、仪表、航空等工业产品在国际上享有很高的声誉，成为发达国家军事工业和许多大公司的长期用户，其农业人口虽仅占全国人口的 5%，人均年产值却为 42 万美元，达到发达国家水平，农产品不仅满足本国需要，还大量出口欧美。达到这样的发展水平，以色列依靠的就是高质量的人才。目前，以色列每1000名居民中有135名科学家和工程师，而美、日、德、英却分别只有70、65、48和28人。这些科学家和工程师发表的论文在1987年时就是美国、英国、加拿大的2倍，日本的4倍，以色列工厂或农庄的劳动者都具有相当于高中毕业的学历，并经过职业培训方可上岗。正是高素质的以色列人振兴了以色列。

3. 防止短视利益行为

在前几年的四川某铁路系统的电缆设备招投标中，竞标企业为满足客户低价格需求，竞相压价，若拆细生产各个环节的成本，竞标价格难以保本。这种情况无非引发两个结果：一是厂家赔本做；二是厂家赔不下去，只好偷工减料，从成本上"想办法"。报价难以保本，就无法保证企业健康存续发展。

过去，日本企业的传统思想认为，提高质量必然导致成本上升、利润下降，所以在企业经营管理活动中只重视成本而忽视质量。但是，随着质量管理的发展，这种思想发生了变化。日本企业的经营者开始认识到，产品质量提高了，就会减少废品，降低废料、返修、调整、检查的成本，成本会大幅度降低。同时，产品质量提高了，能得到消费者的信赖，有利于扩大产品销路、稳固占领市场。所以，尽管提高质量会在短期内造成成本上升、利润减少，但从长远来看，它会提高企业声誉，给企业带来更多、更大的利润。正因为如此，现代日本企业在贯彻质量第一的经营思想过程中，特别强调克服短期行为，重视企业的长期发展。

【经典案例】

27000年才会遇上一次的计算错误

1994年，英特尔公司刚刚推出其划时代产品——奔腾处理器。一个由专业技术人员组成的网上论坛发布了一个消息，说奔腾芯片在浮点运算上存在问题，对此，英特尔公司并不感到惊讶，因为他们早已知道，这个问题是在90亿次除法运算中才可能出现一次错误。这意味着什么呢？即使那些经常遇到浮点运算的用户，在使用该程序的每27000年中才会遇上一次计算错误。这比芯片出其他问题的概率要小得多。所以，起先英特尔根本没把这个问题当回事儿。没想到，这个纯技术问题被捅到了用户那里，在媒体的推波助澜下，演变成了一场空前的危机。

开始，英特尔试图用科学数据说服用户，但用户根本不予理睬，反而对英特尔极度不满，人人都说英特尔贪得无厌、专横傲慢，连英特尔的普通员工都感受到空前的压力。这时，英特尔终于意识到，自身的生存环境发生了改变，游戏规则发生了改变，试图对抗很可能使英特尔的伟业毁于一旦，最后，英特尔不再做技术上的解释，而是决定为所有要求更换芯片的用户更换芯片，即使他一辈子也不会用计算机运算一次"除法"。为此，英特尔整整花费了5亿美元。

4. 缺陷产品等同废品

被誉为"全球质量管理大师""零缺陷之父"和"伟大的管理思想家"的菲利浦·克劳斯比（Crosbyism）在20世纪60年代初提出了"零缺陷"思想。美国在1964年开始推行他的思想，并在美国推行零缺陷运动。后来零缺陷的思想传至日本，在日本制造业中得到全面推广，使日本制造业的产品质量得到迅速提高，领先于世界水平，继而进一步扩大到工商业所有领域。

零缺陷管理的思想主张企业发挥人的主观能动性来进行经营管理，生产者、工作者要努力使自己的产品、业务没有缺点，并向着高质量标准目标奋斗。它要求生产工作者从一开始就本着严肃认真的态度把工作做得准确无误，在生产中从产品的质量、成本与消耗、交货期等方面的要求来合理安排，而不是依靠事后的检验来纠正。零缺陷强调预防系统控制和过程控制，第一次把事情做对并符合顾客的要求。

即使是万分之一的次品，对消费者来说也是百分之百的次品。消费者想要也应该得到完美的产品。传统的关于"没有完美"的辩解是不对的。对于许多产品和服务来说，即使是达到99.9%的完善程度也不够好。

🛡 【经典案例】

张瑞敏砸冰箱

1985年，张瑞敏刚到海尔（时称青岛电冰箱总厂）。一位朋友要买一台冰箱，结果挑了很多台都有毛病，最后勉强拉走一台。朋友走后，张瑞敏派人把库房里的400多台冰箱全部检查了一遍，发现共有76台存在各种各样的缺陷。

张瑞敏把职工们叫到车间，问大家怎么办？多数人提出，也不影响使用，便宜点儿处理给职工算了。当时一台冰箱的价格是800多元，相当于一名职工两年的收入。张瑞敏说："我要是允许把这76台冰箱卖了，就等于允许你们明天再生产760台这样的冰箱。"他宣布，这些冰箱要全部砸掉，谁干的谁来砸，并抢起大锤亲手砸了第一锤！很多职工砸冰箱时流下了眼泪。

在接下来的一个多月里，张瑞敏发动和主持了一个又一个会议，讨论的主题非常集中："如何从我做起，提高产品质量"。三年以后，海尔人捧回了我国冰箱行业的第一块国家质量金奖。

5. 克服四种心理障碍

追求高质量必须调适以下四种不良心理。

（1）雇佣心理。在长官意识严重、民主意识淡薄的企业里，员工容易对管理者产生"错觉定位"，形成一种旧式的人身、工作、质量和经济等各方面的依附。员工不能真正认识到工作对自己、企业及社会的价值所在，总有一种"为人作嫁衣"的感觉。

（2）惰性心理。人都是有惰性的，特别是在同一环境工作一段时间后，适应了新的环境，如果环境没有大的改变，人就会变得机械和懒惰。表现为不注重专业技术的学习，质量观念淡薄，对企业和个人发展前途的信心不足。

（3）攀比心理。攀比不是竞争，竞争是以工作绩效来加以对比，攀比却是一种讲形式、重手段、轻绩效的畸形竞争心理。如果有了这种心理，很容易在工作中产生只比劳动报酬，不比工作质量、工作效率的现象。

（4）妒忌心理。人们由于某种欲望没有得到满足或缺乏使之得到满足的现实条件，就会产生妒忌心理，这种心理会导致企业出现内斗现象，员工之间明争暗斗、钩心斗角。把精力放在内耗上，势必影响工作质量。积极的化解方法是：把妒忌化为一种动力，把矛盾变为一种竞争，使工作质量成为竞争的标准。

第五章　职业素养之职业礼仪

第一节　生活礼仪

学生作为具有较高知识素养的青年群体，"知礼""明礼""习礼"，进而"达礼"，既是提升个人修为的需要，同时也是现代社会对学生的要求。在竞争愈加激烈的今天，机遇与成功越来越偏爱讲究礼仪的人，请把礼仪知识内化为个人素养，相信在求职择业与未来的职业生涯中，礼仪定能为你锦上添花！

一、仪容与服饰礼仪

（一）不同肤色的着装选择

张欣是一位让许多人羡慕不已的白领丽人，在一座豪华的写字楼工作。她平时用心穿衣打扮，注重在朋友面前留下最美的一面。公司要召开年终全体员工大会，张欣作为代表上台发言。她特意安排了半天时间逛商场为自己挑选衣服，最终选中了一套墨绿色的套裙，样式独特，做工精致，张欣对此十分满意。第二天，张欣身着此衣来到公司，整个人充满自信，神采飞扬。遇到同事小李，她抑制住内心的兴奋，平静地问："小李，你看我今天怎么样？"小李打量着她，眉头微皱道："张姐，你今天不舒服吗？气色有点不太好。"闻听此言，张欣顿感困惑，急忙跑到洗手间审视妆容。透过镜子她发现，自己偏黄的肤色在墨绿衣服的衬托下确实显得暗淡无光。

在时装界，有人把衣着称为"人体的第二肌肤"。在讲求和谐的着装技巧中，"第二肌肤"要与我们天成的"第一肌肤"色调相协调，这样才能产生良好的整体效果。

肤色较白：拥有出水芙蓉般的白净皮肤自然让人羡慕不已，但是此类人群不适宜穿过于冷色的服装，否则会失去皮肤白皙的优势，反而显得肤色苍白、没有精神。而蓝、黄、浅橙、淡玫瑰色、浅绿色这类明亮色调的衣服，会使女孩子显得格外青春靓丽，柔和甜美。

肤色偏黑：适宜穿浅色调和暖色调的弱饱和色衣装，如浅黄、浅粉、月白等色彩的衣服，这样可衬托出肤色的明亮感。色彩浓艳的亮色，如橙色、明黄色等，更可以使黝黑肌肤富有健美感。如果追求流行，海蓝、翠绿、玫红、米色等浅色调的服装，也是不错的选择。对于肤色较黑的人，一般不太适宜穿黑色服装及素雅的冷色调和深暗色调的服装，如墨绿、绛紫、深棕、深蓝等颜色，这样会使面孔映得更加灰暗。

肤色偏黄：适宜穿蓝色或浅蓝色的上装，它能衬托出皮肤的洁白娇嫩，但是灰蓝、紫色上衣就会适得其反。也适合穿粉色、橘色等暖色调服装，另外红色、粉红、米色或棕色服装也在选择范围内。肤色偏黄的人，需要慎重选择穿绿色或灰色调的衣服，如柠檬黄、白色、黑绿色、黑色及深灰色等，一不小心会使脸色更焦黄。

面色红润：面色红润的黑发女子，黄色嵌黑色的衣着则为首选。采用微饱和的暖色，可以陪衬健美的肤色，如淡棕黄色、黑色加彩色装饰，或珍珠色等，对这类女孩最为相宜。而不宜采用紫罗兰色、亮黄色、浅色调的绿色、纯白色。因为这些颜色，能过分突出皮肤的红色。此外冷色调的淡色如淡灰等也不太相宜。

（二）男士服饰的选择

校园中的男同学着装往往依据兴趣，是个人审美习惯的选择。在社会中，男士着装更多的是为了展示力量，通过含蓄的服装外表，透露出自己的深沉、可靠、自信和力量。对于男士来说，西装是最常用的着装，一套剪裁得体、质地优良的西装绝对会展现出神韵与风采。

男士的服饰选择虽然以简约为主，但在衬衫与西装配套穿着时，有几点是需要特别注意的：纽扣的系法：西服按照纽扣的多少可分为单排扣西服和双排扣西服。双排扣西服相对更为正式，穿着时一定要把所有纽扣全部扣上。单排扣西服又有很多种，一粒扣的扣或不扣都可以；两粒扣的应扣上面那一粒；三粒扣可以都扣上或者只扣中间那粒。在西方，更有这样一种风俗，即衣服上扣上的纽扣数目必须保持单数。此外穿西装时，衬衫的所有纽扣都要一一系好。只有在穿西装而不打领带时，才可以解开衬衫的领扣。

下摆要放好：穿长袖衬衫时，无论是否穿着外衣，都要将下摆均匀地放进裤腰之内。衬衫下摆露出是十分无礼的举动。

佩戴领带：对于西装，要求最为苛刻的莫过于领带了，佩戴领带是对于一个人最起码的尊重。蓝色、灰色、棕色、黑色等单色领带都是十分理想的选择，多以无图案为佳。并且闪亮光的领带只可以与无图案的纯色衬衣和西装相配，无图案的领带搭配有图案的衬衣和西装。切忌使自己佩戴的领带超过两种颜色。

鞋袜的选择要谨慎：在正式场合，系带皮鞋是最合适的。皮鞋只能为深色、单色的,黑色皮鞋可以跟任何颜色西装搭配,我们平时见的最多的颜色也是黑色。咖啡色的皮鞋可以同咖啡色的西装搭配,而白色和灰色的皮鞋不适合在正式场合穿。西装的袜子永远都只是配角,男士选择袜子,颜色应根据皮鞋的色彩进行选择,与皮鞋配套的袜子应该以深色、单色为主,并且最好是黑色的,特别是不要穿对比鲜明的白袜子和彩色袜子。

(三)女士裙装的魅力

校园中的女同学打扮得青春靓丽,带着风华正茂的风采与活力。但是进入职场后,女性的着装要特别注意,选择过多也并非佳事。在正式场合如何穿着才既不失体统又能展现出翩翩风采呢?一般来说,女性在正式场合的着装以裙装为首选,尤其是套裙,但是"裙装固然美,仍需要细思量"。

拒绝黑色诱惑:黑色一度是彰显女士成熟性感魅力的色彩,更是一些身材不甚完美女性的首要选择。但是将来踏入职场后,女同学们一定要注意,在选择套裙的时候,必须要远离黑色诱惑。在比较重要的场合,尤其涉外交往中,黑色皮裙不能穿。黑色皮裙在国际社会,尤其在某些西方国家,被视为一种特殊行业的服装,只有街头女郎才穿。套裙的面料,可选择半毛制品或亚麻制品,后者大多混有人造纤维。

裙子、鞋子和袜子要协调:细节体现品位。要避免"凤凰头,扫帚脚"的用来和套裙配套的鞋子,应该是皮鞋,并且黑色的牛皮鞋最好,和套裙色彩一致的皮鞋也可以选择。袜子有肉色、黑色、浅灰、浅棕等几种常规选择,最好是单色。

鞋子的款式上也有一定规矩。鞋子应该是高跟、半高跟的船式皮鞋或盖式皮鞋。系带式皮鞋、丁字式皮鞋、皮靴、皮凉鞋等,都不适合采用,更不能像在学校中一样,穿着拖鞋随意闲逛。高筒袜和连裤袜是和套裙的标准搭配。中筒袜、低筒袜绝对不要和套裙同时穿着;另外,鞋袜应当大小相配套、完好无损。穿的时候不要随意乱穿,不能当众脱下。不要同时穿两双袜子,也不可将九分裤、健美裤等当成袜子穿。

不光腿:在比较重要的场合要注意别光腿光脚。尤其是在国际交往中,很多国家都认为女士要穿套装套裙时,光着脚丫子有卖弄性感之嫌。所以长筒丝袜是女士的必备之物。这和校园中着裙装的要求有很大不同,因此步入职场后的女性要格外注意。

切忌"三截腿":"三截腿"是指穿半截裙子的时候穿半截袜子,袜子和裙子中间露段腿肚子。俗称"捆腊肠",术语叫"恶性分割"。在正式场合中露出腿肚则是非常不雅观的表现。

女性的首饰也是不可忽略的一点,但是与服装一样,首饰的数量与质地选择也要适宜,并不是越多越好。佩戴首饰的作用不是为了显示珠光宝气,而是要对整体服装起到提示、浓缩或扩展的作用,以增强一个人外在的节奏感和层次感。要充分发挥首饰的魅力和功能,首饰的佩戴有以下五条原则。

数量以少为好:在必要时,可以不用佩戴首饰。如果想同时佩戴多种首饰,最好不要超过三种。如果没有特殊要求,一般可以是单一品种的戒指,或者是把戒指和项链、戒指和胸针、戒指和耳钉两两组合在一起使用。如果既佩戴了戒指、项链,又佩戴了胸针、耳钉,甚至再加上一对手镯和一副脚链,它们彼此之间就不好协调,反而给人以烦琐、凌乱和俗气的感觉。校园颇受欢迎的波西米亚佩戴风在职场上一定要慎用。

同色最好:如果同时佩戴两件或两件以上的首饰,要求色彩一致,质地相同比如戴镶嵌首饰时,要让镶嵌物质地一致,托架也要力求一致。这样能让它们在总体上显得协调。还要注意,高档饰物,特别是珠宝首饰,适用在隆重的社交场合,如果在工作、休闲时佩戴,就显得过于张扬了。

为体型扬长避短:选择首饰时,应充分正视自身的形体特点,努力使首饰的佩戴为自己扬长避短。避短是其中的重点,扬长就要适时而定。

服饰协调:佩戴首饰,是服装整体中的一个环节,要兼顾服装的质地、色彩、款式,并努力让它在搭配、风格上相互般配。

遵守习俗:不同的地区、不同的民族,佩戴首饰的习惯做法也有所不同,要了解并且尊重。

二、用餐礼仪

(一)中餐的座次安排

"座,上座,请上座;茶,上茶,上好茶"面对一个唯利是图的茶馆老板,郑板桥吟出了以上的这副对联,以简练的语言成就了一幅千古绝对,而"座,上座,请上座"也体现出了中国餐饮文化在座次上的长幼尊卑。

朋友是一位自由撰稿人。某次他应邀参加一个聚会,主人是他的大学同学,聚会邀请到的大多是本市的商界名流和政界显要。朋友生性自由豪放,一向我行我素,当主人邀请宾客们入席准备开始宴会时,朋友就近顺势坐在了主人的妻子旁边。众人坐定,席间不断有人小声议论,揣测朋友与主人一家的关系,尤其与主人妻子的特殊关系。由于不注意座次礼仪,朋友在不知不觉中成了到场各界人士心中的"神秘人物"。

在人数较多的宴会中，一般座位会有明确安排。除却主人就座的主位容易确定外，其他宾客的位置一般都是位列主位右座依次排开。按照"以右为尊"的准则，主人右手边为第一宾位，左手边为第二宾位，第一宾位的右手为第三宾位，第二宾位的左手为第四宾位，并以此类推，直到餐桌坐满为止。

同时，多桌的宴会则是按照"面门定位""以右为尊"的原贝排列餐桌，或"一领群芳"，或"众星拱月"，目的都只有一个，让主人所在的餐桌成为全场注视的焦点。上面我的那位朋友坐在了女主人旁边，给外界的信号便是他在本次宴会的地位仅次于主人，而他对于各位宾客而言又是陌生的，引起阵阵议论也就不足为怪了。

一般的宴会安排如此，但如果是家宴、便宴，人数较少，又比较随意的情况下，可以省却一些烦琐的安排，但基本的礼规还是要遵守，如：两人同坐的时候"以右为上"，多人同坐的时候"中座为尊"，多人用餐，主位"面门为上"，尊贵的客人"临墙为好"，在南方的某些民族餐厅"观景为佳"。

（二）西餐厅用餐全攻略

所谓西餐，其实是一个十分笼统的概念，因为无论从内容上还是形式上，西方各国的饭菜毕竟有着很大差异。不过在国人眼里，除了与中餐在口味上存在区别外，西餐还有两个显著的特点：一是源于西方国家；二是必须以刀叉取食。随着中西文化交流的扩大，西餐已经逐渐进入了我们的生活，不论我们是否爱吃，终有一天会与它"狭路相逢"。所以，大家有必要学习和掌握一些有关西餐的基本常识。

真正的西餐厅一般具备六个特点：即六"M"。

1. "Menu"（菜单）

菜单被视为餐馆的门面，老板也一向重视，用最好的面料做菜单的封面，有的甚至用软羊皮打上各种美丽的花纹。

2. "Music"（音乐）

豪华高级的西餐厅，会有乐队，演奏一些柔和的乐曲，一般的小西餐厅也播放一些美妙的乐曲。

3. "Mood"（气氛）

西餐讲究环境雅致，气氛和谐。一定有音乐相伴。如遇晚餐，如果灯光暗淡，餐厅的桌上往往有红色蜡烛，营造浪漫的气氛。

4. "Meeting"（会面）

吃西餐主要为联络感情，很少在西餐桌上谈生意，所以西餐厅内，少有面红耳赤的场面出现。

5. "Manner"（礼俗）

这是比较重要的一点，也称之为"吃相"和"吃态"。使用刀叉，应是右手持刀，左手拿叉，将食物切成小块，然后用刀叉送入口内。一般来讲，欧洲人使用刀叉时不换手，一直用左手持叉将食物送入口内。美国人则是切好后，把刀放下，右手持叉将食物送入口中。但无论何时，刀是绝不能送物入口的。西餐宴会，主人都会安排男女相邻而坐，讲究"女士优先"的西方绅士，都会表现出对女士的殷勤。

6. "Meal"（食品）

西餐的菜肴往往是用鼻子来"吃"的，讲究的是气味的香浓。

流行的西餐菜系包括：法国菜、英国菜、美国菜、俄国菜、意大利菜和德国菜。各国菜系的特点不同，这里不详加介绍，接下来我们要了解在西餐厅就餐需注意的一些事项。

预约：越高档的西餐厅越需要事先预约。预约时，不仅要说清楚人数和时间，同时也要表明是否需要吸烟区或视野良好的座位。，如果是生日或其他特别的日子，可以告知宴会的目的和预算。在预定时间到达，是基本的礼貌。

着装：吃饭时穿着得体是欧美人的常识。去高档的餐厅，男士穿着要整洁；女士要穿套装和有跟的鞋子。如果指定穿正式服装的话，男士必须打领带。

女士优先：进入餐厅时，男士应先开门，请女士进入。如果有服务员带位，也应请女士走在前面。入座，餐点端来时，应让女士优先。如果是团体活动，也别忘了让女士们走在前面。

就座：最得体的人座方式是从左侧人座。当椅子被拉开后，身体在几乎要碰到桌子的距离站直，领位者会把椅子推进来，腿弯碰到后面的椅子时，就可以坐下来。用餐时，上臂和背部要靠到椅背，腹部和桌子保持约一个拳头的距离，两脚交叉的坐姿最好避免。

点菜：正式的全套餐点上菜顺序是：①开胃菜；②汤；③主菜；④甜品；⑤咖啡。没必要全部都点，因点多而浪费属于失礼。开胃菜、主菜（鱼或肉择其一）加甜点是最恰当的组合。点菜并不是由开胃菜开始点，而是先选一样最想吃的主菜，再配上适合主菜的汤。点酒：在高级餐厅里，会有精于品酒的调酒师拿来酒单。对酒不太了解的人，最好说明自己挑选的菜色、预算、喜爱的酒类口味，让调酒师帮忙挑选。主菜若是肉类应搭配红酒，鱼类则搭配白酒。上菜之前，不妨来杯香槟、雪利酒或吉尔酒等较淡的酒。

用三根手指轻握杯脚：酒类服务通常是由服务员负责将少量酒倒入酒杯中，让客人鉴别一下品质是否有误。只需把它当成一种形式，喝一小口并回答"Good"。接着，侍者会来倒酒，这时，不要动手去拿酒杯，而应把酒杯放在桌上由侍者去倒。

正确的握杯姿势是用手指轻握杯脚。为避免手的温度使酒温增高，应用大拇指、中指和食指握住杯脚，小指放在杯子的底台固定。

饮酒：喝酒时绝对不能吸着喝，而是倾斜酒杯，像是将酒放在舌头上一样。轻轻摇动酒杯让酒与空气接触以增加酒味的醇香，但不要猛烈摇晃杯子。此外，一饮而尽、边喝边透过酒杯看人、拿着酒杯边说话边喝酒、吃东西时喝酒、口红印在酒杯沿上等都是失礼的行为。另外不要用手指擦杯沿上的口红印，用面巾纸擦较好。

喝汤：汤也不能吸着喝。先用汤匙由后往前将汤舀起，将汤匙的底部放在下唇的位置把汤送人口中，汤匙与嘴部倾斜45度较好，身体的上半部略微前倾。碗中的汤剩下不多时，可用手指将碗略微抬高。如果汤用有握环的碗装，可直接拿住握环端起来喝。

（三）餐具的使用

餐具使用是餐饮礼仪的重要学习内容，本节将从中餐和西餐两个方面分别阐释餐具的正确使用方法和需要注意的细节问题。

1. 中餐餐具

中餐餐具一般分为主餐具和辅餐具，主餐具指进餐时必不可少的餐具，通常包括筷、匙、碗、盘等。辅餐具指的是可有可无、时有时无的餐具，通常包括水杯、湿巾、牙签等。

筷子：筷子是中餐中最重要的餐具，同时也是使用范围最广的餐具。对于筷子的使用方法，大家知道一些，比如摆放时要支放在自己的碗碟边缘，而不是横放在碗碟上或放在餐桌上；筷子不能用来叉东西等，这里需要提醒的是常见筷子用法所暗含的意义：筷子插在食物、菜肴上是民俗中祭祀先祖的动作。拿筷子敲击盘碗等代表对饭菜不满意，表示抗议。筷子分开放在餐盘两边代表与对方绝交。

汤匙：汤匙又叫勺子，在中餐中是除筷子以外使用范围最广的餐具，通常用以盛取流食。它需要注意的地方不多，多是一些礼貌性的行为，比如取的汤食不可再倒回原处，公用的汤匙不可与个人餐具混用等。

盘子：在餐厅中供应的盘子通常叫作食碟。它的用处是暂时存放从公用菜盘中取来享用的菜肴。它需要注意的地方通常有三点：不要一次取多种菜肴存放；不要将多种菜肴同时存放；不宜入口的残渣、骨、刺等不要乱放，而是应该放在食碟前端，必要的时候让服务员取走换新碟。

湿巾：比较高级的餐厅通常会为每位客人准备两样东西，分别是湿巾和湿毛巾。湿巾是在餐前上，它是用来擦手的；湿毛巾是在餐后上，它是用来擦嘴的。需要记住的是，二者除了上述用途外不可用于做其他事情，比如擦脸、擦汗，当然也不可混用。

水盂：如果到风俗餐馆或者所点菜肴中有需要用手直接取食的话，餐厅通常会在餐桌上提前准备一个水盂。有些人不知道它的用途而去饮用里面的清水，通常闹出笑话来。

2. 西餐餐具

西餐也同样分为主餐具和辅餐具。与中餐相比，西餐中需要注意的主要是刀叉、餐匙和餐巾的使用。

刀叉：刀叉是西餐中最重要的餐具，它需要注意的地方较多。在正规西餐宴会上，通常吃一道菜便换一副刀叉，不可混用和只用一副。区别哪副刀叉是享用哪道菜的，只需记住它们摆放的位置，分别从两边由外侧向内侧取用，每副刀叉只使用一次，吃黄油用的餐刀放在用餐者左手正前方。吃鱼所用的刀叉和吃肉所用刀叉都是摆放在用餐者面前餐盘两侧，餐刀在左，餐叉在右。吃甜品的刀叉横放在餐盘正前方，是最后使用的。

刀叉所代表的隐含意义比较多，一般来说每吃完一道菜，将刀叉合拢并排置于碟中，表示此道菜已用完，服务员便会主动上前撤去这套餐具。如尚未用完或暂时停顿，应将刀叉呈八字形左右分架或交叉摆在餐碟上，刀刃向内，意思是告诉服务员，我还没吃完，请不要把餐具拿走。而其他的方法都有着特殊的含义，这里就不做详细介绍了。

餐匙：餐匙一般会出现两把，分别是汤匙和甜品匙，汤匙放在用餐者右侧最外端，与餐刀并列。甜品匙则是与食用甜品的刀叉并列，放在刀叉的正上方。餐匙需要注意的地方有以下几点：餐匙不存在除饮汤、吃甜品外的任何其他用途。已经使用过的餐匙不可放回原处，同时也不可插在菜肴、主食之中。餐匙要尽量保持周身的干净清洁。用餐匙取食时动作要干净利索，而不要在甜品或汤中长时间停留、搅动。用餐匙取食不要过量，保证自己能够一次用完。

餐巾：餐巾的正确用法是平铺在大腿上，防止弄脏自己的衣服，可以用来擦拭嘴部和遮掩一些不雅动作（如剔牙或吐渣）。在进食过程中，餐巾往往代表着某种暗示性的指令，比如铺开餐巾时代表用餐开始，把餐巾放到餐桌上表示用餐结束，把餐巾放置座椅的椅面上表示暂时离开等。

（四）饮酒礼仪的相关技巧

在当今的社交场合里，有一个积极活跃的家伙似乎无处不在，它就是"酒"。其实不仅是社交场合，在校园中如毕业聚餐时，向恩师敬酒也是不可缺少的环节。而在生意场上酒更是不可或缺的，生意谈判过程中难免要在一起吃饭促进感情，而且生意谈成了，双方总得喝杯香槟庆祝一下。在生活中，闲来无事可以小酌一杯，怡情养性。

其实酒在饭桌上的作用并不仅仅是饮用。喝酒的目的不是烂醉如泥，而是双方能够借此活跃气氛、增进彼此之间的感情。往往在餐桌上三五杯酒下肚，大家就已经聊得不亦乐乎。

当酒开始成为餐桌上的宠儿，喝酒也就有了一些约定俗成的规矩：比如自己参加宴席迟到了，自罚三杯；自己有喜事请客，也要先敬大家一杯；在酒席上向长者敬酒表示尊敬等等。

对于国人来说，喝酒已经成为一种文化，掌握一些宴会的饮酒礼仪和技巧，就会让你在觥筹交错间尽显大度而不失方寸，游刃有余而不失礼节，使餐桌气氛更加融洽。过量饮酒是不当的行为，但是了解在餐桌上的简单饮酒祝酒礼仪也是社会交往所需要的。

在正式的宴会上。通常应由男主人首先举杯，并请客人们共同举杯。若是主人要为在座女士的健康而干杯，就不应忘掉任何一位女士。客人、晚辈、女士一般不宜首先提出为主人、长辈、男士的健康而干杯。同时为了照顾女士，女士接受他人祝酒时，不一定要举起自己的酒杯，以微笑表示感谢即可，当然稍微喝上一点更好。

如果你是主人，你应该首先带头举杯，说些场面话；如果你是客人，则应等主人敬酒后再敬酒。当全场一起举杯的时候，则杯子抬至与嘴平行，一般不用碰杯，当两人互敬时，则需要碰一下杯，碰杯需要切记的是自己的杯口应低于对方的杯口，表示尊敬。在一些地区，如果两人相隔较远，也可以用杯子轻碰桌面表示已经碰杯。

自己敬酒时最好不要同时敬多人。在敬酒的时候话不能多，简要表明心态即可。如：今天很开心，大家能聚在一起，让我们来喝一杯，我先干为敬。别人向你敬酒时，应当站起来，正视对方，当别人说完祝福或心态时，你也应同时说出对对方的祝福。

酒不能多喝，但是也不能不喝。在了解酒量的同时量力而行，但是一些特殊情况下也是可以放开畅饮的，度量要求自己把握。

（五）餐会席间须知

小李刚毕业不久就赶上了公司的一次聚餐。一早小李便开始为宴会着装进行准备，他身着西装，把黑皮鞋擦得锃亮，带上与皮鞋同色的包，换了条新皮带，戴上手表后利利落落地出门了。

进入宴会厅小李看见领导后主动打招呼，对于不认识的客人，他也点头微笑，有女士不主动握手时，他也热情问好。

就餐时，小李想打喷嚏，他赶紧起身说了句"失陪"走出房间。当这次宴会的"主角"，这家饭店的招牌汤—美味八仙汤上来的时候，大家拿着勺子你一口我一口地品尝，还在嘴里吧唧作响回味美味并大呼过瘾，小李则把汤送入嘴中慢慢品味，注意不发出声响。

宴会上大家喝得很兴起，茶杯酒杯散落一桌，到最后都分不清谁是谁的。轮到小李给领导敬酒时，小李为领导斟满酒，清醒正确地拿起右侧属于自己的酒杯与领导举杯共饮，混乱之中自有分寸。

宴会结束，小李先起身，拉开房门，让大家先走出去，然后自己再轻轻把门关上，并拿上已经醉了的同事不小心忘在雅间里的衣服，交给了照顾他的人。

事实不断证明小李在多个场合有礼有节，表现不俗。大众评语为工作能力突出且个人行为素养较高。不到半年他升任了某部门的经理。

在餐桌上究竟存在哪些易被"遗忘的角落"呢？让我们一一看来。

公务餐会，着装要正式。根据季节，男士可以选择不同质地的西装、夹克、衬衫、T恤衫，忌穿牛仔装、运动装。女士优先选择相对职业的套裙、时尚套装，忌穿牛仔、吊带、皮裙、皮裤等过露、过透、过短、过紧的服装。鞋子保持光亮整洁，皮带上不挂任何物品，佩戴手表，全身色调协调。

入座前要向各位问好。当走进主人家或宴会厅时，应首先与主人和长辈打招呼。同时，对其他客人，不管是否相识，均要微笑点头示意或握手问好。对长者要主动起立，让座问候。对女宾举止庄重，彬彬有礼。

坐姿端正，取菜有道。每道菜上来，一次不要取量太多，也不能只吃自己喜欢的菜，每道菜都要礼节性地尝一尝。如果有一道菜大家都比较喜欢，可以恰到好处地称赞一下。

不误饮他人饮品。一般餐桌上会为每位用餐者准备茶水、饮料和酒，通常自己的那份酒水在座椅的右侧，注意在推杯换盏时不要拿错。

吃喝不发出声响。尽量不要在吃菜、喝饮料、喝粥、喝汤、吃面条时发出声响。

控制失态行为。如打喷嚏、打饱嗝、吐痰、手不捂口当众剔牙等。实在无法控制请起身离开餐桌，在人后解决，但动作要小，不影响到其他人。

就餐完毕注意礼貌。当就餐完毕时，请领导、师长、客户等先出房门，并注意提醒他人不要遗落物品。

以上是在正式餐会上需要谨记的，如果是与熟识的同学、老友一起吃饭，席间自然可以放开一些，但是安排座次、点菜、布菜、劝酒等基本的礼规还是应遵守。

第二节 职场礼仪

一、应聘时的仪容塑造

林肯总统的顾问曾向林肯推荐了一位内阁候选人，却被林肯拒绝了。问及理由时，林肯答道："我不喜欢此人的脸。""但这个可怜的人并不能对自己的长相负责啊！"顾问坚持道。林肯说："但他应该对自己的脸负责。"于是这项提议被搁置一边。

林肯是在告诉我们仪容修饰的重要性。叔本华也曾说过："人的面孔要比人的嘴巴说出来的东西更多，因为嘴巴说的只是人的思想，而面孔说出的是思想的本质。"相貌不是我们所能决定的，但我们可以通过后天的修饰来弥补自身不足，素面朝天诚然可贵，但在面试时会被看作缺乏重视和没有礼貌。

那么，在面试前我们该做哪些准备呢？

男士要修面。在面试前请彻底修一次面，修面时小心不要划伤皮肤。要将胡子刮干净，浓密的胡子无意中表示"我需要有点儿孤独，请离我远一些"。但记住，不要在面试候考时掏出你的电动刮须刀，在公共场所整理个人卫生是不合礼仪规范的。过分张扬的发型虽展示了年轻的风采，却不适合应聘场合，面试时的发型应以稳重为主。可以使用啫喱定型，但不要将头发染成鲜艳的颜色，给人以不安分之感。在生活中，每一位男士都应拥有适合自己的护肤品保养皮肤。

女士要化妆。化妆对于女士来讲是一门必修课，提倡以淡妆为主，淡到与你的肤色自然贴合。眼线、口红不可过深，最佳化妆效果为"妆成有却无"。发型以直顺为佳，不提倡波浪发，最好将头发束起，给人以干练利落之感。女士的发饰不宜过多，发饰颜色也不宜过艳，以免夺了面容的风采，并且发饰与所穿的服饰相搭配，最好不选亮片之类使人略感轻浮的头饰。首饰以少为佳，尤其不要佩戴大耳环等尽显夸张的饰品。

二、面试中的细节

一位先生在报纸上刊登了则广告，要雇佣一名勤杂工。五十多人闻讯赶来应招。

最终，主顾从中挑选了一名看起来十分不起眼的男孩。朋友问他："您为何选择他呢，他既没有一封介绍信，也没任何人推荐。""您错了，"这位先生说，"他带来了介绍信：他在门口蹭掉脚下带的尘土，进门后随手关上门，说明他做事仔细；当看到老人时，他立即起身让座，表明他心地善良；进入办公室他先脱去帽子，说明他既懂礼貌又有修养"

细节，成了这个男孩最好的介绍信。老子说过：天下难事，必做于易；天下大事，必做于细。如一位现代管理大师所言，在这个精细化管理的年代，人才之间的竞争，实则为细节的竞争。学生面试中许许多多应该注意的细节也许就是我们成功应试的关键。

避免拨弄头发。留着长发的人与人交谈时，常常会不自觉地拨弄头发，这种习惯会令人产生不被尊重的感觉。因此，女性求职者最好将长发扎起来，或打理个简单干练的发型。

眼神勿飘忽不定。面试时，若两眼不自信，或注视没有重点，眼神飘忽，容易让主考官认为这是一位没安全感、对任何事都抱着不信任态度的应试者，从而产生负面的印象。

切忌一边谈话，一边玩弄手指。只者在面谈时，若无意间玩弄衣服纽扣或上衣的一角，将会给人一种不成熟的感觉。

避免小动作。人前挖耳朵、擦眼睛、剔牙、擦鼻子、打喷嚏、用力清喉咙都是令人生厌的小动作，在面试时应该尽量避免出现这类行为。

不要随便回答问题。在面试官的狂轰滥炸之下，总会遇到自己不熟悉或者根本就没有听说过的问题。每个人都不是全才，面试官也不要求我们无所不知，这既不必要，也不可能。遇到此类情况首先不要紧张，更不必为自己的"无知"而烦恼，也不要不懂装懂，牵强附会。可以勇敢地坦白承认自己不知道，以后会留意学习这方面的知识。任何问题不要回避，对提问保持沉默是问答环节出现的最坏情况。

忌支支吾吾小声讲话。面谈时，求职者的谈话声若太小，以致主考官无法听清楚，会给人留下一种缺乏自信的印象。任何一句对方听不清楚的回答都属于无效沟通。

三、面试后必备礼仪

俗语说"机不可失，失不再来"。在大多数情况下，当面试结束的时候，考官往往会主动提出："你还有什么问题吗？"，这就是应聘者再一次表现自己的时机到了！或许你认为简历上已经写得清清楚楚，刚才的交谈已经够彻底，但我们这时候千万不要回答："我没有问题了。"这时应该做的是主动提问一两个自己还没弄清的问题，显示你对公司的忠诚度、上进心以及对新工作的关心和重视,当然这时的提问也是有技巧的。

提问时要谨记,尽量不问关乎个人利益的问题,如"如果我被录用,我想知道自己试用期的工资待遇"。你的提问要让对方感到你对公司的关心度、忠诚度,你是个工作热情高涨的人。凭借你的提问,让对方感受到,面试时你一直在很仔细地倾听他的谈话。

以下的提问可作为参考:

贵公司对新人公司的员工有没有什么培训计划,若被录用,我可以参加吗?

贵公司的晋升机制是什么样的?

在将来的几年中,谁是贵公司最有力的竞争者?

请问公司有书面的岗位职责吗?

听说您的企业正在研发新产品,我很感兴趣,若方便可否简单介绍一下?

面试结束时,不论是否如我们所料被顺利录取,或者只是得到一个模棱两可的答复:"这样吧,××先生/小姐,我们还要进一步考虑你和其他候选人的情况,如果有消息,我们会及时通知你",我们都应始终如一地礼貌相待用人单位。在你准备优雅地起身之前,不要忘记感谢主考官给予你的面试机会,感谢他抽出宝贵的时间与自己交谈。离开时注意言行得体,这样既保持了与相关单位主管良好的关系,同时又表现出淡定的平常心和杰出的人际关系能力。当用人单位最后考虑人选时,也许能增加你的印象分。

与面试官最好以握手的方式道别。离开办公室时,应该把刚才坐的椅子扶正到刚进门时的位置,再次致谢后出门。经过前台时,要主动与前台工作人员点头致意或说"谢谢你,再见"之类的话。

面试之后,回到家中,应仔细回忆、记录整个面试过程,每个面试提问,每个细节都要记载在面试记录手册里。在面试后的一两天内,你要给面试你的人写一封短信。感谢他为你所花费的精力和时间,感谢他为你提供的各种信息。这封信应该简短地谈到你对公司的兴趣、你有关的经历等,表示你可以成功地帮助他们解决一些问题。面试成功与否并不是最重要的,最重要的是从上一次面试中分析各种经验教训,起到"前事不忘,后事之师"的效果。

作为学生,要勇于并且善于推销自己,面试结束后的礼仪是表现自我、成就自我的又一次机会,正所谓"行百里者半九十",学会从容优雅地走过最后十里,注重面试结束后的礼仪必将助力求职的成功。

四、职场社交礼仪

（一）女士优先

一个阳光明媚的早晨，小杨穿着得体的制服，迎面刚刚驶来的一辆高级小轿车，车的主人熟练地将车停在了公司门口。小杨看到后排坐着两位外宾男士，前排副驾驶座是一位外宾女士。小杨以标准的姿态先为后排客人打开车门，做好护顶姿势，并礼貌地问候对方，然后迅速走到前门，准备迎接女士。而女宾明显一脸不悦，小杨有些茫然。在接待客人时他不仅动作规范、姿态优雅，也注意到了礼宾次序，那这位女宾为何不悦呢？原来，小杨忽略了重要的"女士优先"原则。

所谓"女士优先"，是国际社会公认的一条重要的礼仪原则。"女士优先"的含义是：在一切社交场合，每一名成年男子都有义务主动自觉地以实际行动去尊重女士，照顾女士，体谅女士，关心女士，保护女士，并且还要想方设法、尽心竭力地去为女士排忧解难。

在国际交往中，均以"女士们，先生们"开篇，这便是女士优先的体现。倘若因为男士的不慎，使女士陷于尴尬、困难的处境，便意味着男士的失职。在社交场合中，男士们都会选择绅士风度，而不愿做没有教养的粗汉莽夫。

"女士优先"于今天，除了少数地方外，在比较正式的场合，无论餐饮、交通、娱乐，是放诸四海而皆准的原则，几乎人人都对该准则奉行不渝。

男女约会共餐时，男士要比女士先到。到了饭店门口，男士要走在前面为女士开门，并按女士的意愿选择餐桌，然后抢先走到女士的座位旁，替她拉出椅子，排开餐巾，再走回自己的座位坐定。点菜时，让女士先点，尊重女士的意见。进完餐，男士要帮助女士穿外罩，拿物品，抢先走到门前，打开门让女士先走出。

男女一起在马路上行走时，男士应当自觉地把道路内侧让给女士，而自己主动行走在外侧。这一点还是源自古代，当马路还是真的"马"路时，每当雨天必定满地泥泞，过往马匹车辆奔驰而过常会溅起污水，男士则刚好以身护花。

乘坐车辆时，男士应主动帮助同行的女士携带沉重或较为难拿的物品，并照顾其上下车。假如不需要对号就座的话，男士不仅要为女士找到座位，而且还应当将较为舒适、安全的座位让给女士就座参加社交聚会时，男宾在见到男女主人后，应当先行向女主人问好，然后再问候男主人。男宾进入室内后，须主动向先行抵达的女士问候。主人为不相识的来宾进行介绍时，通常应首先把男士介绍给女士。

男女双方进行握手时，女性如不主动伸手，男性不可抢先出手，这是很不礼貌的，可以点头致意问候。如握手，男性不可用力，只能轻握。

男士在同女士交谈时，言辞必须文明高雅，表达必须把握分寸。不可当着女士的面大讲脏话、粗话，或是开低级的玩笑。若因为施词唐突而使女士难堪，则男士必须为此郑重地向女士道歉。

"女士优先"同样要求男士对在场所有女士一视同仁。无论身份高低，男士都要尽显绅士风度。

淑女需要绅士来造就，同样绅士也需要淑女来成全，当女性受到"女士优先"的礼遇时，千万别忘了举口之劳说声"谢谢"。

在西方国家强调"女士优先"，并非因为女士被视为弱者，值得同情、怜悯，而是他们将女士视为"人类的母亲"，"女士优先"则是对"人类的母亲"的感恩之意。有人会说这是西方的传统，在我国似乎不合时宜。在这里要特别强调，作为有教养的具有世界意识的中国人，我们愿意看到女士眼中的谦谦君子，正派、沉稳、大度、谦和、礼让；抑或是男士心中的窈窕淑女，端庄、稳重、随和、优雅、自然。成就"女士优先"，就是成就人类的文明。

（二）正确坐姿的阐释

陈红是一名应届毕业生。在一次应聘中，她作为面试者坐在了总经理对面，面试进行到一半，总经理突然接到一个办公电话并开始了电话聊天，陈红自觉不便打扰只好坐着等待。等待中，她不断变换坐姿以让自己放松和舒服。15分钟后，总经理放下电话，淡淡地说："刚才只是一个小小的测验，您的坐姿透露出您的焦躁与不满，我不能让您这样去面对或等待我的客户，很抱歉我公司不能录用您。"

每一个人的身体动作都在无声地传播着他的内心想法，身体无声语言的魅力丝毫不亚于社交中与人言语沟通的魅力，往往无声语言比有声语言更真实。

"坐"是日常仪态的主要内容之一，标准坐姿是一切美好坐姿的基础，哪些坐姿适合女士呢？

双腿叠放式：适合穿短裙的女士。将双腿一上一下交叠在一起，交叠后的双腿间不留缝隙，犹如一条直线。双脚斜放在左或右一侧。斜放后的腿部与地面呈45度角，叠放在上部的脚尖应垂向地面。

前伸后曲式：大腿并紧后，向前出一条腿，并将另一条腿屈后，双脚掌着地，双脚前后要保持在一条直线上。

相对来讲，男士坐姿较为简单，"坐如钟"是男士坐姿的最佳状态。男士基本坐姿：上身挺直，下颌微收，双目平视，两腿分开不超肩宽，两脚平行，两手放于双膝上。

当你翩翩落座时，请轻、稳、缓：亲朋好友来拜访，首先要分清辈分大小，请长者先坐；面对自己的上司或客户时，要请对方先入座，自己再落座；到他人家中或办公室做客，在未听到"请坐"之前，请勿自坐。

入座离座注意方位，讲究"左进左出"，即从椅子的左侧入座和离座。按照"右为上"的国际准则，上级或长辈一般都坐在自己的右手方，我们从左侧入座可避免干扰到对方，更避免后身冲向对方。

女士入座时，若着裙装，应用手将裙稍微拢一下，不要落座之后再整理衣裙。女士就座后，不可跷二郎腿，更不可将双腿叉开。男士可以交叠双腿，一般是右腿架在左腿上，但腿脚不能来回摆动。在较为正式的场合，有位尊者在座时，通常坐下之后不应坐满座位，大体占据其2/3即可。

切勿脚尖指向他人。与人坐谈，多数时候离得较近，所以不论采取哪一种坐姿，注意双腿交叠时放在上方的脚莫要抬高脚尖，更不可将脚尖冲向他人，那是十分失礼的。

（三）如何做好自我介绍

社交活动中我们给人的第一印象常会产生"首轮效应"。一次时机恰当、大方得体的自我介绍，可以成为人与人沟通的桥梁，自我介绍是打开社会交往大门的一把钥匙。

什么时机和场合需要做自我介绍呢？

应聘工作、开会发言、商业谈判、演讲辩论、参加聚会等都需要作自我介绍。有陌生人在场，可以主动介绍自己方便大家认识；在大型的比较正式的场合，介绍自己以显示对这个活动的重视和尊重；另外一种场合，就是当别人忘记自己姓名的时候，及时的自我介绍是一种体贴和友好的态度。总之，当你想认识别人，或当别人想认识你，或者你认为有必要让别人更加了解你时，自我介绍就要适时进行了。

自我介绍的顺序：在聚会中，主人一般会先做自我介绍，因为他是整个聚会的焦点，有必要让大家先了解自身。其他场合的自我介绍，则需遵循一个原则：年龄小、地位低的人应先做介绍，以便让长者了解自己。也就是说，相对年轻的人，要主动向别人介绍自己，接下来长者再做自我介绍的回应，这叫尊者优先掌握"知情权"。

自我介绍的内容：一些比较正式的应聘和谈判场合，介绍的内容应尽可能挑选对方最感兴趣、最想了解的内容作为口头介绍，较为复杂的内容可以借助书面的表达。因为，内容过多，会使听者感到疲惫乏味，毕竟自我介绍是一个礼节，其他人要用很认真的姿态聆听，所以尽量使你的语言简洁、内容全面。

另外，递送名片给对方时，名片上有的内容就不需要重复口头介绍了，养成长话短说的自我介绍习惯，时间以半分钟到一分钟为宜。如果是一些私人聚会或者偶尔碰面，我们要区分一下情况，双方若只是偶然碰到，礼节性打个招呼即可，没有必要详细介绍，对方也许是着急离开或者是以后也很难再见，过于详尽的介绍就等于浪费彼此时间。若是对方有兴趣深交，他会表露出交往的意愿，并且会主动提问"在哪里高就""您从事什么职业"等等，这时候再进行详细介绍也不迟。

介绍完自己的简单情况，要补充一句"很高兴在这个场合结识诸位"之类的结束语，它有两层含义：一是表达希望结识对方的愉快心情；二是给对方一个暗示：我已经介绍完我自己了，你们可以说话了。因此，一个完整而漂亮的自我介绍，至少必备两项内容：自己的基本情况和结束语。

自我介绍的禁忌：忌平淡无奇，不能够把个人的特点展示出来。忌写成简历形式，缺少文学色彩。口头自我介绍时切忌语言不流畅，状态不自信。

（四）寒暄的技巧

小刘是个工作勤恳的员工，深得老板喜爱。某日，一位老客户拜访老板，凑巧老板正在开会。负责接待的小刘把这位客户引进了休息室，陪他一起等待。小刘给客户倒了杯水并礼貌地说"您请喝水"，而后自己坐下。一分钟，两分钟，刘开始在心里犯嘀咕："我与这位先生不熟悉，该说些什么呢？"他担心把握不好说话的分寸，迟迟不知如何开口。偏巧这位客户也是个不爱说话的人，看小刘不开口，自己也不必主动说些什么。就这样两个人安静地坐着，一直到老板归来。小刘擦擦汗，觉得这短短的十五分钟仿佛一小时那么长！

你是否也有过类似的经历呢？你是否也为难与陌生人见面寒暄呢？就谈话内容而言，问候寒暄本身并无多少实际意义，它最大的功能是情感导人。俗话说"来而不往非礼也"，面对不同的交往对象，我们均能以得体的方式与对方寒暄致意，是现代人不可或缺的谈话技巧。

跟初次见面的人寒暄，最标准的说法是："您好""很高兴能认识您""见到您很荣幸"。若讲究措辞谦逊文雅，可以使用敬语，如："久仰"，或者"幸会"若要随便一些，也可说："经常听到您的大名""某某人经常跟我谈起您""我听过您作的报告"等。

跟熟人寒暄，用语则不妨显得亲切、具体一些，可以说"好久没见了，近来怎样""我们又见面了"，也可以讲："您气色不错""您的发型真棒""您的小孙女好可爱呀""今天的风真大""上班去吗？""还没歇着？"等。

寒暄语可长可短，需要因人、因时、因地而异，不论长短，它都具备了简洁、友好与尊重的特征。

提倡寒暄语删繁就简，避免过于程式化，像写八股文。例如，两人初次见面，一个说"久闻大名，如雷贯耳，今日得见，三生有幸"，另一个则道"岂敢，岂敢"，如此演戏般，大可不必。

寒暄语应带有友好之意、敬重之心，既不容许敷衍了事，更不可用以戏弄对方。"喂，来啦？""瞧您那腰围比裤长都长啦"等，自然均应禁用。

西方女士在听到对方用"您看上去真迷人！""您真是太美了！"等向她们问候时，她们会很兴奋，并会很礼貌地以"谢谢"作答。但倘若在我国，对女士用这句话就应特别慎重，也许女士会觉得对方品行不端、心术不正。

无论在世界的任何地方，与男性比起来，女性更希望得到别人的赞美。如果男性在寒暄时用诚恳、恰当的语言，赞美女性的风度、仪态、谈吐等，她们会受宠若惊。在与女性交谈时，切不可贸然打听对方年龄、体重以及婚姻状况等。寒暄中难免要互相称赞对方的成就，这样会使双方感到愉悦，对即将进行的交谈更感兴趣。但我们要注意，赞美一定要得体，不宜过分夸张，否则将会适得其反。

（五）握手的礼仪

秘书科长小高，负责接待前来参观访问的来宾。当同事告诉小高参观团已到公司并已进入会议室时，小张三步并作两步来到了会议室。参观团一共三名成员，两男一女。小张先依次和两位男士握了手，而后把手伸向了那位女士。两秒钟……三秒钟……四秒钟……没有反应，小张的手僵在了自己身前。此时，他的眼睛也开始正视对面的人，"我不握手"，女士说。这四个字，小张觉得就像是四杯60度的白酒瞬间灌进了肚里，本来就肤色偏深的脸此时变成了酱茄色。随即他迫使自己挤出几丝解嘲的微笑，慢慢收回那难堪的手，没敢抬头望已经握过手的两位男士，借故逃出了会议室……

握手，是最常见的"见面礼"，貌似简单，却蕴涵着复杂的礼仪细节，承载着丰富的交际信息。小高有如此遭遇，他的失礼之处又在哪里呢？

通常，与人初次见面、熟人久别重逢、告辞或送行都可以握手表示自己的善意，有些特殊场合如向人表示祝贺，感谢或慰问时，双方交谈中出现了令人满意的共同点时，双方原先的矛盾出现了某种良好的转机或彻底和解时，习惯上也以握手为礼。

完成一次完美的握手就好像完成一件美丽的工艺品，我们的双手如何缔造它的完美呢？让我们共同演示一件工艺品的出炉过程！

第一步：距离对方约一步远，上身稍向前倾，两足立正，伸出右手，四指并拢，虎口相交。平等而自然的握手姿态是双方的手掌都处于与地面垂直状态。

第二步：按照"尊者决定"的原则，长辈和晚辈之间，长辈伸手后，晚辈才能伸手相握；上下级之间，上级伸手后，下级才能相握；男女之间，女方伸手后，男方才能伸手相握；如果男方为长者，遵照前面说的方法。开篇故事中的小高，失礼之处便在于此。可是，当女士不愿主动伸出手来，作为异性，又怎样表达自己的有礼之心呢？您可以行额首礼，即目视对方，面带微笑，微微额首 15 度，同时伴随言语"您好"即可。

第三步：除了关系亲近的人可以长久地把手握在一起外，一般要将时间控制在三五秒钟以内。如果要表示自己的真诚和热烈，握手时间也可稍长，并上下摇晃几下。

第四步：如果需要和多人握手，握手时要讲究先后次序，由尊而卑，先年长者后年幼者，先长辈再晚辈，先老师后学生，先女士后男士，先上级后下级。交际时如果人数较多，可以只跟相近的几个人握手，向其他人点头示意，或微微鞠躬即可。

特别提示：在公务场合，握手时伸手的先后次序主要取决于职位、身份。而在社交、休闲场合，它主要取决于年龄、性别。当位卑者、年轻者或下级抢先伸手时，最得体的办法就是立即伸出自己的手，进行配合。

一件完美作品的诞生总会有许多禁忌，我们也了解一下：

不要在握手时戴着手套或墨镜，只有女士在社交场合戴着薄纱手套握手才是被允许的。

握手时另外一只手不要插在衣袋里或拿着东西。

要避免两人握手时与另外两人相握的手形成交叉状。

不要在握手时只是握住对方的手指尖，好像有意与对方保持距离。正确的做法是握住整个手掌，与女士握手至少也应握满四指。

不要用左手相握。

不要坐着与对方握手，除非是乘坐轮椅的残疾人。

握手时不要把对方的手拉过来、推过去，或者上下左右抖动。

不要拒绝与对方握手，手弄脏了，要和对方说一下"对不起，我的手现在不方便"，以免造成不必要的误会。

（六）拨打电话的礼仪

夜里十一点，忙碌了一天的王老师洗漱完毕，进入了梦乡。突然一阵急促的手机铃声响起，王老师赶紧拿起电话，是赵同学。"请问有事吗？"王老师紧问，"其实也没什么急事，我刚从自习室回来，也洗漱完了，睡不着，想和您聊聊天……"，"呃……"这种情况实在让人哭笑不得。与赵同学聊了半个小时，王老师放下电话，辗转反侧，这"午夜凶铃"已让她睡意全无。

事实上，这样的电话不仅让接听者烦恼，而且也损害了拨打者的形象。电话不仅仅是一个传递信息的工具，它在很大程度上更能体现通话双方的个人修养。要成功拨打一个电话，首先应该明确：通话唯有在适宜的时间进行才能事半功倍。拨打电话，一个最重要、最基本的原则，就是设身处地考虑受话方的情况，对通话对象给予足够的体谅与尊重。

通话时间包含两方面的含义：一是何时通话；二是通话多久。下面我们就从这两方面来看看其中蕴含的礼仪常识。

一般来讲，若是利用电话谈重要公事，应尽量在受话人上班后拨打，因为此时对方有比较充裕的时间从容应答。另外，除有紧急的要事必须立即通话外，请不要在他人的休息时间打扰。例如早晨 7 点之前、晚上 10 点之后以及午餐、午休时间等，更不要在节假日期间去烦扰对方。

拨打电话要选择通话效率高的时间，换句话讲，应避开对方的通话高峰时段、业务繁忙时段、生理厌倦时段。例如上午 11 点左右，正是接打电话的高峰期，也是接话人最繁忙的工作时间，这时打入的电话很难引起接听者的重视，通话效果较差。因此，选择一个合适的时间极为重要，一般上午 9 点及下午 3 点较为适宜。

如要拨打国际长途，请考虑时差问题，在深夜把朋友从睡梦中叫醒是很不妥当的。

打电话不是做演讲，每次通话的长度应有意识加以控制，基本原则是：以短为佳，宁短勿长。在电话礼仪中有一条"三分钟原则"，即尽量将通话时间控制在三分钟之内，因此在拨打重要电话之前请预备好条理清晰的提纲，去粗取精。此外如遇对方正忙，则不应强人所难，可以约另一个时间再打过来。

（七）拜访的礼仪

春晚的小品《实诚人》。剧中的一对夫妇准备吃完饺子去听新年音乐会，饺子刚熟，由郭冬临扮演的男主人同事——石成人，前来拜访，一进家门，小石就大夸特夸了女主人一番，令男主人心中有点说不出的味道。闲聊了一阵过后，石成人要走了，男主人一句客套话"要不留下来吃点儿？"，小石可当了真，爽快地留下来吃饺子。小石越吃越香越喝越美，这夫妇俩是越来越急越来越无奈，夫妻俩用委婉的语言劝小石离开，可小石浑然不觉，"实诚"到底……

看小品时我们笑声不断，可你是否留意到了拜访——这人与人之间、社会组织之间、个人与企业之间公关活动的重要形式，也应该遵循一定的礼规呢？

拜访朋友，务必选好时机。事先约定，这是进行拜访活动的首要原则。通常，先打电话与师长、朋友或客户取得联系，约定宾主双方都认为比较合适的时间和会面地点，并且告诉对方拜访的意图。

选择合适的拜访时间就像选择了好的作战时机。若是公务性拜访应该选择对方上班时间；若是私人拜访，就以不影响对方休息为原则，尽量避免在吃饭、午休或者晚间的 10 点钟以后登门。一般情况，上午 9~10 点钟，下午 3~4 点钟或晚上 7~8 点钟较为适宜。通常上班时间会选在办公室，私人拜会可在家中，也可以是公共娱乐场所，如茶楼、咖啡厅等。

约定了会面的具体时间、地点，作为访问者应该守约守时，如期而至。在西方国家，准时赴约是判断对方可信、可靠度的一个最基本的原则。迟到、失约会动摇一个人的信誉基础。人们的时间都是一样珍贵，因故不能赴约必须提前通知对方，以便别人安排其他事情，如果估计会迟到一定要及时通知对方，并告诉对方自己预计到达的时间，同时对自己的迟到表示歉意，到达时，不必喋喋不休地解释原因。晚到或者早到都容易打乱别人的安排，提前 2~3 分钟赴会是最佳时间。

无论是到办公室还是寓所，要做到彬彬有礼，衣冠整洁，谈吐得体。进入室内，应该先敲门或按门铃，有人开门相让，才可进入，即便门虚掩着，在未听到"请进"的回音之前，也请不要冒失进入。作为商务拜访，则要体现自己的职业感。入室前，有鞋垫要先在鞋垫上擦净鞋底，不要把脏物带进室内。带有帽子或墨镜，进入室内应该全部脱下。当主人上茶时，应欠身双手相接，并致谢。喝茶应慢慢品饮，莫要一饮而尽。不要随便抽烟并把烟灰、纸屑等污物随意扔在地上或茶几上。不要翻动别人的书信和工艺品。

"下雨天，留客天，天留我不留"。初次拜访的时间半小时到一小时为宜，交谈围绕既定主题，拜访的目的已达到，请适时告辞。出门后要请主人留步，并且在离去时向主人挥手示意。我们要铭记，在别人的工作或休息时间无谓地消磨时光是浪费自己和他人的生命。

（八）乘坐电梯的礼仪

电梯谁都会乘，但在公共生活中，乘电梯也大有学问。作为一种人人都离不开的服务设施，电梯礼仪是个人形象的缩影，而这种礼仪并不是针对特定人群的，日常生活与职场工作都需要相关知识。下面分为不同场景来介绍一下乘坐电梯的相关礼仪。

基本礼仪：

（1）乘坐电梯时，应先出后进，并让老人、小孩、残疾人和客人先进电梯，等候电梯的应站立在电梯门口的右侧,出电梯的也应从右侧走出,这样就避免了相互拥挤。

（2）楼层按钮按一下就可以了,不能反复乱按,更不能用伞柄、钥匙等物品来代替你的手指;另外,当遇到人多不方便按按钮时,靠近按钮的应主动问一下对方到哪层,并为其按下楼层按钮。

（3）在电梯内不应大声喧哗、嬉戏,尤其是带小孩子的,不要让小孩子乱按楼层按钮,也不要让小孩随意跳动,以免影响电梯正常运行。

与客人共乘电梯:

（1）伴随客人或长辈来到电梯厅门前时:先按电梯呼梯按钮。轿厢到达厅门打开时:若客人不止一人,可先行进入电梯,一手按"开门"按钮,另一手按住电梯侧门,礼貌地说"请进",请客人们或长辈们进入电梯轿厢。

（2）进入电梯后:按下客人或长辈要去的楼层按钮。若电梯行进间有其他人员进入,可主动询问要去几楼,帮忙按下。在电梯中可视状况确定是否寒暄,例如没有其他人员时可略做寒暄,有外人或其他同事在时,可斟酌是否必要寒暄《在电梯内尽量侧身面对客人。

（3）到达目的楼层:一手按住"开门"按钮,另一手并做出请出的动作,可说:"到了,您先请!"客人走出电梯后,自己立刻步出电梯,并热诚地引导行进的方向。

电梯乘坐礼仪更强调细节,而细节见证品质,细节决定成败,所以,无论在生活还是工作中,要时刻关注细节,塑造一个良好的个人形象,才能营造一个良好的人际关系,打造一个广阔的职业前景,才能收获文明和谐的生活。

参考文献

［1］赵炜,梁革兵.中职职业素养拓展［M］.北京:中国商业出版社.2015.

［2］蒲世民,沈海兵,樊谆.中职生职业素养［M］.武汉:华中科技大学出版社.2018.

［3］韦美萍,黄小强,赵丽娜.中职生职业素养教育［M］.北京:中国人民大学出版社.2020.

［4］梁燕清.中职生职业素养训练［M］.北京:北京师范大学出版社.2018.

［5］李增艳.中职思想政治教育与职业素养研究［M］.北京:北京工业大学出版社.2020.

［6］毕见武.中职生职业素养教育［M］.北京:现代教育出版社.2017.

［7］符春玲,洪向阳.中职生职业素养［M］.广州:广东教育出版社.2016.

［8］孙兆化.中职生隐性职业素养培养研究［M］.长春:吉林文史出版社.2018.

［9］陈宝祥.如何提高中职生职业素养［M］.长春:吉林文史出版社.2017.

［10］宁选应,何本凤.中职生职业素养教育［M］.北京:北京师范大学出版社.2016.

［11］梁辉.中职生职业素养读本［M］.桂林:广西师范大学出版社.2016.

［12］袁育忠.中职生职业素养训练［M］.北京:科学出版社.2015.

［13］钟岩.中职学校职业素养课程讲义［M］.沈阳:辽宁教育出版社.2016.

［14］罗华,郑超文.中职生7S职业素养管理手册［M］.北京:人民邮电出版社.2016.

［15］洪向阳,蔡世玲.中职生职业规划与职业素养［M］.上海:上海大学出版社.2015.

［16］张亚玲,周继波.职业教育精品规划教材 礼仪与职业素养 中职［M］.北京:中央广播电视大学出版社.2015.

［17］刘天悦,肖泽亮,李春江.中等职业教育通用基础教材系列 中职生职业素养读本［M］.北京:中国人民大学出版社.2018.

［18］胡桦鑫.中职旅游专业学生职业素养读本［M］.杭州：浙江教育出版社.2014.

［19］蒋智忠.企业文化与中职生职业素养［M］.北京：现代教育出版社.2014.

［20］童培凯，袁庆敏.中职文秘专业学生职业素养读本［M］.杭州：浙江教育出版社.2014.

［21］李雅.中职学生职业素养手册［M］.杭州：浙江教育出版社.2013.

［22］耿贝，贺学英，刘青艳.中职生职业核心能力素养训练［M］.天津：天津科学技术出版社.2014.

［23］彭卉，张慧，谭成芝.中职生礼仪实训与职业素养［M］.桂林：广西师范大学出版社.2014.

［24］肖胜阳.中职生职业素养能力训练 上［M］.北京：高等教育出版社.2013.

［25］肖胜阳.中职生职业素养能力训练 下［M］.北京：高等教育出版社.2013.

［26］方涛.职业素养快乐系列丛书 快乐走向社会 中职生职业生涯发展指南［M］.苏州：苏州大学出版社.2015.

［27］王运河.中职生职业素养系列读本：诵读国学、学会做事［M］.北京：高等教育出版社.2012.